大型会展建筑关键技术创新与工程应用

KEY TECHNOLOGICAL INNOVATIONS AND ENGINEERING APPLICATIONS FOR LARGE-SCALE EXHIBITION BUILDINGS

肖从真　孙建超　编著

中国建筑工业出版社

图书在版编目（CIP）数据

大型会展建筑关键技术创新与工程应用 ＝ KEY
TECHNOLOGICAL INNOVATIONS AND ENGINEERING
APPLICATIONS FOR LARGE-SCALE EXHIBITION BUILDINGS/
肖从真，孙建超编著. —北京：中国建筑工业出版社，
2023.5
ISBN 978-7-112-28602-7

Ⅰ.①大… Ⅱ.①肖… ②孙… Ⅲ.①展览馆-建筑
设计-研究 Ⅳ.①TU242.5

中国国家版本馆 CIP 数据核字（2023）第 059405 号

当下，会展产业已逐步发展成为我国新的经济增长点，是城市经济形态中最有活力和发展潜力的新兴产业。会展建筑作为实现会展业功能定位的物质载体，已成为现代城市发展的标志性公共设施，因其功能复杂、体量巨大、多工况多专业融合、高施工精度要求等特点，对设计建造提出了诸多挑战。本书针对大型会展建筑建造的共性技术难题，在建筑规划理念及设计方法、结构形式与分析、钢结构制作与安装、专项（消防、地基、绿色低碳、智能化）设计等方面对大型会展建筑关键技术创新与工程应用最新研究成果进行了系统阐述。

全书共分为 5 章，包括绪论、大型会展建筑规划理念与设计方法、大型会展建筑屋盖结构形式及设计方法、大型会展建筑施工技术、大型会展建筑专项设计方法，形成了大型会展建筑全专业、全过程的成套技术。研究成果成功应用于国家会展中心（天津）、中国·红岛国际会议展览中心、杭州大会展中心等多项大型会展建筑，取得显著经济和社会效益，极大促进了我国会展建筑领域科技进步，可供从事会展建筑设计与科研工作的人员学习使用。

责任编辑：辛海丽
责任校对：李美娜

大型会展建筑关键技术创新与工程应用
KEY TECHNOLOGICAL INNOVATIONS AND ENGINEERING
APPLICATIONS FOR LARGE-SCALE EXHIBITION BUILDINGS

肖从真　孙建超　编著
*
中国建筑工业出版社出版、发行（北京海淀三里河路 9 号）
各地新华书店、建筑书店经销
霸州市顺浩图文科技发展有限公司制版
北京云浩印刷有限责任公司印刷
*
开本：787 毫米×1092 毫米　1/16　印张：19　字数：471 千字
2023 年 5 月第一版　　2023 年 5 月第一次印刷
定价：**68.00** 元
ISBN 978-7-112-28602-7
（41044）

本书编委会

主　　任：肖从真　　孙建超

副主任：洪　菲　　赖裕强　　赵建国　　王　双

编　　委：姚　强　　齐国红　　赵鹏飞　　曾　宇　　吴　蔚　　宋国鸿

　　　　　宋云龙　　康少杰　　王　犀　　詹永勤　　许　瑞　　李建辉

　　　　　徐亚军　　姚艳青　　张伟威　　魏　越　　李寅斌　　孙　超

　　　　　叶俐祺　　张娜娜　　邢富路　　安　伦　　安日新　　文德胜

　　　　　刘　浩　　李德毅　　金晓鹏　　吕石磊　　柯尊友　　胡登峰

　　　　　卫海东　　车　辉　　贾　健　　郑毅然　　杨　帆　　辛亚娟

　　　　　刘海凤　　尤红杉　　郝晓龙　　孙晓龙　　吴　振　　裴智超

　　　　　贾　珊　　蒋　璋　　孔蔚慈　　赵琼妮　　马少俊　　林　巍

　　　　　郑　飞　　刘　毅　　王　欣　　孙加齐　　冯国军　　李　晨

序

《中华人民共和国国民经济和社会发展第十四个五年规划和 2035 年远景目标纲要》指出：坚持创新在我国现代化建设全局中的核心地位，把科技自立自强作为国家发展的战略支撑，深入实施科教兴国战略、人才强国战略、创新驱动发展战略，完善国家创新体系，加快建设科技强国。中国建筑科学研究院有限公司（以下简称"中国建研院"）作为全国建筑行业最大的综合性研究和开发机构，以科技创新驱动企业发展，引领行业技术进步。近年来，中国建研院在会展建筑的规划理论、结构体系、施工技术、专项设计等方面进行了大量开创性、系统性的研究工作，包括会展建筑规划理念与集成设计方法、新型屋盖结构体系与设计方法、地基基础变形控制设计、绿色与节能减排技术等。这些研究工作奠定了中国建研院在会展建筑领域过硬的技术实力基础。

近年来，中国建研院承担了一系列大型会展建筑工程项目，包括国家会展中心（天津）、中国·红岛国际会议展览中心、杭州大会展中心、长春东北亚国际博览中心等，形成了大型会展建筑全过程、全专业的成套技术，其中中国·红岛国际会议展览中心荣获 2022 年度中国土木工程詹天佑奖，获得了业内专家的高度肯定。同时，结合最新研究成果与工程实践经验，中国建研院主编的国家标准《绿色博览建筑评价标准》GB/T 51148—2016 颁布实施，进一步促进了我国会展建筑朝着绿色、健康方向高质量发展。

本书以中国建研院在会展建筑领域的研究成果为基础，从建筑规划、结构设计、施工工艺、地基基础、消防、绿色低碳、智能化等方向对大型会展建筑在规划、设计、建造、运营全过程中的关键技术和最新研究成果进行了系统阐述，并给出了大量工程案例以及详细解析，可供读者全面、系统地了解会展建筑。希望本书进一步促进我国大型会展建筑健康、可持续发展。

中国建筑科学研究院有限公司党委书记、董事长

2023 年 2 月

前　言

当前会展产业已逐步发展成为我国新的经济增长点，会展建筑作为实现会展业功能定位的物质载体，已成为现代城市发展的标志性公共设施，城市名片效应显著。据统计，2015 年全国共有 160 个城市举办了展览活动，展览面积达 11798 万 m^2，比 2014 年的 10276 万 m^2 增长 14.8％，2016 年全国已建成会展场馆室内面积达到 800 万 m^2，我国已成为名副其实的世界第一大会展建筑国家。此外，我国展览总体增长趋势表现为大型展会数量增多，平均单体展览规模持续提升，这意味着我国会展建筑不仅存量持续增长，规模也正朝着大型会展建筑方向发展。

然而，在飞速发展的背后，会展建筑也存在着诸多问题。许多城市都试图"会展兴市"，缺乏对城市互动的整体性思考，导致了普遍与城市互动不足的"孤岛"现状，抑制了会展业本身对周围的辐射，严重削弱了其经济拉动效用，导致会展中心的巨大投入与城市经济的匹配不符、展馆缺乏合理规划，不仅使会展业难以达到预期的兴旺景象，其有限收入也难以填补前期开发建设的巨大投入和日常维护运营的不菲支出。不少二、三线城市的会展建筑使用率低下，呈现"太空馆"的尴尬局面。数据统计显示，全国会展场馆利用率只有 30％左右。

此外，由于会展建筑与城市发展密切联系且互相影响，其发展一方面极大地带动了城市经济发展、区域建设，另一方面也影响着城市的空间格局和交通情况等。因此，规划者和建设者应该认识到通过会展中心拉动城市发展的模式并不是都能奏效的，除了需要正确的政策引导和会展业发展准确定位以外，还需要一套系统、完整、科学的规划设计方法来支持。

作为未来产业发展的重要驱动力，会展建筑将在场馆管理、会展运营、服务体验方面寻求进一步探索，产业融合、智能建造与绿色会展必然成为会展业发展的新趋势，研究会展建筑的数字化智慧化转型与绿色可持续发展刻不容缓，急需形成一套以大型会展建筑为中心的智慧、绿色、便捷、高效的会展应用体系。

本书依托国家会展中心（天津）、中国·红岛国际会议展览中心、杭州大会展中心、长春东北亚国际博览中心四大会展建筑项目，从大型会展建筑的设计理念，结构屋盖形式及设计方法，施工技术和消防、低碳、智能化等专项设计方法四个方面系统阐述了大型会展建筑全过程、全专业的成套技术，对推动我国会展建筑领域的技术进步具有重要作用。

本书共分为 5 章，第 1 章为绪论，介绍了会展建筑发展现状和本书主要内容；第 2 章为大型会展建筑规划理念与设计方法，介绍了"展城共生，共同发展"的设计理念以及大型会展建筑集成设计方法；第 3 章为大型会展建筑屋盖结构形式及设计方法，介绍了会展建筑结构设计面临的挑战、钢结构屋盖体系、屋盖结构形式、创新以及结构分析、设计关键技术；第 4 章为大型会展建筑施工技术，介绍了空间折线大悬挑伞形分枝钢结构施工技术、柔性斜腹杆四弦空间桁架预应力大跨度桁架施工技术、大直径桁架钢圆管快速施工技术等；第 5 章为大型会展建筑专项设计方法，介绍了适用于大型会展建筑的地基、消防、绿色低碳、智能化等专项设计方法。全书统稿工作由肖从真、孙建超共同完成。本书的编写过程中，还得到了许多项目组技术骨干的大力协助，作者在此深表感谢！

鉴于作者水平有限，同时，由于时间有限，书中错误和疏漏之处难免，敬请各位专家和广大读者批评指正。

2023 年 1 月

目　　录

第1章

绪　论

1.1　会展建筑的概况

会展建筑是现代经济社会文化的产物，具有明显的时代特征，其发展与会展业、会展活动、建筑设计思潮、建造技术等多方面因素相关。我国会展建筑发展起步较晚，与建筑业的发展水平有关。随着我国经济的持续、快速增长，会展建筑也逐渐繁荣发展。

1.1.1　国外会展建筑的发展历史

起源于欧洲的商品展销会是会展活动的雏形，一年举办一次或多次，是商人之间的贸易活动，场馆通常是临时搭建的。随着商贸活动的不断发展，之后也有城市开始建造半永久建筑。德国会展建筑最早由住宅演化而来，外观是1～2层的砖木房屋，布置上将长边朝外以获取更多的展览面积。首层作为工作与交易场所，二层则是生活和储存空间。第二次世界大战后，展览业开始复苏，各大城市开始了一系列针对展馆的改建、扩建、翻新工程，现代化的设施、配置也逐步配套完善。1980年，由伦佐·皮亚诺设计的米兰国际会展中心建成，是现代会展中心的重要先驱。现代完善的会议设施和专业的会议空间是其突出特点，展厅模块化的思想也初步显现。

除欧洲外，北美等经济实力强大的地区在会展建筑建设方面，虽然整体起步较晚，但是吸收了欧洲的发展经验，跨越了试探摸索阶段，起步即成势，避免了改建、翻新的程序以及一系列人力和资金投入，直接进入现代化会展建筑建设阶段，整体水平较高。这些会展建筑多为独立的大型建筑，具备现代会展建筑的核心特点，比如大跨空间、平面形式集中、会议功能卓越等，另外，除了基本会展功能外，还可举办其他大型社会性活动，例如宗教、体育等大型公共活动。

1.1.2　国内会展建筑的发展历史

新中国成立至20世纪80年代是我国会展建筑的起步阶段。在此期间，与欧美等经济水平发达地区不同，我国以计划经济为主，对于以商贸活动为主要驱动力的会展业，未能提供令其茁壮成长的土壤，此时会展建筑多用于展览、教育、宣传，建筑规模小，室内空间多为有柱空间，功能转换能力差，且相关配套功能不足，很难满足当代会展活动的需求。这个时期具有代表性的建筑包括1959年建成的北京民族文化宫，建筑面积7000m²；

1974年在广州建成的中国出口商品交易展览馆，建筑面积约110000m^2，经改扩建后面积达到180000m^2。

改革开放之后，我国计划经济转向市场经济，会展经济模式也逐渐向商贸型会展转变，同时，随着国外的建筑师纷纷走进中国，带来的新思潮、新技术也直接推动着我国会展建筑的发展。中国国际展览中心建成于1985年，建筑面积176000m^2，展览面积达到70000m^2，引入了西方现代建筑设计手法，是当时极具影响力的建筑。

近30年来，我国经济快速发展，全球化进程加快，国家、各地政府和大小企业逐渐意识到会展业带动的会展经济对扩大对外交流、提升城市竞争力的重要意义，激起了会展建筑建设的热潮，各大城市相继建成了一批规模巨大、功能布局合理、配套设施一流的会展建筑中心。

总体来说，我国会展建筑经历了70余年的发展，已经度过了起步及快速发展阶段，取得了举世瞩目的成绩，与欧美地区相比，我国会展建筑虽然有其自身的特点，但建设经验稍显不足，设计规划仍有欠缺，另外，在快速发展时期也暴露了不少问题，诸如一味求新求大、利用率低、资源浪费等。

1.2 会展建筑发展演变

会展建筑的演变主要体现为选址区位的改变、与城市的互动关系、建设规模与建筑功能三方面，这与不同时期会展活动的规模以及城市的发展水平密切相关，以下主要从影响会展建筑的选址区位的因素分析会展建筑的演变趋势。

除会展建筑自身的体量、功能及定位外，城市经济发展程度及基础设施建设水平也是影响会展建筑选址的重要因素。

1.2.1 城市经济发展

从城市经济发展的角度分析，可将会展建筑大体分为两类，一类是位于城市中心辐射范围区域内，另一类是位于城市郊区。以下分别介绍基于两种不同选址思路的会展建筑及特点。

1. 选址于城市中心辐射范围区域内的会展建筑

对于经济基础较强且具备一定会展建筑发展历史的城市，在城市中心及其辐射范围区域，常可见到建设历史比较久远的会展建筑，它们呈现出三方面的突出特点。

（1）带动区域经济发展。城市中心区域人员密集、经济较为发达、基础设施相对健全，会展建筑作为城市中心区的服务点之一，选址于此自然有先天优势，不仅自身可以借势发展，还可有效带动周边商贸产业发展，形成相互促进的发展格局。

（2）会展建筑利用率高。城市中心及其辐射范围区域内，通常经济发达、文化活动聚集、基础设施、餐饮等功能完备，会展建筑可充分利用这种人流和消费基础，提高非展览期间利用率，形成与城市活动高度融合发展模式。

（3）用地紧张问题日益突出。举办大型会展需要充足的集散广场和室外展场、停车场和绿化设施，以往建成的城市中心区域老旧会展建筑通常不具备满足此需求的硬件条件，前期设计时也未考虑预留余地。受限于紧张的城市用地，对于老旧会展建筑的大规模改扩建并不现实，可见，城市中心区域会展建筑的发展已与城市发展产生矛盾。

2. 选址于城市郊区的会展建筑

随着会展建筑规模扩大化、功能综合化，土地使用成本上涨，从近些年新建的会展建筑可以看出，最终选址地点多位于城市远郊区，有明显远离市中心迁移趋势。位于城市郊区的会展建筑有以下两个特点。

（1）初期使用效率较低。由于城市郊区配套设施较为缺乏，人流密度低，会展建筑建成后虽然可以承办大型会展活动，但是在非展览期间，场地利用率较低。然而从长远来看，可以会展建筑为中心规划建设城市郊区，引导城市土地利用与空间发展，重构城市的空间结构。

（2）适合承办大规模会展活动。如前所述，会展建筑向郊区迁移的原因之一在于会展建筑的发展与城市发展产生矛盾，紧张的城市用地不能满足大规模会展活动的需求。而城市远郊区土地成本较低，可满足大型会展建筑的建设需求。

1.2.2 城市交通

会展建筑的繁荣发展与城市交通息息相关。与过去会展建筑仅作为承办小型宣传教育的活动场所不同，现今的会展建筑功能已完全改变，国际化、规模化是其基本特征，在展会期间，将给城市带来不小的交通压力。近年来，我国基础设施建设水平呈跨越式发展态势，综合交通基础设施总规模已位居世界前列，可以满足如今展会人流量大、货流量大、即时性强的交通需求。

当今，会展建筑的选址有向机场交通枢纽发展的趋势，物流中转集散的便利给承办国际级别的展会带来巨大优势。一般新建的会展建筑会选择靠近机场、轨道交通或者高速道路、快速路三种及以上的交通模式，加以应对和平衡其在交通上给城市带来的压力。

1. 机场

以承办国内、国际大型商贸和会展活动为主要功能的会展建筑，很大一部分人流量来自机场，与机场的空间关系也成为其选址的重要因素。因此，近代会展建筑的建设开始步入空港经济圈，其选址也慢慢出现了向机场靠近的趋势。机场建筑的建设需要综合考虑噪声污染、航空限高等多重因素，条件较为苛刻，通常选址在远离居住区的城市郊区，避免对居民生活造成影响。国家会议中心建于 2007 年，是奥运工程最大的单体建筑，为了容纳奥运会期间巨大的人流量，国家会议中心靠近北京首都国际机场进行选址，这也与国家会议中心承办国际性大型会议的定位相契合。

2. 轨道交通

轨道交通一般分成国家铁路系统、城际轨道交通和城市轨道交通三大类，包括高铁和动车、地铁、城际轻轨等。城市铁路成为目前陆地上运量最大的交通工具，随着近年来高铁技术的飞速发展，铁路客运的效率与舒适性均得到了很大的提升，乘坐高铁和动车已成为部分旅客中短途出行方式的首选，竞争力大幅提高。对于会展建筑来说，铁路不仅承载着巨大的客流，也是货流的主要来源，运输成本较低。所以在会展选址上，轨道交通枢纽的位置也对会展场馆的选址产生巨大影响。国家会展中心（上海）地处上海虹桥商务区核心区，与虹桥站直线距离仅为 1.5km。地铁 2 号线与地下立体的商业街区及铁路站点紧密连接，为国家会展中心（上海）便捷的交通奠定了良好的基础。

1.3　会展建筑的发展趋势

随着我国社会经济水平不断提高、对外开放程度不断扩大，会展建筑整体呈现出迅猛发展的态势。会展建筑的建筑功能、建设规模发生变化是由于会展活动内容与需求的转变，本质原因是会展业发展模式的转变，这为会展建筑带来了诸多挑战。新时代下的会展建筑也正朝着多功能、产业化、智能化的方向发展。

1.3.1　规模持续保持增长

对比分析《中国展览经济发展报告 2018》《中国展览经济发展报告 2021》这两份报告可以看出，2018 年室内展览面积大于 10 万 m² 的会展建筑共 24 个，占当年投入使用会展建筑总数的 8.4%，2021 年，全国共有 32 个展览馆室内可租用面积在 10 万 m² 以上，可见会展建筑的单体规模呈增长趋势。

大规模综合性会展建筑可适应展会多样化、展览规模扩大化的发展需求，但同时带来了许多问题。会展建筑各部门功能区域相隔较远，导致联系变得困难，形成各功能独立的景象。公共服务空间尺度随建筑规模的扩大而增长，大尺度的庭院、大尺度的广场变得空旷，仅用于会展期间人流的集散是对城市用地的浪费，应从建筑规划、设计的角度思考空间尺度的控制和利用率的提高。

1.3.2　功能多样化

当今的会展建筑更像是集多种功能复合为一体的综合性建筑。统计近 20 年新建会展建筑的建筑功能与业态模式可以看出，其主要功能与业态增加了酒店、办公、演艺，公共服务功能在传统商务和餐饮的基础上，增加了宴会、商业、观光、城市公园、文教活动等。

一些发达国家的会展建筑功能更为完善和多样化，如全球会展业排名第一的德国的汉诺威展览中心，功能包括展览、会议、餐饮、超市、零售、商务、银行、旅游、教堂、休闲等。

会展建筑的功能多样化、综合化是与会展建筑发展以及与国际接轨的必然趋势，这对会展建筑的规划、设计带来了新的挑战，如何保证各功能区块间的紧密联系、如何提高场馆利用率、如何以场馆为中心带动周边经济的进一步发展也将成为新的课题。

1.3.3　向城市开放

从上述对功能多样化的分析中可以发现，除了建筑的主要功能类型与业态模式有更加多样化的发展趋势，建筑的公共服务功能类型也增长迅速。为提高场馆利用率，降低运维成本，在近几年开馆的会展建筑中，选择向城市开放公共服务功能的场馆愈发增多。会展建筑对城市营业的公共服务功能主要为餐饮、商业和休闲娱乐。例如重庆国际博览中心提供包含文化展览、各式餐厅、商业店铺等服务，国家会展中心（上海）的商业中心，包含临时展览、各式餐厅、商业店铺、电影院等功能，也有部分会展建筑向城市直接打开了场地内的休闲服务空间，使其自身融入城市，成为城市休闲服务的一部分，建筑场地与城市的边界变得模糊。

1.4 本书主要内容

本书依托国家会展中心（天津）、中国·红岛国际会议展览中心、杭州大会展中心、长春东北亚国际博览中心四大会展建筑（图1.4-1～图1.4-4）项目实践案例，基于会展建筑目前存在的"孤岛"现状、大跨度复杂体型、高施工精度要求、多工况多专业融合等特点，对此类建筑的设计理念，结构屋盖形式及设计方法，施工技术和消防、低碳、智能化等专项设计方法进行了系统深入的研究，形成了大型会展建筑全过程、全专业的成套技术，对推动我国会展建筑领域的技术进步具有重要作用。

图1.4-1 国家会展中心（天津）

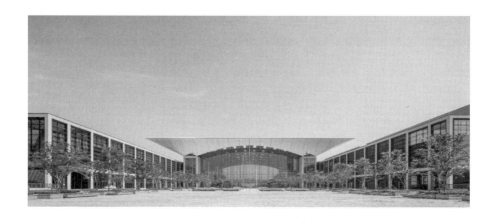

图1.4-2 中国·红岛国际会议展览中心

图 1.4-3　杭州大会展中心

图 1.4-4　长春东北亚国际博览中心

第**2**章

大型会展建筑规划理念与设计方法

2.1 "展城共生，共同发展"的设计理念

2.1.1 研究背景

当下，会展产业已逐步发展成为我国新的经济增长点；大力发展会展产业，全面提升会展经济已上升到国家层面。会展业在当代城市中的地位日益凸显，对产业结构调整、开拓市场、加强合作交流、促进消费、更新市政建设等方面都具有重要作用。在这样的大背景下，无论是政治、经济、社会、文化等学科领域，还是城市建筑学领域，对于会展建筑的研究都变得十分重要。总体来看，会展业在中国已经走过了一百多年的发展历程，会展建筑的形式，也随时间的推进和技术的进步有了重大的改变。

会展建筑的研究，除了针对建筑自身的演变之外，还需围绕会展业、会展建筑和城市发展之间的关系来进行。

2.1.2 会展建筑存在的现状问题

相较于其他类型的公共建筑，会展建筑具有占地面积广、建筑体量巨大的特点。会展建筑通常是由展厅、会议厅、登录大厅及配套设施等一系列建筑空间构成。其主要功能空间展厅部分，由于展览特殊工艺及空间需求，展厅空间尺度呈现越来越大的发展趋势（部分项目单个展厅面积已达到 2 万 m^2 以上），再加上若干同等尺度的展厅空间进行组合，会展建筑的占地面积远超常规建筑用地，是城市中一个不容忽视的巨构空间。

目前国内部分老旧会展建筑，由于在设计之初，缺乏对城市互动的整体性思考，导致了普遍与城市互动不足的"孤岛"现状。另外，选址上考虑不周，也会导致会展建筑的用地周边被城市的高速路、河道、轨道等障碍物分割，抑制了会展业本身对周围的辐射，严重削弱了其经济拉动效用。会展建筑所具有的聚集力量和多元综合潜力如果被善加利用，可以转化为城市的重要助推器，兼顾分担诸如节庆空间、停车场地、运动场所、文化场所等城市公共任务，激活带动周边大片城市区域的联动发展，同时化解其使用时对周边产生的不良影响。而如果被动地采用孤岛式的处理方式，则会成为城市中巨大的障碍物，严重阻碍城市机体的正常运转。

我国目前的会展开发建设存在闭展期间利用率低下的问题，特别是在二、三线城市，

造成了极大的资源浪费。会展建筑的展厅具有良好的空间潜质，其本身就是一个"平台"式的建筑，完全可以在闭展期间转换功能、承接各种活动，如转做宴会厅、表演厅、小型体育场馆等使用。而会展建筑在闭展期间又呈现极度富余的公共空间和交通承载力，其商业、餐饮等配套设施实际也具有营业的潜力。另外，会展建筑，还可以在紧急情况下，快速转换成为应急防灾场所，如疫情期间，大量会展建筑被改造为方舱医院，大大缓解了医疗空间不足的危机。

因此，会展建筑开馆与闭馆时功能的转换及综合利用，既可以为展馆运营方带来收益，也会给城市整体运行效率带来极大的提升。

2.1.3 现代会展建筑演变及与城市之间的关系

如何解决会展与城市之间的关系？从广义上来讲，除了具有完备的各种内部配套设施之外，会展在规划和运行的过程中，更应该注重会展与整个城市生活之间的互动及共生关系。

首先，城市发展过程中，政治、经济、文化等方面的发展对会展业产生推动，进而改变会展活动模式，影响会展建筑类型的演变。

我国是会展大国，每年承办国际和国内展览数量，呈逐年递增的趋势。从展会的承办情况看，往往越是经济发达、交通便捷的城市，会展业也越发达，可见，城市经济水平是会展业发展的重要依托。

其次，城市发展过程中，在形态类型层面直接对会展建筑的选址等问题造成的影响，也影响会展建筑类型的演变。会展建筑的形态，不应脱离城市本身的发展形态而孤立存在，好的会展建筑不但在空间关系上要与城市和谐共生，也应在文化上，对城市的发展予以传承和尊重。

最后，会展活动的开展，也会对城市的经济发展和人的生活方式产生积极的影响和推动。会展建筑的建设，往往会成为当地经济发展的活力引擎。我们常说的"以展带城"就是这个道理。大量数据显示，会展周边区域的房地产、旅游、服务等产业，都会得到极大地促进和提升。

可见会展建筑与城市之间存在着一种"展城共生，共同发展"的关系。

下面，通过中国建筑科学研究院有限公司会展建筑的设计案例，具体阐述"展城共生，共同发展"的设计理念在项目规划设计中的落实和发展。

2.1.4 中国·红岛国际会议展览中心：第五代会展综合体

1. 项目概况

中国·红岛国际会议展览中心（图2.1-1、图2.1-2）是被誉为"青岛新'窗'"的山东最大会展经济综合体，该项目是山东省新旧动能转换重大项目库第一批优选项目，也是青岛市"一带一路"建设重点项目和国际时尚城建设的重要载体之一。

项目位于青岛红岛高新区，由青岛国信集团投资建设，由中国建筑科学研究院有限公司建筑设计院与德国GMP国际建筑设计有限公司联合设计。该项目总建筑面积48.8万 m^2，总投资额67亿元，历时22个月，于2019年5月竣工。

项目定位于环渤海地区最富竞争力的第五代会展经济综合体，首次实现会议、展览、

图 2.1-1 鸟瞰实景图

图 2.1-2 鸟瞰效果图

体育、休闲、旅游、文化、商贸等各功能区之间的无缝连接，成为山东省内举办超级会展、大型国际会议和专业展会的首选场所。展馆室内展览面积 15 万 m^2，室外展览面积 20 万 m^2，设有 1 个 2 万 m^2 登录大厅和 14 个展厅。展馆设计有效融入了"互联网＋"思维的先进理念，积极打造全国领先的智慧展馆。

2. 项目创新定位

（1）青岛市文化创意中心新高地。根据青岛市文化产业和会展业发展现状，发挥红岛会展中心的临港、临空和高新技术集聚区优势，通过整合资源，孵化高新技术产业，带动服务业，整合创新文化产业，助推青岛打造成为文化和会展之都。

（2）青岛乃至山东半岛最大、最现代化的会展综合平台。依托区位、产业和政治及市场优势，要定位能举办 20 万 m^2 以上大型会展及特大型文化活动，解决全国大展在青岛无法落户的困境，当然这也是面对区域会展中心城市竞争的战略定位。服务于区域，服务于城市，服务于产业，突出战略前瞻和创新性。

（3）青岛市融会议、展览、体育、休闲、旅游、文化、商贸于一体的第五代最大会展综合体。本项目区别于传统会展建筑展馆＋会议的简单模式，将酒店、办公、商业、餐饮、会议及宴会厅等综合配套设施全部融合在项目场区之内，具体功能分区见图 2.1-3。展商和参观人员不用离开会展区域，就可以解决会展期间全部展览、商务和生活方面的需求。大大提高了使用效率，节约了时间成本，增加了会展运营单位的收入，为发展综合性会展建筑提供了新的思路和模式。

图 2.1-3　功能分区示意图

3. "第五代"展馆与城市的关系特性

现代会展建筑简单归纳，可分为如下几代：

第一代：展览馆；

第二代：会展中心（会议＋展览）；

第三代：博览中心（会议＋展览＋酒店）；

第四代：（会议＋展览＋酒店＋办公＋商业＋娱乐＋体育等）。

所谓"第五代"综合展馆，则是在会展内部功能丰富完善的条件下，更加强调会展活动与城市活动的融合性。

中国·红岛国际会议展览中心利用其独特的地理优势，结合已经规划和建设的奥体中心、生态湿地、国际交流中心、湿地公园、科技馆、旅游服务中心等设施，打造成为青岛乃至东部最吸引眼球、最美丽、最具文化特色的会展综合体，成为青岛市一道新的城市风景线。

2.1.5　杭州大会展中心：展馆与城市生活的相互融合

1. 项目概况

杭州大会展中心项目位于浙江省杭州市萧山区会展新城（图 2.1-4）。会展新城作为杭州临空经济示范区核心区域，充分借助杭州空港新城作为长三角南翼经济中心和杭州湾经济带的核心区的竞争优势，凭借南阳已有的"地铁、高速公路、高铁、机场"的立体化交通优势，以及规划建设的杭绍甬智慧高速公路，未来南阳将凸显与上海、南

图 2.1-4 杭州大会展中心鸟瞰图

京、苏州、宁波、嘉兴等长三角主要城市的同城化效应,形成深度融入长三角一体化的发展趋势。

杭州大会展中心,总用地面积 74 万 m^2,预计总建筑面积约 110 万 m^2。地铁 1 号线沿东西方向穿过场地,是集展览、会议、商业为一体的大型综合性建筑。

2. 项目定位

杭州大会展中心是对标国内一流大型会展中心,以打造高端国际化会展中心为目标的城市新地标项目,科学规划设计,并依托杭州旅游业和互联网、云计算、数字安防等数字经济产业优势,建设成为空港封面、杭州橱窗、长三角唯一设施配套齐全的会展综合体、全国重要的临空会展基地和对外开放平台(图 2.1-5、图 2.1-6)。

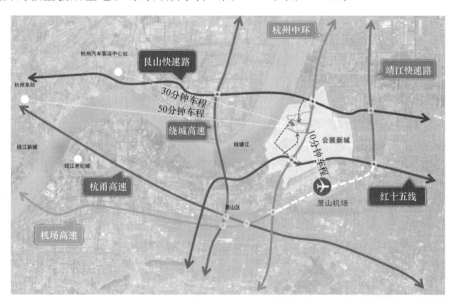

图 2.1-5 杭州大会展中心区位图

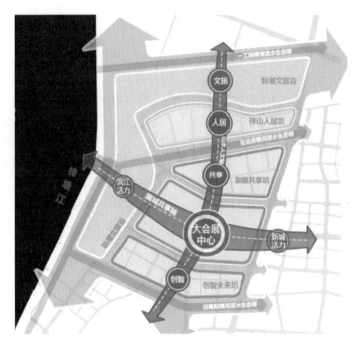

图 2.1-6　城市功能轴线与会展功能轴线的交汇

3. 规划理念

业主方在方案设计之初就提出了"展城融合，平展结合"的设计理念，除了会展自身运行需要的室外空间之外，场地内也需要预留吸引民众平时活动的市民空间。

经过对周边地块功能的分析，设计团队对与周边用地相邻的各界面，进行了不同区域功能的划定，与周边公共建筑有密切联系的界面，作为公共活动界面，联系较弱的部分，预留给货物运输。在一期地块内，结合建筑布局预留了一个"十"字形的展城融合区，此部分在不开展时期也可向市民开放，以增加整个区域内部的活力。同时，在二期地铁站点的出地面部分，设置了市民活动广场，与周边的酒店、会议中心相结合，共同打造一个富有活力的市民活动中心，以达到"展城融合"的目的。

4. 展场内部城市公共空间的打造

传统意义上，会展中心在地理位置上远离繁华都市，使用功能上较为单一，使用时效上偏重于展会期间。非展时期的场馆往往实行闭馆或者利用率非常低。

本项目业主在方案的概念阶段，就提出了"展城融合，平展结合"的设计理念：

（1）通过打造一期"十"字形展城融合空间及二期的市民活动广场，将人流在非展览期间，引入场地内部。

（2）中央廊道结合地铁换乘站、地铁换乘广场等空间，为展时及平时提供优化配套服务。

（3）标准展厅运营时可分可合，多功能厅结合二期会议中心成区域布置，且均可独立对外运营，灵活机动。

通过以上一系列规划措施，让本项目成为带动整个地区经济发展的动力引擎（图 2.1-7～图 2.1-9）。

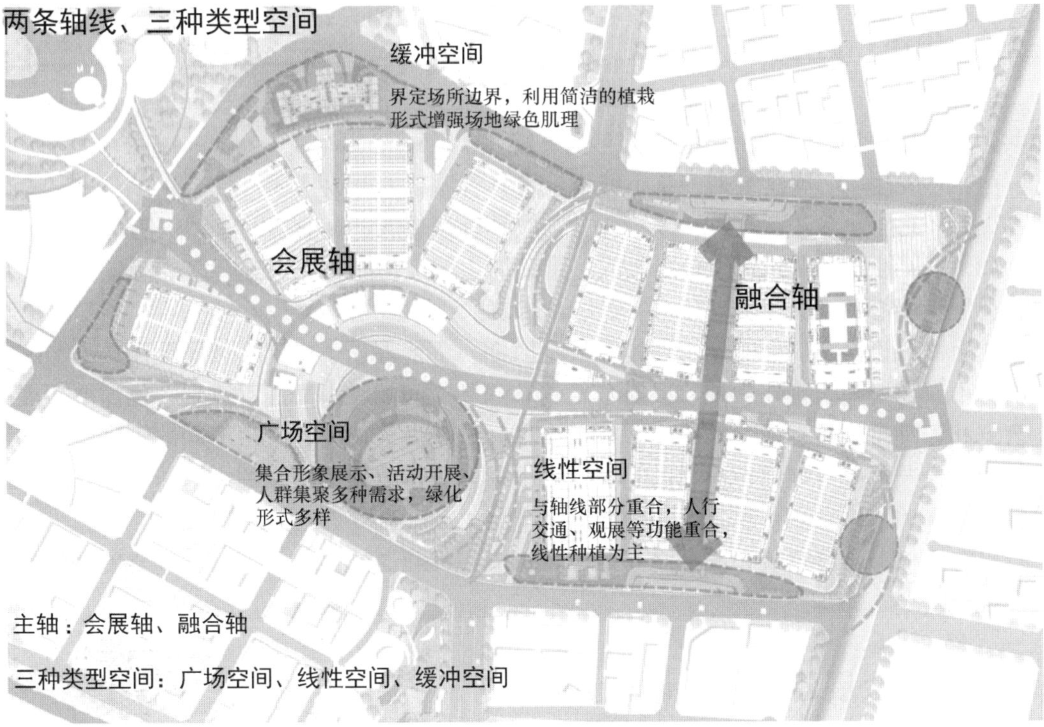

两条轴线、三种类型空间

缓冲空间

界定场所边界，利用简洁的植栽
形式增强场地绿色肌理

会展轴

融合轴

广场空间

集合形象展示、活动开展、
人群集聚多种需求，绿化
形式多样

线性空间

与轴线部分重合，人行
交通、观展等功能重合，
线性种植为主

主轴：会展轴、融合轴

三种类型空间：广场空间、线性空间、缓冲空间

图 2.1-7 会展内部城市公共活动空间

图 2.1-8 中廊非展会期间城市活动空间效果图

图 2.1-9 展厅间"十"字街非展会期间城市活动效果图

2.1.6 小结

通过以上对两个会展案例的分析可以看出，未来会展建筑与城市之间应该是一种"展城共生，共同发展"的关系，应该具有如下特性：

（1）开放性，会展建筑是一座小城市，应具有城市的开放格局；

（2）多元性，会展建筑是一个综合体，应具有多功能、多业态的联动机制；

（3）拓展性，会展建筑的触媒效应将带动周边城市功能和交通进行多层级的拓展，形成以会展为中心的"会展城"。

让市民无论是在展会时期，还是非展会时期，都能够乐于来到会展场地内，参与城市生活，不仅需要建筑师在规划阶段对建筑的布局和空间的吸引力加以策划，也需要会展的运营方和管理单位具有前瞻的眼光，在展会期间及非展会期间，采用不同的管理模式和手段让两种模式可以自如地切换。同时，也可以通过智慧化展馆的相关措施，来提升管理的效率。

只有这样，会展建筑和城市之间，方可形成一种和谐的共生关系，促进会展产业的健康发展！

2.2 大型会展建筑集成设计方法

大型会展建筑存在明显的使用空间模数化、结构构件标准化、机电系统模块化的特征。其中展厅功能单元标准化程度高、重复度大，相较于其他公共建筑有特殊的产品属性，与现代化产品相似，其设计原则在于功能单元模块化、系统完整性及特定的构成秩序。

由交通空间串联展厅的布局方式及大面积屋顶和室外展场，与建筑工业化、绿色低碳等现代化技术应用有良好的适配性，此类项目对信息化技术应用有较高需求。

与此同时，大型会展建筑存在交通组织交叉混杂、展览工况配套方案多样、运营计划更新频繁等复杂设计条件的情况，建筑设计如按以往的流程式设计方法，常会引起方案反复修改，造成时间和资源上的浪费。

故在实践中，我们总结出大型会展的集成设计方法。该方法采用产品化思维统筹集成设计，在前期策划、方案、施工图设计乃至施工采购的各阶段，以功能为基础，通过将模块化设计、交通模拟、消防模拟、装配式、BIM、绿色建筑、低碳建筑等技术手段融合，以建筑产品为最终形态，从产业整合和技术集成的角度对设计内容进行控制，实现高质量会展建筑的交付。

2.2.1 大型会展建筑的产品性

自20世纪现代主义建筑兴起，建筑师们开始从工业产品中吸收设计逻辑，找寻设计灵感，致力于建筑部件的规范化与标准化，许多建筑师也同时参与工业设计，建筑业和制造业作为人类文明发展的两大传统产业，呈现出越来越相似的特征。在近年来所提倡的新型工业化建筑的思潮中，建筑作为"产品"的概念又再一次被提出。

新型工业化中的装配式建筑，其"产品"特质尤为明显，其生产及装配的过程，与工业产品形成对应的关系。预制的建筑构件（成品楼板、门窗、预制墙体等）像产品零件一样被生产及拼装，其构件在设计中注重标准、通用性等要求，并采用模数进行整体控制，在建造时，又体现了工业化中的自动化、机械化的优势。在目前聚焦"双碳"，促进绿色节能的时代背景下，装配式建筑以其少污染、施工高效的特点成为新时代建筑的最优选择。

这一趋势在大型会展类建筑中尤为突出。会展建筑的布局，由交通空间连接的展厅空间组合分为围合、半围合及线型布置等方式，结合地形和周边环境，一般采用鱼骨式布局。交通连廊（交通空间）将展厅、会议、餐饮等功能空间实体贯穿起来。作为此项目空间组合的规则和手段，这些空间形态呈现出对称、均衡的特征，按照序列分布的空间，体现着清晰的秩序感（图 2.2-1）。

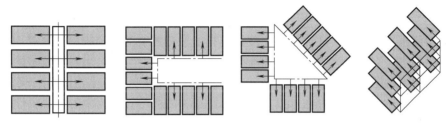

图 2.2-1　交通空间串联展厅的布局方式

对于展厅单元来说，标准化和集成化也是最为经济的构造方式（图 2.2-2、图 2.2-3）。

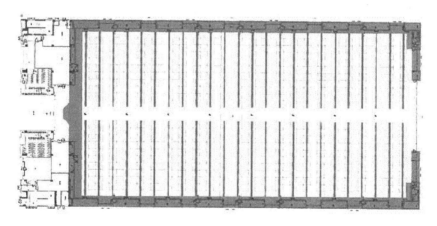

图 2.2-2　展厅单元系统标准化布置

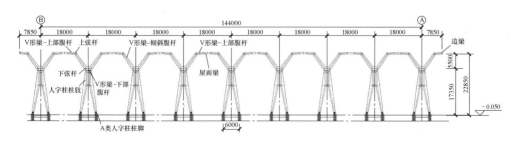

图 2.2-3　展厅结构人字柱立面图

2.2.2 传统流程设计的问题

传统设计的显著特征是设计流程按照时间先后安排，呈现线性的形态。

随着 20 世纪以来现代主义建筑的兴起，新技术及设计理念的更新，建筑设计形成了不同专业的详细分工。设计工作分为负责功能布局、交通组织和空间体验及表皮形式的建筑师，负责结构整体安全的结构工程师，以及室内舒适度需求的设备工程师（包含给水排水、暖通、电气等专业）。

于是一般建筑的设计流程为：建筑师首先对建筑进行功能、空间、形体的构建，结构工程师在此基础上进行安全性的设计和复核，此后再交由设备工程师进行机电功能的补充和舒适度的设计。

这种线性流程式工作方式，在战后快速重建时起到了积极的作用，在重复度较大的住宅和简单公建中明显提升了效率，节省工程造价。但这种方式也有明显的局限性：首先，这种简单的流程方式降低了建筑的整体性，不利于复杂建筑的综合协调；其次，对于建筑师初期的把控水平有着严格的要求，如前期思考不完善，后续则会出现比较多的方案性的调整，给项目工期的控制以及项目品质带来不利影响。

此外，传统流程设计也存在着以完成本部分或本阶段的设计为主责的局限性，其表现如下：

（1）设计周期占整个项目周期的比重较小，设计时间较短，无法对项目进行整体把控；

（2）设计过程是刚性序列，灵活度不高，但随着工业化及绿色低碳等节能需求的陆续出现，各专项之间的冲突可能引起前期确定的设计条件的重大调整；

（3）部门之间缺乏交流，设计问题只有到了生产和装配阶段才被发现，为保证产品质量，不得不返工重新修改设计，造成资金浪费和时间延误；

（4）设计阶段与施工阶段信息脱节，设计阶段很难考虑可制造性和可装配性；

（5）设计阶段对项目的可控性和可测试性考虑不周；

（6）设计师对成本信息不了解，但设计阶段又往往是设计成本控制的最关键阶段，传统流程设计通常不能将成本作为设计目标之一。

2.2.3 集成设计的概念

"集成"（Intergration）最先起源于自动化领域，有综合化、整合化、一体化的含义。集成设计指将两个及两个以上的事物整体设计在一起，这些事物可能有联系，也可能没有内在联系，但集成设计的思想是让其有机地融合在一起，集成设计之后的"成品"就是一个融合了各事物特点的有机整体。

对于建筑设计来说，集成设计不但包括多专业的实时协同，还包含管理以及项目信息的集成等内容，这种整合提高了工作效率，同时确保信息的准确度和各专业、专项之间的整体性及一致性。

集成设计在建筑设计的各个阶段分别有所体现，在方案设计、初步设计、施工图设计中，均可形成不同深度的阶段成果，该成果对于设计目标逐步进行方向校准和一致性检验。集成设计以信息化平台为基础，融合多个专业及专项内容，围绕一以贯之的设计目标，具有阶段更新和同步纠正的优势。

2.2.4 大型会展建筑集成设计的必要性

近年来随着我国固定资产投资项目建设水平逐步提高，为更好地实现投资建设意图，投资者或建设单位在固定资产投资项目决策、工程建设、项目运营的过程中，对综合性、跨阶段、一体化的咨询服务需求日益增强，近年来国务院、国家发展改革委、住房和城乡建设部为了节约投资成本、加快工期进度、提高服务质量、有效规避风险颁布了一批相关规定，为建筑设计行业的发展指明了方向。

大型会展建筑体量巨大，资源消耗多，建设周期长，设计要点复杂。如采用传统设计模式，极大可能造成大量资源及时间的浪费。大型会展建筑采用集成设计有其迫切的必要性。

1. 复杂功能设计的需求

对于工业化产品，采用合理的工艺方法及过程有利于保证产品质量、提高劳动生产率、降低产品成本和提高经济效益。

大型会展建筑一般以会展为核心，其他辅助功能围绕其进行建设，规模大，功能完善。通常拥有超大规模的用地和大量的展厅、展场，结合会展设施规划如商业、科研、绿化等区域。此类大型建筑得到所在国家和地区的支持，具备特殊的城市背景。

由于较大的建筑体量，以及交通特征带来的影响，会展建筑总体布局及交通设计需将项目置于城市及区域的路网体系进行分析，利用整个城市的交通体系综合平衡巨大交通流量。针对项目本身，总图布局要设置货车轮候区及临时卸货区，保证布撤展有足够的空间。这些设计、分析及管理需要依托 BIM 及智慧会展构成的先进指挥体系，是交通顺利运行所需的软件服务。

在建立建筑硬件方面，综合功能的布局、超大规模建筑的消防安全模拟、结构安全模拟、展厅模数控制、管沟系统布置、多组合荷载设计、大空间环境舒适度控制等功能需求，也需要集成整合在同一设计平台进行控制，如采用传统流程式的设计将耗费大量的人力及时间成本来保障项目的顺利实施，在提倡效率和资源节约的今天，集成式设计是最优选择。

2. 装配式生产的需求

如前所述，装配式建筑所具有的"产品"属性，决定着其单元预制构件有着标准化、通用化及模数化的特点。

而多年来现代教育体系对于建筑师的培养，多尊崇"建筑大师"，建筑师对于建筑形式的标志性及象征性情有独钟，这种对于独特性的追求在传统的线性建筑设计中，很难在最初形成较为完善的模数体系，在新型工业化的背景下，预制构件很难形成标准化和系统化，阻碍生产和安装效率。

于是集成设计成为解决此复杂问题的关键，首先，统一的 BIM 模型平台将本阶段各专业的信息以可视化的方式表现出来，对于践行模数化的设计理念是非常有效的手段。其次，用于协同的模型较为直观，便于及时发现特殊构件，有利于标准化部品的构建。

装配式建筑是实现建筑业"碳中和"的重要技术路径，以标准模数化、构件产品化、信息数字化的工程全寿命期设计理念，尝试引导建筑生产方式变革，从手工、离散的传统建筑业向高效、集约的现代制造业转变。

建立集成协同设计平台是装配式建筑非常重要的基础，采用 BIM 技术，建筑设计随时与结构、机电等专业配合，实现建筑信息的集成，有助于实现多专业的协同工作，进而结合装配式的设计要求，将设计的标准化、模块化、综合化落到实处，对于构件大批量生产，以及标准化建造安装也起着指导性作用。由此看出，确立具有可实施性、经济、高效的装配式建筑，集成协同设计平台至关重要。

3. 智慧化运营的需求

伴随着国际上的交流与交易日益频繁，现代化的会展中心应运而生。以会展建筑为载体，开展各种贸易活动，对于交通运输、餐饮服务、旅游、商业贸易等行业有着直接的带动作用。

如何通过对于会展建筑智能化与智慧化的设计，为会展经济的发展提供助力，满足多种行业的展览需求也成为摆在设计人员面前的一个课题。

（1）如何将基础设施通过智能化系统进行管理，并结合会展运营的需求进行功能整合，以较小的代价整合全部功能，是项目中最困难的部分。结合运营部门的要求，梳理出会展管理方面的功能需求，并结合现有市场上能接受的系统整合模式，最终实现整个会展的智慧管理、智慧运营。

（2）如何通过合理的设计，在会展的长期运行维护过程中，减少对于人工的依赖。

（3）对于后期的运行节能，在设计时尽量取到合理的点位采集，为后期的节能提供数据分析的基础。

（4）结合各系统的应用人群，包含展馆方、主办方、物业管理方、外包服务方、参展商、观众等，将应用安全管理作为关注重点，确保整个系统应用在合理管控的情况下，正常运行。

（5）结合轮候区及周边道路情况，考虑如何与外部的公安、交管部门建立合理的协同工作机制，为会展提供运行保障。

（6）通过信息化手段，配合实现轮候区与各展馆布展区域的协同安全核验、车辆引导。

（7）通过技术手段适应会展多变的功能需求，满足会展一定时期的空间功能变化、固定空间的功能调整等要求，尽量减少在会展运营过程中的后期建设。

（8）结合分期建设在整个项目管理方式、系统结构、系统间的协同方式、系统的配套支撑等方面均需要提前规划考虑，确保本项目在整体建成使用时，不会因为项目建设时间的划分而出现无法协同使用的情况。

（9）项目建设过程会伴随着科技的发展，因此在设计时要适度超前，力争在项目建设完成时的系统应用能紧跟科技发展的主流，并在一段时间内不会出现大的系统更替，有效保护投资。

（10）项目设计时，由于面积大，各系统采用基于网络架构的方式搭建。因此，各网络结构的合理性、可靠性、可扩展性、可管理性、结合会展服务快速部署以及如何提升系统应用感受方面均需要做重点考虑。

以上这些问题均无法在建成后通过增加设备、设施实现，必须在设计初期依靠集成设计思路，搭建 BIM、智能化楼宇控制等综合监测和控制平台，将需求集成在各专业的设计当中，采用软件与硬件相结合才能适应现代化大型会展技术不断更新的需求，达到智慧运营的目的。

4. 低碳全生命周期的需求

为贯彻落实国家关于"推进会展业绿色发展"和"碳达峰、碳中和"的政策目标，会展业的绿色可持续发展刻不容缓。推动绿色会展发展是一项庞大的工程，需要会展业各环节各参与部门共同努力，而基于大型会展建筑的规模和办展的特点，无论是在建筑设计、施工运营还是展台搭建上，如何运用低碳技术对于实现绿色会展都是至关重要的。

集成设计是对产品及其相关过程进行一体化设计的系统化的工作模式。这种工作模式从项目之初就考虑到建筑在全生命周期中涉及的各类需求，包括成本控制，设计及施工质量控制，以及全流程的时间管理。在会展设计初期就应结合建筑形态及其他特点应用低碳技术，并逐步落实到施工阶段及运营阶段。形成模块化、标注化的构件，通过简便快捷的建设及内部搭建方式，可根据实际需要替换部分内容，在运输、搭建拆卸、储存方面都带来了便利，有利于重复利用。通过以上措施有效减少固体废弃物的产生，降低碳排放。

作为举办世界级展会的大型会展建筑，其低碳措施及材料的实施运用，不但使会展建筑在全寿命期内实现减少碳排放的目标，推进会展业的绿色发展，而且使会展建筑成为绿色低碳的大型公共示范基地。

综合以上四点可以看出，现代化的大型会展建筑采用集成设计的方式已是不可或缺。

2.2.5 大型会展集成设计的四大要素

1. 技术集成

集成并非简单的集合，是将各部分组合成为彼此独立却又相互协调的完整系统，建立起有机的整体的涵义。

技术集成即在设计中采用产业化建造思维，通过对结构系统、设备与管线系统、外围护系统及内装系统的技术措施整合在一起，协同形成建筑、结构、机电及装修等全专业的集成模型。从而便于在接下来的施工阶段，延续集成的逻辑，对应形成结构部件、设备与管线部品，外围护部品，内装部品的集成建造。

在大型公共建筑的设计中，统筹形成设计、生产、施工及运维的全过程集成平台，构建从数字建造至物理建造的一体化思维至关重要。

以国家会展中心一期工程（天津）为例，在设计各个阶段，进行了以下工作（图2.2-4～图2.2-6）：

图2.2-4 风洞试验台及项目模型

图2.2-5 烟气模拟

图 2.2-6　抗风揭试验

（1）结构形式的先导试验：风洞模拟试验，其结果是主体结构计算和幕墙结构计算的基础，为特殊结构形式的可靠性提供数据保障，保证"坚固"建筑的根本。

（2）空间环境的模拟验证，将室外场地的风环境进行 CFD（Computational Fluid Dynamics，计算流体动力学）模拟，针对光环境，项目采用照明管理软件 Dali 及灯光照明设计软件 DIALux 建模进行模拟计算，最后将计算结果进行处理，对室内自然采光达标率、内区采光、眩光指数等进行分析，进一步确认设计的合理性。

（3）参照美国国家标准 ANSI FM4474-2004（R2010），通过节选构建金属屋面 1∶1 模型，在试验台上使用不同风速对金属屋面样品进行抗风揭模拟，验证节点构造可靠性。

（4）消防设计按照试验要求进行方案调整，对消防设备进行加强，增设水炮、红外对射感烟探测设施，并采用防火隔离带等措施，从烟气层高度、能见度、对流热、一氧化碳浓度等方面考量，达到必须疏散时间（RSET）＋安全余量时间小于危险来临时间（ASET），消防设计方案验证可行。经过调整后的方案最终能达到保证人员生命安全和限制火灾大规模蔓延的设计目标。

（5）项目还进行了暖通空调流体流动模拟，对室内环境舒适度进行评价。对室内环境进行 CFD 模拟，辅助优化空调系统大空间的气流组织设计，验证设施有效性。

本项目超大体量、高重复度的展厅布置非常适合开展建筑工业化设计，应用模数化标准化设计理念进一步提升构件、部品部件的重复度，使本项目具备较高的装配化水平，同时高大空间建筑对装配式技术应用也提出了更高的设计施工要求，是建筑工业化在会展类建筑项目中的积极尝试。本项目各建筑单体装配率 66％，达到国家 A 级装配式建筑要求。

展厅竖向构件主要为人字柱，中央大厅为伞形柱，满足建筑造型及空间使用需求的同时，通过少规格多组合的方式降低竖向构件尺寸种类，整个一期工程用钢量 12.8 万 t，竖向构件除人字柱与伞形柱外，仅 7 种截面类型，18 种主框梁截面，全部桁架采用一套标准化图纸，优化构件截面类型，也大幅度优化减少了连接节点类型。

室内装饰设计从视觉效果上到技术措施均与建筑设计协调统一，大量使用装配式装修构造，大空间的面层材料基层龙骨固定方式已在规范、标准、图集中无据可依，在这种情况下提前与结构设计配合，把相关材料基层固定方式与结构体系结合，使用集成式挂件及饰面板固定，同时与建筑专业协调各空间维护系统定位原则、与机电专业沟通设备及管线系统一体化设计穿插于基管线分离原则，满足后期维护要求，使内装修系统与结构系统、设备和管线系统、外围护系统实现一体化集成设计。

设计单位、构件加工深化单位、施工团队建立协同机制，利用全寿命期BIM指导现场施工，通过信息化数据传递把控构件生产加工，充分理解设计意图、满足设计要求；应用RFID射频识别技术，方便施工现场对部品部件生产、运输及现场吊装施工的可控溯源；采用BIM虚拟装配技术，对构件合理分段、模拟装配过程、设计专项工装，保证构件的拼装精度。

本项目建立从建筑设计到施工建造的一体化BIM模型，利用BIM最大限度地提高设计质量，大幅度降低工程建设中的管理风险源，达到降低工程成本、控制投资的目的，为工程建设的顺利实施提供有力的技术保障，并为后期BIM运维提供应用服务，真正实现以BIM技术为指导的展馆项目建设管理模式。

项目利用一、二期共15万 m^2 的室外展场，下方设置地源热泵系统，地埋孔约2800个、孔深120m，夏季放热12568kW、冬季取热9066kW，承担冬季28％以上的热负荷，夏季部分冷负荷。二期地埋孔约1381个、孔深120m，夏季放热6774kW、冬季取热5085kW。充分利用可再生能源。

大型会展建筑拥有超大的金属屋面，国家会展中心一期屋顶面积达30万 m^2，在屋顶设置单晶硅叠瓦太阳能电池组件，安装405Wp单晶硅叠瓦太阳能电池组件17280块，已安装容量为6998.4kWp的分布式光伏并网型电站。电站采用"自发自用，余电上网"的并网方式运营。年均发电量约为707.48万kWh，年均利用小时数为1010.92h，能为项目提供6％的电力能源，一期已建成7MV的电站，未来二期与一期同样规模，总量将达到14MVA。带来良好的能源利用效益、经济效益和社会效益。

由该项目案例可以看出，大型会展建筑与建筑工业化、绿色低碳等现代化技术应用有良好的适配性，此类项目对信息化技术应用有较高需求，适宜集成技术需求同步推进设计工作。

2. 管理集成

项目管理制度和流程是项目高效运行的保障，首先应着手建立制度，然后利用专业的管理方法和经验，结合各方内部管理流程，参照相关法律法规指定科学可行的管理制度和流程。

以杭州大会展中心为例，项目包括四十几个专项设计和顾问方，对接政府部门十余个，在项目建设周期紧张，专项设计繁杂，协同量大的情况下，如采用传统流程式组织管理，组织控制各方的时间计划、人员调配、设计质量难度极大（图2.2-7、图2.2-8）。

为应对复杂的挑战，设计管理团队从管理学的组织、计划、控制三个维度对项目进行了适配，采用设计总包牵头的集成式管理思路。

1）组织

（1）明确各方职责

针对项目特点，展览类项目设计采用方案设计单位＋国内知名施工图设计单位联合体作为项目设计总包的模式推进，集约管理的抓手，并根据各自优势进行合理分工。

图 2.2-7 专项设计顾问汇总

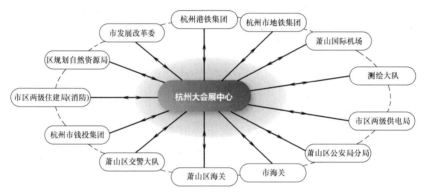

图 2.2-8 杭州大会展中心对接政府部门示意图

设计管理团队职责——决策指引、对外沟通、收集各类（如经济性、技术成熟度、采购来源、施工工艺、材料特性）信息，调动内外部资源，积极向设计总包提供设计分包资源，甚至完全共享内部设计招采信息，协助总包开展商务洽商，保证项目设计分包和项目的匹配，也保证设计总包的经济利益和积极性。利用设计线的三级管控流程，对各阶段图纸进行各类评审、审核。

方案设计单位逐一针对各类信息，如技术成熟度、设计造价、施工难易做出效果最适配的设计，总控涉及效果的专项设计视觉效果。

设计总包（当地施工图单位）——统筹全部技术层面信息，确保方案设计单位的想法落地，确保设计质量、进度；优选国内外一流的设计分包参与设计，并进行日常技术管理；在主体设计预留各类的专项设计条件，并保障专项设计对主体设计的技术影响。

（2）双总师制度

如前所述，展览类项目往往涉及新城片区开发，本身又是会展新城的中心，因规模巨大，已不能将其囊括为单体建筑项目，应以城市建设的模式从城市规划层面进行研究。再因片区内的项目起始时间不一，规划设计思路不一，且片区所需不断增项，片区内的项目类型也不尽相同，会展、商业配套、地铁、市政道路桥梁、景观等，为保证片区规划设计、上层次规划的衔接落地，给片区注入整体设计理念，片区开发实行了双总师制，对片区开发进行设计管理，确保会展和片区开发相辅相成。

融合设计总包管理模式，让设计总包真正融入项目管理中，让设计单位对项目负责、专业负责，也成为项目的管理者，站在建设者的角度上，从项目的进度、质量、工程、安全等方面出发，从设计前端全面把控设计。

（3）分级决策

项目设立了指挥部联席会会议制度、指挥部技术例会制度、招商设计高峰会议制度、工地技术例会制度、设计专题技术会议制度等若干级会议制度，将项目设计、技术类问题归类并迅速找到决策主体，推进最终决策。

2）计划

计划先行，从工程实际需要出发，排铺整体计划，利用项目平面场地大、工程滚动施工的特点，从时间、空间两个维度制定分解计划，将设计工作网格化，把建筑划分为若干个区块，打破常规地推进网格区块，保障现场有序滚动进行。

3）控制

（1）进度控制

针对项目事项繁多的特点，为保证项目信息完备交圈，项目实行晨会制度，交叉提醒每日工作，以终为始处理各项工作，进行工作每日销项。以项目联合周报对项目的全过程设计进行监控。

项目创新以图纸目录为管理量化标尺，将设计进度的监控延伸至图纸目录中的每张图。以此形成更加精确的项目整体进度，代替以往以经验来判断项目设计进度，实现放射式盘化管理，最终保障设计计划的落实。

（2）质量控制

利用平台优势、组织多轮联合审图。组织施工深化设计例会，监管由施工单位组织的深化设计，明确所有深化设计的标准，实现设计的穿透式管理。

项目极其重视设计巡查，除各专业单独不定期巡查外，每周都会同设计联合体对项目现场进行联合设计巡查，项目后期每周两次，项目设计完整落地，也及时紧跟项目现场要求，第一时间解决项目上技术难题。

质量控制的出发点为避免紧张的工期导致项目品质折减。项目推行设计高峰会议机制，每季度招商和设计联合体最高决策者举行峰会，共同商议重大效果问题和技术问题。

项目通过以上集成式管理思路，将设计各方融合在一起，极大程度地节省了时间、人力、资源成本，成为大型会展设计管理的标杆。

3. 功能集成

会展建筑主要的功能即会议和展览，围绕这两个核心功能，在各类不同人群的使用方面，要点在于顺畅的人车交通，方便地布撤展及开展组织，室内外展览基本功能的实现，会议空间和系统的配置等。

其中，大型会展建筑由于其建筑体量庞大，使用时间集中、内外部交通组织复杂是项目首要解决的难点。会展建筑有如下交通特征（图2.2-9）：

（1）新建会展一般位于开发新区，周边道路配套不完善，公共交通不够便捷。

（2）会展建筑占地巨大，容易使城市交通路网隔断和割裂。

（3）平时与展时，客流波动明显。开展时，客货交通需求量激增，有明显的潮汐现象，早晚高峰较为集中。

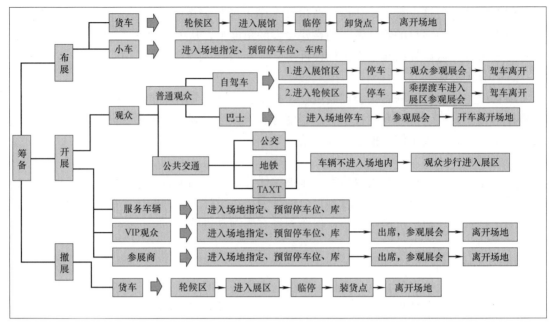

图 2.2-9 各工况交通流线

（4）交通方式多样，以轨道交通、公共交通为主，多种其他交通方式为辅。

（5）货运交通量大，具有短时聚集效应，同时客货交通时空分离（图 2.2-10）。

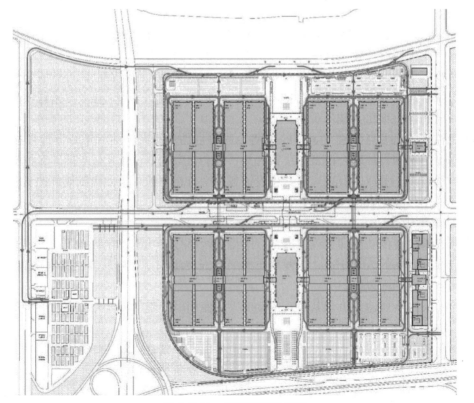

图 2.2-10 货车交通流线图

国家会展中心及杭州大会展中心项目均采用了组团布置展厅，分级设置环线、项目周边设置货车轮候区，内部设置临停区，综合 BIM 平台以及智慧会展平台，对项目的交通组织进行智能化控制等方式，辅助主要展览功能的实现（图 2.2-11、图 2.2-12）。

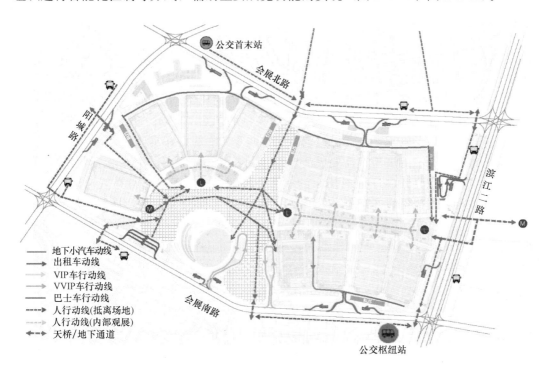

图 2.2-11　开展期间综合人车动线图

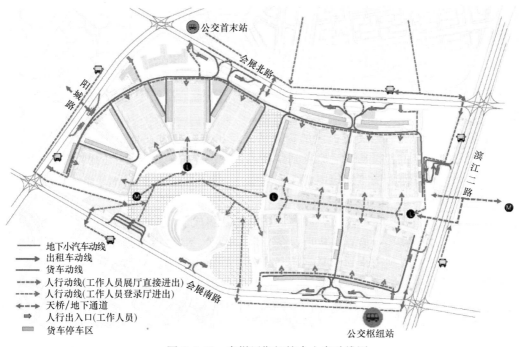

图 2.2-12　布撤展期间综合人车动线图

展厅作为展览建筑的功能单元，功能的复合性最强，是最为体现集成设计优势的方面。

以国家会展中心为例，一、二期均设置同样大小的16个标准展厅，展厅的体量、基本配置均相似，完善其中一个展厅的设计，就可以在此基础上推而广之，作为其他展厅的设计基础。

据统计，普通展览展位高度在3～6m，通过对采光有效性分析和考虑集中参观人群的注意力的因素，展览空间6m以下高度不适合设置外窗。本项目在展厅周边设置夹壁墙，结合设备机房和其他服务设施，一方面使得室内使用空间更为完整，使用感受更优质，另一方面利于建筑节能和遮阳。展厅四周夹壁墙顶至13.2m，其上设置侧高窗自然采光，既满足日常展览需求，还能保证消防、空调等功能的良好实现。

空旷的展厅内所有的展位都需要灵活地连接到各种设施设备，其中包括强电、弱电，给水，污水和压缩空气，展厅地面均布的次管沟按照每9m间隔平行布置，这样标准的3m×3m展位可以被轻松地连接起来。展厅次管沟联系着展厅主管沟，展厅主管沟联系着会展主管廊，在空旷的展厅空间下面密布着各种管沟系统，既要方便使用，又要方便安装和检修。管沟分通行、半通行和地面掀盖的最末级次管沟，各司其职，协同工作。所有设备的末端都可以在活动的展位箱中获得接口，每个展位都可获得所需的设备支持。其末端接驳设置集成度较高的展位箱，将水、电、气等末端接口集中设置，便于参展商使用，并方便管理及维修（图2.2-13）。

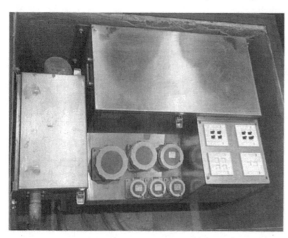

图2.2-13 展位箱

在展厅管沟的设计基础上，项目的综合布线一般为无地下室情况时常用的展沟式［国家会展中心（天津）］，以及有地下室或者二层展厅常用的沉井式（红岛国际会议展览中心）两种。

另以管沟体系为例，为展位提供的资源从原点出发，通过在地下形成庞大的株式路径，到达展位的节点位置，从机房原点到路径直至终端展位箱，这庞大的网络为各展厅提供功能和便利，完整作为展览建筑主要功能空间——展厅各个点位的水、电、压缩空气的供应（图2.2-14）。

为突出空间和表皮节点的重点，隐藏设备形态是集成设计的一个要点。对于功能设备来说，可分为终端、路径、原点（机房设备）三个要素。其原点与路径的要求为能够清楚地表意，并不需要被显现出来，于是采用"隐藏"的句法原则；而部分终端元素则必须显露才能符合功能需求，即风口、灯具等均需符合形式效果构成原则。如球形风口本身呈现出与表皮三个基础词汇不同的形象，但通过排列形成直线的形式，既完整了句子成分又符合当前的形式语句逻辑。在集成设计过程中，各专业设备网络通过使用BIM和其他三维软件的建模，实现对有秩序的表皮构成影响进行确认，同时达成全装修的设计。

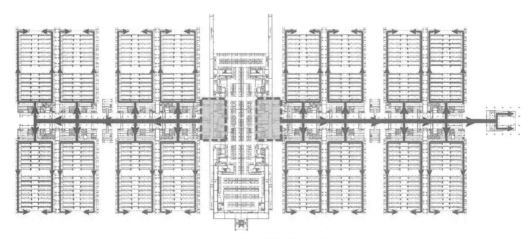

图 2.2-14 管沟体系语句

室内空间舒适性是建筑体验的重要标志，展厅空调送风系统采用模块式集成设计，仅在外部露出球形风口。展厅全空气空调系统采用小风量立式空调机组，每个宽 3.6m、长 12m 的机房空间内设置两台空调机组，送回风管均安装在机房内，送回风口均安装于展厅侧墙上。

展厅模块式机房三维模型见图 2.2-15。设备空间层高 13.2m，设备高度 3.5m，机房在 4.5m 高设置隔声吊顶，隔声吊顶以下墙体设置吸声材料，4.5m 以上墙体不做吸声处理。对设备安装区域进行了最小范围的围合，进行吸声处理，大大降低机房隔声降噪的处理成本。

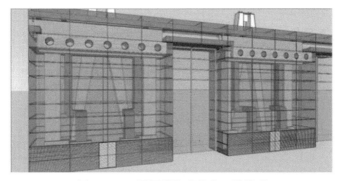

图 2.2-15 展厅模块式机房三维模型

该布置方式设备、管道布置紧凑，节省了机房占用的建筑面积。管道均布置于空调机房内，未伸入展厅空间，符合展厅简洁、干净空间效果的需求。同时模块式集成设计，方便施工、采购，为节省项目工期作出了巨大贡献。最重要的是，模块式设计大大减小了风管长度，空调系统输送能耗大大降低，风机配电功率仅 $11W/m^2$，较同类项目低 20%～30%。

4. 应用集成

应用集成是大型会展建筑较具特色的方面，是以使用为目标的智能化运维需求的前期设计集成。

对于建筑而言，智能化为智慧化提供建筑内与建筑空间安全、环境安全、基础设施等相关的数据，是智慧化的基础。智慧化是在融合了建筑应用特点的前提下，通过运用BIM、GIS、大数据分析等技术手段，将建筑物的空间、系统、服务和管理根据用户的需求进行最优化组合，使建筑更好地服务于各种应用场景。

会展建筑的智能化与智慧化必须围绕会展的运行特点进行设计。只有将与会展运营相关的各类使用需求与会展建筑的特点及运行场景相结合，才能发挥智能化和智慧化相互融合的作用，更好地服务于会展的可持续性运营。

以国家会展中心（天津）项目为例，根据功能方向不同，建立了由1个BIM+GIS综合管理平台+8个版块组成的会展中心智能化架构（图2.2-16）。

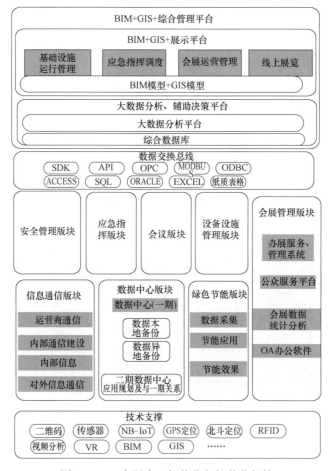

图 2.2-16　会展中心智能化与智慧化架构

以实现项目的全生命周期管理为目标，建设科技智慧、生态多元化的会展运营管理体系。全面整合会展中心内外部资源，实现人、物、车与园区功能的无缝连接和协同联动，形成具备可持续生命力的安全、便捷、高效、绿色会展形态，使运营、管理、服务高效化，实现会展中心基础设施网络化、运营管理信息化、功能服务精细化、运行维护智慧化、展会决策数据化。

结合目前行业的发展情况，市场上的会展管理软件还不能完全支撑起对于国家会展中心（天津）全面管理、综合管控、数据分析、辅助决策、运营支撑的平台要求，因此需要建立智慧管理应用平台，多方整合会展的数据，以会展的运营需求为主线，进行平台的建设，实现国家会展中心（天津）所需要的功能。

在平台建设时，力求不要偏离运营需求这一主线，不盲目、过度地追求技术的先进性，选择合理的技术方向。

鉴于项目面积巨大，且项目本身也具备BIM的数据，因此从系统结构上采用建立集成大数据分析与应用平台结合BIM+GIS综合展示的方式实现。

本项目应建立大数据分析平台，通过数据可视化发现数据的内在价值，利用数据可视化满足会展运营的决策需要，使用数据可视化满足会展运营人员的分析需求。可实现：

（1）基础设施管理，详细到位置信息、设备运行实时数据与管线、资产信息、设备安装信息。

（2）三维会展，实现未来线下实体展览与线上虚拟展览间的融合。

（3）高效应急指挥，可准确、快速定位事故发生位置，达到及时救援、及时疏散的目的。

（4）通过对于绿色节能、运维管理等数据的采集与展示，体现会展的高效运维能力。

（5）会展运营数据展示，体现会展的运营能力，为业务人员的分析需求、决策者的辅助决策提供基础。

（6）室内外导航，合理路径规划。

5. 集成设计导图

集成设计导图如图2.2-17所示。

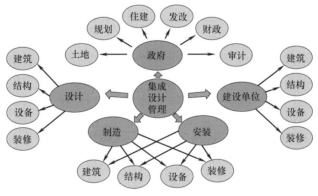

图2.2-17 集成设计导图

大型会展以功能为基础，集工业化、数字化、信息化和绿色化。集成设计主要控制技术集成、管理集成、功能集成及应用集成这四大要素，将集成单元的控制、集成结构的设计以及集成模式的探索融入其中。

第**3**章

大型会展建筑屋盖结构形式及设计方法

3.1 概述

3.1.1 大型会展建筑特征分析

会展建筑在一个地区或城市中往往扮演着重要角色,大多都是地标建筑,建筑师会不遗余力地挖掘造型,推陈出新。其功能也具有独特性,需要较大的空间实现灵活布展,对建筑的高度、跨度等均有较高的要求。在建筑空间和建筑造型方面均有别于普通公共建筑。

3.1.2 会展建筑结构设计挑战

会展建筑由于建筑造型和建筑空间的要求,对结构设计提出了诸多挑战,需要结构工程师创造性地完成结构设计工作,适应建筑需求,实现安全、经济的目标。

(1)造型:建筑师在会展建筑造型上都有各自独特的追求,会展结构往往是空间结构,甚至是诸多结构形式的结合,共同使用。

(2)大跨:会展最直接的要求是大跨度空间,就以往经验来看,80m 是一个较为普遍的需求,属于大跨结构。

(3)重载:会展屋面相较于一般屋面会增加展览吊挂需求,不能简单地视为轻型屋面,双层展厅则对楼面荷载有更高的要求,叠加上大跨度,也对结构提出了新的要求。

(4)超限:异形、大跨等诸多因素耦合在一起,往往导致结构在规则性、尺度上会出现超限的情况,如何应对超限、加强分析和构造措施是结构工程师要面对的问题之一。

3.2 大型会展建筑钢结构屋盖体系

3.2.1 主要结构形式

会展建筑由于自身跨度大的特点,主要采用钢结构体系。其中,桁架结构、网架结构和网壳结构等都是普遍应用的结构形式。桁架结构因其内力分布均匀,可通过上下弦杆受轴力来承担外力偶矩,腹杆承受剪力,受力合理明确,减少材料消耗量和自重;网架结构为超静定结构，利用节点焊接或栓接杆件组成网状，使结构更加稳定，具有自重轻、空间利用率高、易于生产的优点。网壳结构杆件主要受轴力，造型优美，排水性好，预制方便，倍受大空间建筑设计师青睐。

此外，张弦结构，如张弦梁、张弦桁架等也应用较多。近年来，空间结构的应用也日益增加，树状结构、杂交结构等，一些新的结构形式也都有了实际应用。

3.2.2 结构选型原则

（1）成就造型、满足功能

建筑功能是结构选型的重要因素，任何建筑对自己的空间环境都有要求，应据此来确定建筑物的规模及详细尺寸，以满足其使用功能的要求。

（2）受力简明、构造简单

大跨度建筑的结构体系需要满足基本的力学性能，符合正常力学规律。节点的设计是结构能否安全可靠的关键，其必须确保传力的合理性和明确性。结构形式不宜过于复杂，结构体系应能够有效抵抗竖向和水平向作用力，其构件要设置合理，各组件能充分发挥各自的作用，协调工作，以此满足整体结构的抗震性能要求。结构还需考虑地理环境因素的影响，基本风压、雪压、设防烈度等参数会根据位置不同而不同，并且对结构分析产生较大的影响，所以结构选型时，地理因素也是重要一环。

（3）安装便利、易于维护

在结构选型时，要充分考虑实际操作和施工的可行性，将结构方案和施工条件相结合，如现有施工技术和工艺达不到规范要求，将无法保证施工过程的安全，结构也无法搭建。

结构设计时要考虑建筑的可维护性。钢结构造型多样，施工便捷，但易锈蚀破坏，后期维护繁杂，因此在结构设计中也应融入可持续性建筑设计理念，不断优化构造，易于后期维护。

（4）经济适用、造价合理

结构类型涉及经济因素，要选择经济适用的结构形式，必要时进行多方案比选。后期维护费用虽然在造价中的比例较低，但也是不能忽视的因素。钢结构的防锈、防火等措施也是考量因素之一。

3.3 屋盖结构形式及创新

3.3.1 空间伞柱异形框架结构形式

1. 结构形式

空间伞柱异形框架结构形式示意如图 3.3-1 所示，通过屋面刚接的双向檩条将独立的伞柱刚性连接成整体。对于抗侧力体系，整个结构在水平荷载作用下，其内力和变形与多跨框架类似，形成刚度较大的整体结构体系。对于竖向传力体系，屋面结构的所有竖向荷载通过伞柱的上部枝干，传递到伞柱下部枝干及主干，最后传到基础，杆件承受拉力或压力为主，弯矩较小。结构的竖向传力体系和抗侧力体系能有效地传递荷载，形成一个完整的结构体系。

国家会展中心（天津）中央大厅采用了空间伞柱异形框架结构（图 3.3-2），获得中国钢结构金奖杰出工程大奖。以下以国家会展中心（天津）中央大厅为例，展示该结构形式计算分析结果。

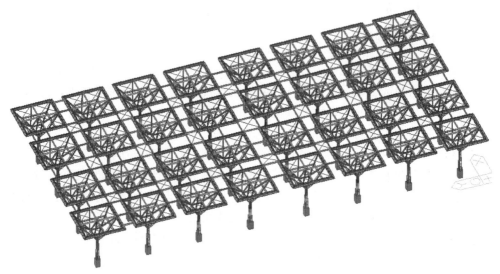

图 3.3-1 空间伞柱异形框架结构形式示意

图 3.3-2 国家会展中心（天津）中央大厅正立面

2. 工程案例概况

中央大厅屋面结构的主要支承体系由 32 根相互连接的伞形柱共同构成，柱列形成 8×4 的纵横网格，非常规则地配合了屋面的长方形平面。伞形柱柱距为 36m 及 39m，总高度 32m；平面长度 285.3m，宽度 141.3m。屋面采用玻璃与轻型屋面板交错布置。伞形柱延伸至地下室底板。每个柱单元之间以刚接钢梁进行连接，钢梁的跨度为 9m 及

12m，将伞形结构连成连续的框架，形成刚度较大的整体结构体系。中央大厅幕墙采用自承重结构体系，仅将水平力传递至中央大厅主结构。

1）结构形体

中央大厅屋面平面图、剖面图及结构三维轴测图如图 3.3-3～图 3.3-6 所示。

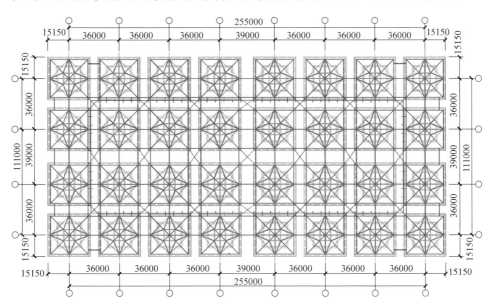

图 3.3-3　中央大厅屋面平面图

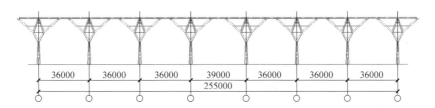

图 3.3-4　中央大厅屋面剖面图一

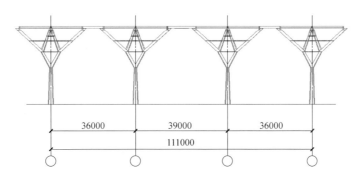

图 3.3-5　中央大厅屋面剖面图二

主要结构尺寸参数见表 3.3-1。

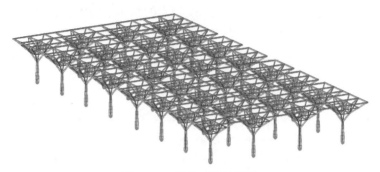

图 3.3-6　结构三维轴测图

主要结构尺寸参数　　　　　　　　　　　　　　　　　　　　表 3. 3-1

跨度（介于伞形柱之间）	36m/39m
伞形柱间钢梁跨度	9m/12m
伞形柱高度	32.8m
屋面面积	$285.3 \times 141.3 = 40313m^2$

每个伞形柱包括如图 3.3-7 所示部分。

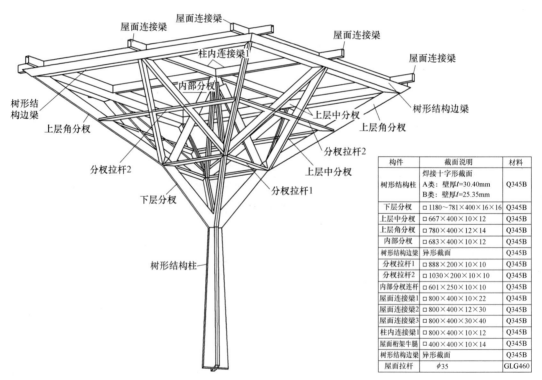

构件	截面说明	材料
树形结构柱	焊接十字形截面 A类：壁厚t=30.40mm B类：壁厚t=25.35mm	Q345B
下层分权	□ 1180～781×400×16×16	Q345B
上层中分权	□ 667×400×10×12	Q345B
上层角分权	□ 780×400×12×14	Q345B
内部分权	□ 683×400×10×12	Q345B
树形结构边梁	异形截面	Q345B
分权拉杆1	□ 888×200×10×10	Q345B
分权拉杆2	□ 1030×200×10×10	Q345B
内部分权连杆	□ 601×250×10×10	Q345B
屋面连接梁1	□ 800×400×10×22	Q345B
屋面连接梁2	□ 800×400×12×30	Q345B
屋面连接梁3	□ 800×400×30×40	Q345B
柱内连接梁1	□ 800×400×10×12	Q345B
屋面桁架牛腿	□ 400×400×10×14	Q345B
树形结构边梁	异形截面	Q345B
屋面拉杆	$\phi 35$	GLG460

图 3.3-7　国家会展中心（天津）伞形柱

　　在伞形柱顶部，通过屋面钢梁的刚性连接，使之能将荷载及受力良好传递，形成一个完整有效的结构体系（图 3.3-8）。根据建筑的造型要求，在伞形结构最外边不设置结构连接。

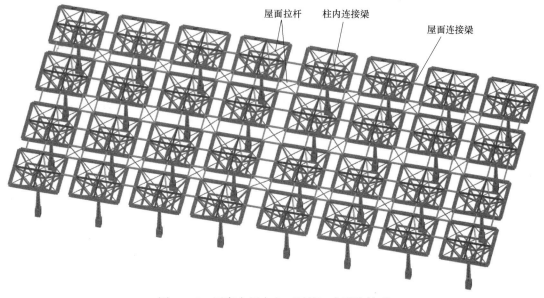

图 3.3-8　国家会展中心（天津）伞形柱体系

2）结构竖向传力体系

屋面结构的所有竖向荷载通过伞形柱的上部枝干，传递到伞形柱下部枝干及主干，最后传到基础（图 3.3-9）。在整个结构体系中，杆件承受拉力或压力，而弯矩非常小，可以忽略。

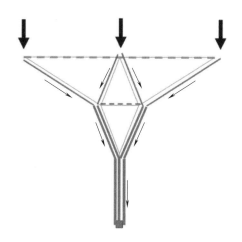

图 3.3-9　结构竖向传力体系简图

3）结构抗侧力体系

中央大厅整体结构的抗侧力体系可以分为两大部分：

（1）刚接柱脚：为了形成有效的刚接，伞形柱的伞干可以看成是嵌固在地下室顶板和底板之间的杆件，利用地下室的高度形成有效的抗弯力臂，从而承受刚接柱脚的弯矩。屋面上所承受的侧向力最终传到下部的伞干，其具备足够的刚度和强度，以提供结构整体的抗侧力性能（图 3.3-10～图 3.3-12）。

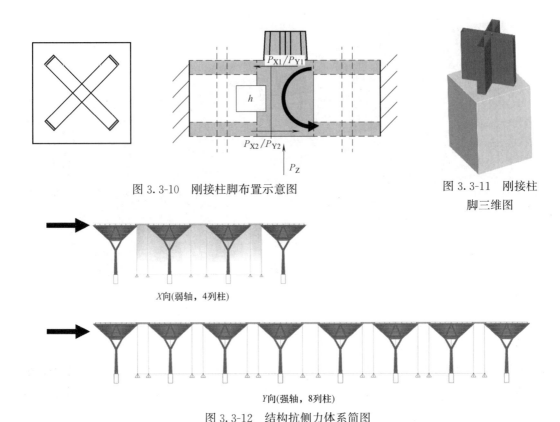

图 3.3-10 刚接柱脚布置示意图   图 3.3-11 刚接柱
脚三维图

X向(弱轴，4列柱)

Y向(强轴，8列柱)

图 3.3-12 结构抗侧力体系简图

由于结构是一个长方形，长宽比较大，其几何形式影响了结构的刚度分配，为了让结构刚度的分配更为合理，通过调整不同柱列处的伞形柱截面壁厚，来实现更加合理的动力特性。经过方案调整优化，图 3.3-13 示意了不同类型的柱截面布置，其中伞形结构柱 A 与伞形结构柱 B 外观一致，但伞形结构柱 A 采用更大的壁厚。

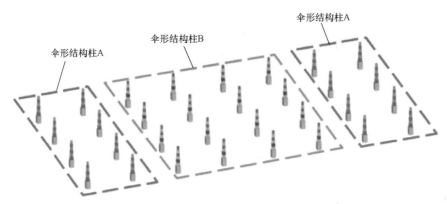

图 3.3-13 各类型伞形柱分布图

（2）多跨框架：在伞形柱的顶部，通过屋面刚接的双向檩条将独立的伞形柱连接成整体，形成有效的多跨连续框架效应。整个结构在水平荷载作用下，其内力和变形与多跨框架类似（图 3.3-14、图 3.3-15）。

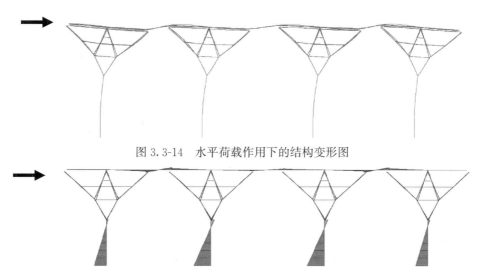

图 3.3-14 水平荷载作用下的结构变形图

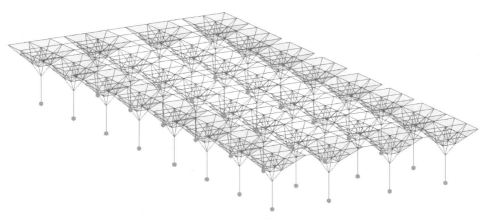

图 3.3-15 水平荷载作用下的结构弯矩图

3. 结构计算分析

本工程采用 MIDAS Gen2019 空间结构分析软件对钢结构进行整体计算分析，并采用有限元分析软件 SAP2000 v20.2 进行复核。结构重要性系数取 1.1。计算模型见图 3.3-16。

图 3.3-16 计算模型

1）动力特性

（1）自振周期

通过（1.0 恒＋0.5 活）作用下的特征值分析，可以得到自振周期和振型。周期和振型是进行结构动力分析的重要参数（表 3.3-2、表 3.3-3）。

地震作用下结构前 10 阶振型的周期　　　　　　　　　　表 3.3-2

模态号	MIDAS 周期（s）	SAP2000 周期（s）
1	1.3329	1.2852
2	1.2960	1.2725
3	1.2841	1.2689

模态号	MIDAS 周期（s）	SAP2000 周期（s）
4	1.2407	1.1037
5	1.2021	1.0906
6	1.1456	0.9457
7	1.0143	0.8015
8	0.9721	0.7491
9	0.9711	0.7252
10	0.9458	0.6889

地震作用总信息对比 表 3.3-3

计算模型	MIDAS 模型		SAP2000 模型	
地震类型	小震	中震	小震	中震
计算方法	振型分解反应谱法		振型分解反应谱法	
计算振型数	100（里兹向量法）		100（里兹向量法）	
水平地震影响系数最大值	0.16	0.45	0.16	0.45
阻尼比	0.02		0.02	
特征周期	0.62s		0.62s	
周期折减系数	1.0		1.0	
质量参与系数	X 向 99%，Y 向 99%，Z 向 97%		X 向 99%，Y 向 99%，Z 向 96%	
地震总质量	183964kN		184226kN	
X 向基底剪力	15198kN(8.3%)	42079kN(22.9%)	15475kN(8.4%)	42556kN(23.1%)
Y 向基底剪力	17367kN(9.4%)	48102kN(26.1%)	17501kN(9.5%)	48452kN(26.3%)

（2）模态分析

MIDAS 模型模态分析，前 3 阶模态（图 3.3-17）如下：

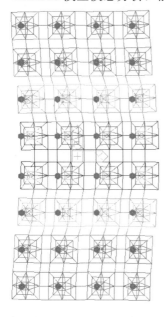
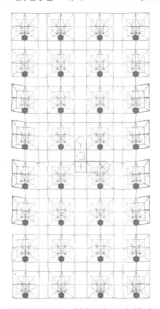
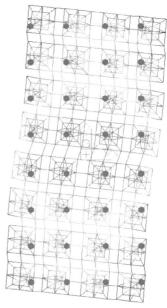

图 3.3-17 结构前 3 阶模态

第一阶自振模态：X 向平动，周期 1.3329s；第二阶自振模态：Y 向平动，周期 1.2960s；第三阶自振模态：平面扭转，周期 1.2841s。

SAP2000 模型模态分析，前 3 阶模态（图 3.3-18）如下：

第一阶自振模态：X 向平动，周期 1.2852s；第二阶自振模态：Y 向平动，周期 1.2725s；第三阶自振模态：平面扭转，周期 1.2689s。

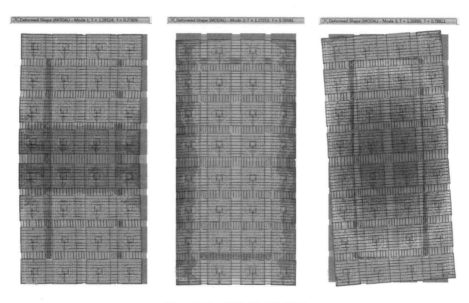

图 3.3-18 结构前 3 阶模态

2）结构变形

在 X 向风荷载作用下产生的伞形柱最大柱顶水平变形（图 3.3-19、图 3.3-20）：

MIDAS 为 32mm，34/32800＝1/1025＜1/400，满足要求。

SAP2000 为 27.9mm，27.9/32800＝1/1175＜1/400，满足要求。

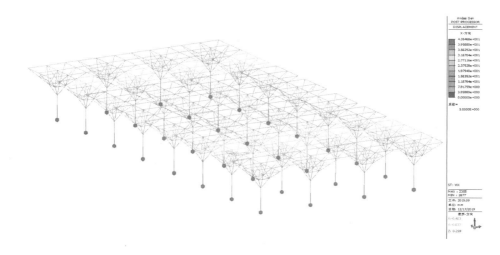

图 3.3-19 X 向风荷载作用下柱顶水平变形

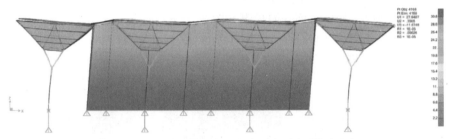

图 3.3-20 X 向风荷载作用下柱顶水平变形侧视图

在 Y 向风荷载作用下产生的最大柱顶水平变形（图 3.3-21、图 3.3-22）：

MIDAS 为 27mm，27/32800＝1/1215＜1/400，满足要求。

SAP2000 为 25.3mm，25.3/32800＝1/1296＜1/400，满足要求。

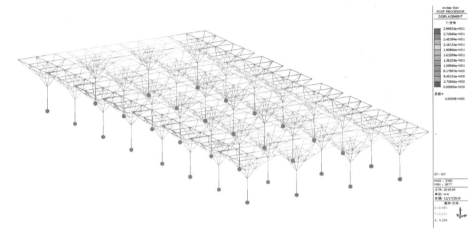

图 3.3-21 Y 向风荷载作用下柱顶水平变形

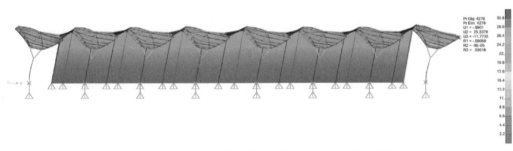

图 3.3-22 Y 向风荷载作用下柱顶水平变形侧视图

在 X 向地震作用下产生的最大柱顶水平变形（图 3.3-23、图 3.3-24）：

MIDAS 为 56mm，53/32800＝1/618＜1/250，满足要求。

SAP2000 为 48.3mm，48.3/32800＝1/679＜1/250，满足要求。

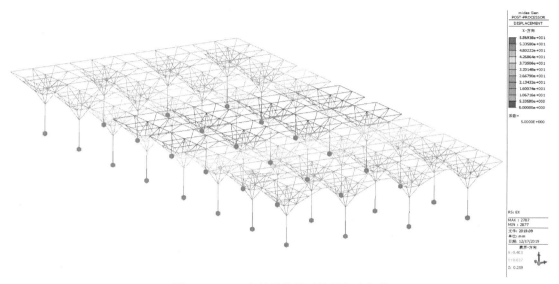

图 3.3-23　X 向地震作用下柱顶水平变形

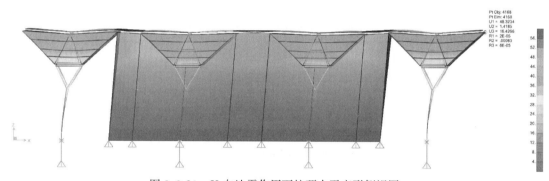

图 3.3-24　X 向地震作用下柱顶水平变形侧视图

选取伞形柱对应的屋面标高点为位移参考点。考虑荷载 5% 偶然偏心，在 X 向地震作用下，屋面位移情况如图 3.3-25 所示，该层最大位移 47.2mm，最小位移 37.3mm，平均位移 $(47.2+37.3)/2=42.25$mm。

因此位移比 $47.2/42.25=1.117<1.2$，满足高层钢结构弹性水平位移最大值与其平均值的比值小于 1.2 的要求。

在 Y 向地震作用下产生的最大柱顶水平变形（图 3.3-26、图 3.3-27）：

MIDAS 为 52mm，$52/32800=1/630<1/250$，满足要求。

SAP2000 为 46.8mm，$46.8/32800=1/700<1/250$，满足要求。

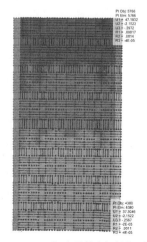

图 3.3-25　X 向地震作用下屋面位移

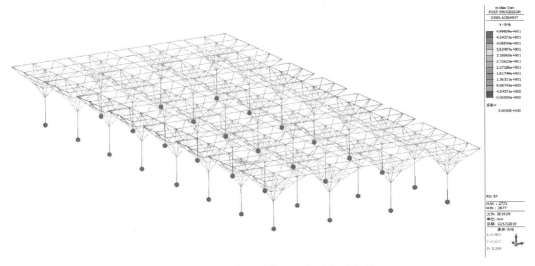

图 3.3-26 Y向地震作用下柱顶水平变形

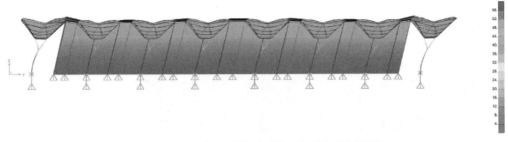

图 3.3-27 Y向地震作用下柱顶水平变形侧视图

图 3.3-28 Y向地震作用下屋面位移

选取伞形柱对应的屋面标高点为位移参考点。考虑荷载 5% 偶然偏心，在 Y 向地震作用下，屋面位移情况如图 3.3-28 所示，该层最大位移 47.25mm，最小位移 44.92mm，平均位移 (47.25+44.92)/2=46.09mm。

因此位移比 47.25/46.09=1.025<1.2，满足高层钢结构弹性水平位移最大值与其平均值的比值小于 1.2 的要求。

在恒+活荷载标准值作用下产生的最大屋面竖向挠度（图 3.3-29、图 3.3-30）：

MIDAS 为 21mm，21/36000=1/1714<1/400，满足要求。

SAP2000 为 21.4mm，21.4/36000=1/1682<1/400，满足要求。

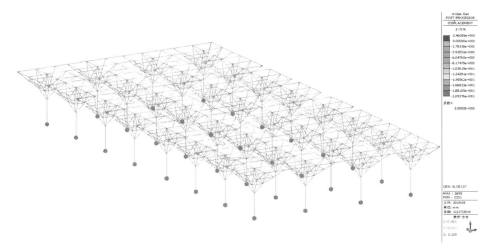

图 3.3-29 MIDAS 计算恒＋活荷载标准值作用下最大屋面挠度

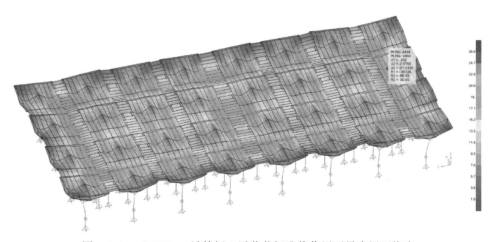

图 3.3-30 SAP2000 计算恒＋活荷载标准值作用下最大屋面挠度

3）构件检验

采用 MIDAS 软件按照《钢结构设计标准》GB 50017—2017 对构件进行检验。图 3.3-31 表示中央大厅屋面钢结构主要构件在所有荷载组合作用下的规范检验结果中的最大应力比值（注：应力比为相应检验条款中设计综合应力与设计强度的比值），构件中的最大应力比用到 0.81＜1（个别构件且为非关键构件），绝大部分杆件的应力比控制在 0.75 以下，构件均满足要求。

4）整体稳定

根据《钢结构设计标准》GB 50017—2017 第 5.1.6 条，采用 MIDAS Gen2019 对整体结构进行 Z01：1.3D＋1.0L 设计组合下的屈曲分析；得到结构整体屈曲因子为 27.89，第一阶屈曲模态见图 3.3-32。因此二阶效应系数 1/27.89＝0.0359＜0.1，可采用一阶弹性分析法。

5）Pushover 计算及分析

（1）Pushover 参数

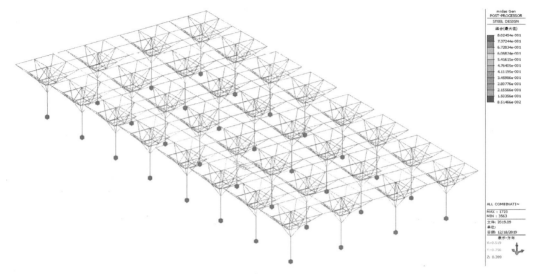

图 3.3-31　构件最大应力比值分布

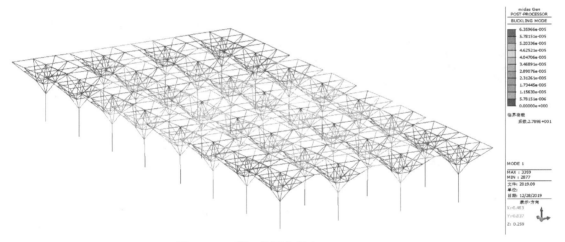

图 3.3-32　第一阶屈曲模态：$K = 27.89$

荷载最大增幅次数 20。

最大迭代/增幅步骤数 10。

收敛值 0.001。

初始荷载采用"1.0 恒荷载标准值＋0.5 活荷载标准值"。

大震需求谱即大震设防阶段对应的地震作用反应谱，按照《建筑抗震设计规范》GB 50011—2010（2016 年版）的参数定义。采用 8 度 0.2g 罕遇地震反应谱。

（2）计算结果

本工程采用模态分布模式的荷载分布模式进行 Pushover 分析。考虑到本结构的特性，荷载按 X 向主方向加载对本工程进行 Pushover 分析，得到此工况下结构的能力谱曲线。然后采用 8 度 0.2g 的罕遇地震反应谱曲线作为需求谱，求出能力谱与需求谱交点，即性能点（图 3.3-33）。本结构 Pushover 分析时的铰分布见图 3.3-34。

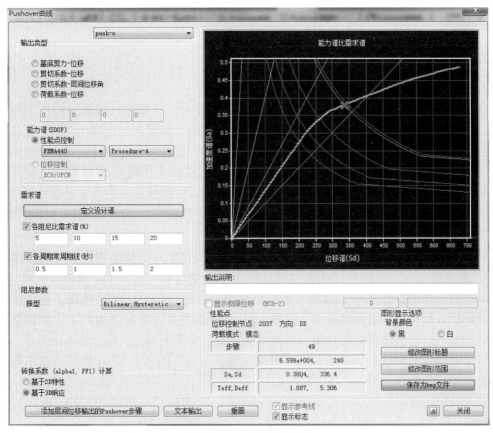

图 3.3-33　能力谱曲线

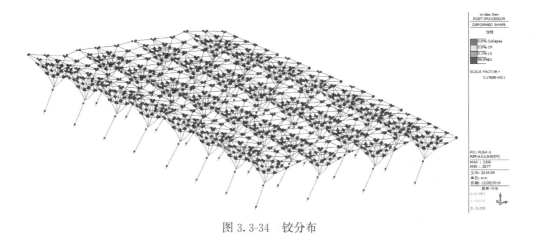

图 3.3-34　铰分布

（3）结果分析

能力谱曲线较为平滑，位移与基底剪力基本呈线性递增；曲线在设定位移范围内未出现下降段，表明在抗倒塌能力上留有余地。

在 X 向主方向加载工况下能力谱曲线均能与需求谱相交得到性能点，中震作用下基本均为弹性，大震作用下少量构件进入塑性。

实际得到性能点时柱顶水平位移均不大。大震性能点处柱顶弹塑性水平位移 248mm，248/15400＝1/62＜1/50，满足结构抗震性能目标。

3.3.2 柔性斜腹杆四弦空间桁架结构形式

1. 结构形式

柔性斜腹杆四弦空间桁架结构结构形式示意如图 3.3-35 所示，屋面结构的所有重力荷载通过梯形四弦桁架，传递到人字柱，最后传到基础。梯形四弦桁架由两根上弦杆及两根下弦杆、直腹杆及由高强钢拉杆组成的斜腹杆构成。斜腹杆采用拉杆形式，在跨中及外挑区域交叉布置，抵御可能出现的反向内力失效。直腹杆采用变截面 H 型钢，契合建筑对造型的要求。抗侧力结构体系分为两大部分：刚接的柱脚所形成的人字悬臂柱提供一定程度上的抗侧刚度（人字柱面内）；大跨度方向（人字柱面外），在中间两列柱间设置支撑体系。

国家会展中心（天津）展厅采用了柔性斜腹杆四弦空间桁架结构，每个展厅总长度 186m，跨度约 84m，屋面结构高度 23.28m，每两个展厅合并为一个屋面结构单元。外露的人字柱以及桁架直接展示了简洁有力的结构美，拉杆及销轴的运用体现了精致的工业美。屋面犹如展翅飞翔的海鸥造型，挺拔的 T 型钢幕墙龙骨搭配硬朗的工字形钢结构构件和纤细钢拉杆，将建筑的结构美展现得淋漓尽致。获得中国钢结构金奖杰出工程大奖。

以下以国家会展中心（天津）展厅为例（图 3.3-36、图 3.3-37），展示该结构形式计算分析结果。

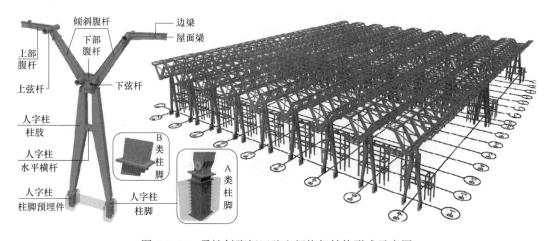

图 3.3-35　柔性斜腹杆四弦空间桁架结构形式示意图

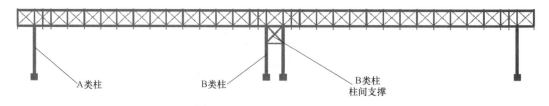

图 3.3-36　展厅标准单元结构示意图

图 3.3-37　国家会展中心（天津）展厅室内实景

2. 工程案例概况

展厅屋面结构的主要支承体系由 9 榀相互连接的桁架结构共同构成，桁架的间距为 18m，非常规则地配合了屋面的长方形平面（图 3.3-38～图 3.3-40）。

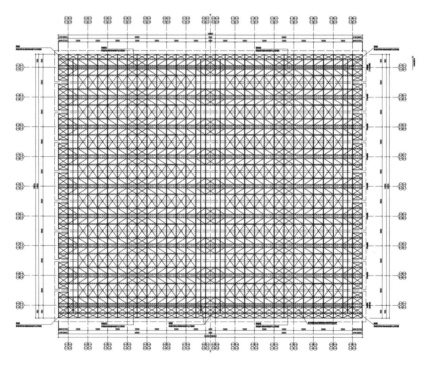

图 3.3-38　结构平面图

每个单榀的桁架柱包括以下部分：

（1）人字柱；

（2）高度为 5.5m 的梯形四弦桁架，标准结构单元如图 3.3-41 所示。

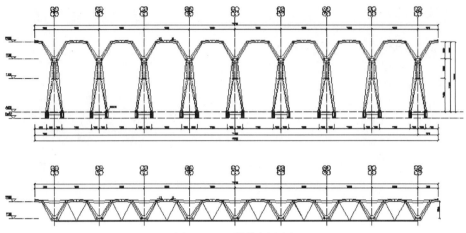

图 3.3-39　结构剖面图

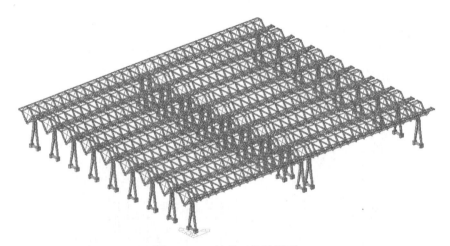

图 3.3-40　结构三维轴测图

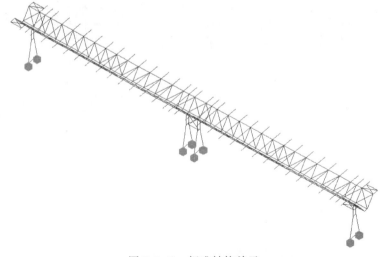

图 3.3-41　标准结构单元

主要结构尺寸参数见表3.3-4。

主要结构尺寸参数

表 3.3-4

跨度（介于人字柱之间）	84m
悬臂长度	6m
人字柱高度	17.2m
屋面面积	$184 \times 160 = 29440\text{m}^2$

1）结构竖向传力体系

屋面结构的所有重力荷载通过高度为5.5m的梯形四弦桁架，传递到人字柱，最后传到基础。梯形四弦桁架是由两根上弦杆及两根下弦杆、直腹杆及由高强钢拉杆组成的斜腹杆构成的柔性斜腹杆四弦空间桁架。

由于四弦桁架的上弦杆为受压杆，所以侧向的稳定性需要重点考虑。桁架上弦杆通过在凸起屋面的交叉支撑形成跨度8.3m的水平桁架，从而对上弦杆起到侧向支撑的作用（图3.3-42）。

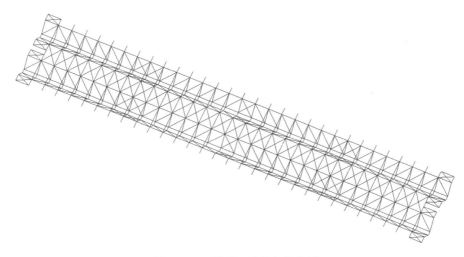

图 3.3-42　梯形四弦桁架结构图

2）结构抗侧力体系

展览大厅建筑的抗侧力体系是与结构融为一体的。整体结构的抗侧力体系可以分为两大部分：

（1）刚接的柱脚所形成的悬臂柱提供一定程度上的抗侧力刚度。

为了控制造价，在中间不可见的区域采用直接焊接的刚接柱脚节点。而在外侧可见的区域采用视觉效果较好的单向铰接支座；为满足建筑要求，铰接支座在大跨度方向采用刚接，而人字柱方向采用铰接。

（2）大跨度方向，在中间两列柱间设置支撑体系。

人字柱在整个展览大厅建筑中，作为主要的结构构件，承受所有的重力荷载与水平力。主要支座布置如图3.3-43所示。

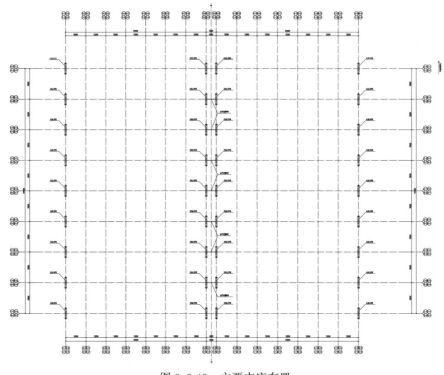

图 3.3-43　主要支座布置

3. 结构计算分析

采用有限元分析软件 MIDAS Gen2019 和 SAP2000 v20.2 对此钢结构工程进行整体计算分析。计算模型如图 3.3-44、图 3.3-45 所示。

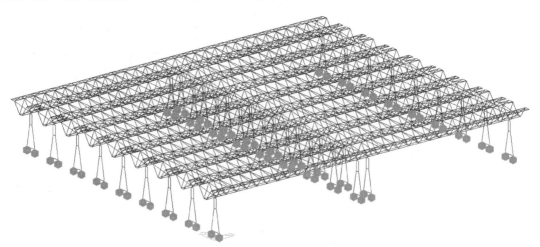

图 3.3-44　MIDAS Gen 三维模型简图

1) 动力特性

(1) 自振周期

通过 1.0 恒＋0.5 活荷载作用下的特征值分析，可以得到自振周期和振型。周期和振型是进行结构动力分析的重要参数。

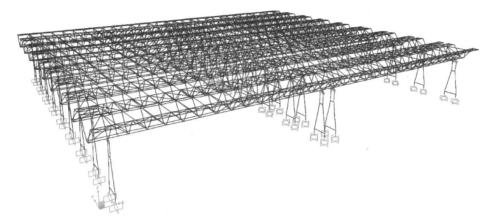

图 3.3-45　SAP2000 三维模型简图

地震作用下结构前 10 阶振型的周期，由表 3.3-5 可知，两模型动力特性差别较小。地震作用总信息如表 3.3-6 所示。

地震作用下结构前 10 阶振型的周期　　　　　　　　　　　　表 3.3-5

模态号	MIDAS 周期(s)	SAP2000 周期(s)	差别
1	1.1314	1.1792	−4.1%
2	0.9367	1.0159	−7.8%
3	0.8041	0.8623	−6.7%
4	0.7907	0.8595	−8.0%
5	0.7828	0.8476	−7.6%
6	0.7698	0.8341	−7.7%
7	0.7319	0.7979	−8.3%
8	0.709	0.7552	−6.1%
9	0.7078	0.7499	−5.6%
10	0.6643	0.7164	−7.3%

地震作用总信息　　　　　　　　　　　　表 3.3-6

计算模型	MIDAS 模型		SAP2000 模型	
地震类型	小震	中震	小震	中震
计算方法	振型分解反应谱法		振型分解反应谱法	
计算振型数	130(里兹向量法)		130(里兹向量法)	
水平地震影响系数最大值	0.16	0.45	0.16	0.45
阻尼比	0.02		0.02	
特征周期(s)	0.62		0.62	
周期折减系数	1.0		1.0	
质量参与系数	X 向 97%，Y 向 99%，Z 向 94%		X 向 98%，Y 向 99%，Z 向 91%	

地震总剪力(kN)	131209		131255	
X 向基底剪力 （kN）	11464 (8.7%)	32136 (24.5%)	10319 (7.9%)	31497 (24.0%)
Y 向基底剪力(kN)	12220 (9.3%)	34745 (26.5%)	12793 (9.7%)	35384 (27.0%)

（2）自振模态

MIDAS 模型自振模态分别如下。

第一阶自振模态：X 向平动，周期 1.1314s，如图 3.3-46 所示。

第二阶自振模态：扭转，周期 0.9367s，如图 3.3-47 所示。

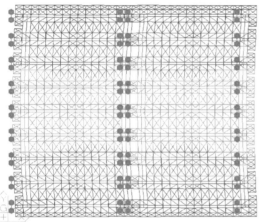

图 3.3-46　MIDAS Gen 结构第一阶自振模态

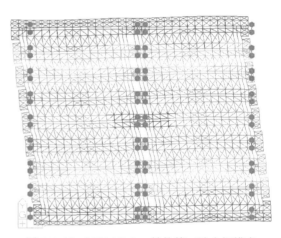

图 3.3-47　MIDAS Gen 结构第二阶自振模态

第三阶自振模态：竖向振动，周期 0.8041s，如图 3.3-48 所示。

SAP2000 模型自振模态分别如下。

第一阶自振模态：X 向平动，周期 1.1792s，如图 3.3-49 所示。

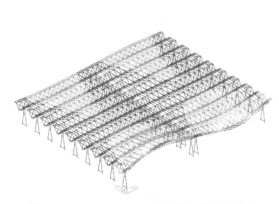

图 3.3-48　MIDAS Gen 结构第三阶自振模态

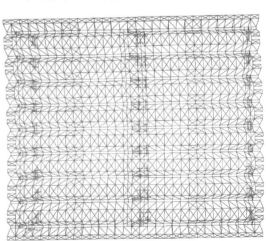

图 3.3-49　SAP2000 结构第一阶自振模态

第二阶自振模态：扭转，周期 1.0159s，如图 3.3-50 所示。

第三阶自振模态：竖向振动，周期 0.8623s，如图 3.3-51 所示。

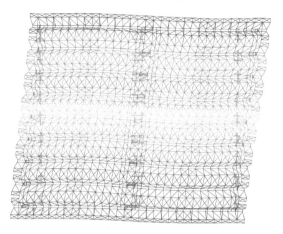

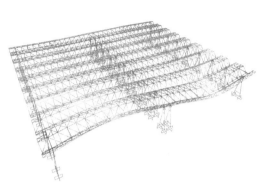

图 3.3-50　SAP2000 结构第二阶自振模态　　图 3.3-51　SAP2000 结构第三阶自振模态

2）结构变形

MIDAS 模型（图 3.3-52），在 X 向风荷载作用下产生的最大柱顶水平变形为 6mm。$6/17300＝1/2883＜1/400$ 满足要求。

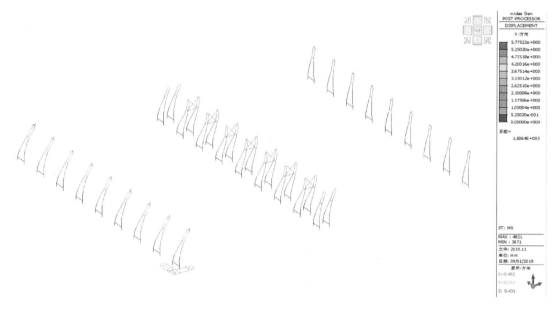

图 3.3-52　MIDAS X 向风荷载下柱顶水平变形

SAP2000 模型（图 3.3-53），在 X 向风荷载作用下产生的最大柱顶水平变形为 8mm。$8/17300＝1/2163＜1/400$ 满足要求。

MIDAS 模型（图 3.3-54），在 Y 向风荷载作用下产生的最大柱顶水平变形为 2mm。$2/22800＝1/11400＜1/400$ 满足要求。

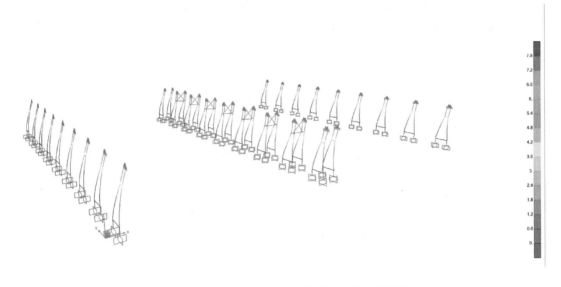

图 3.3-53　SAP2000 X 向风荷载下柱顶水平变形

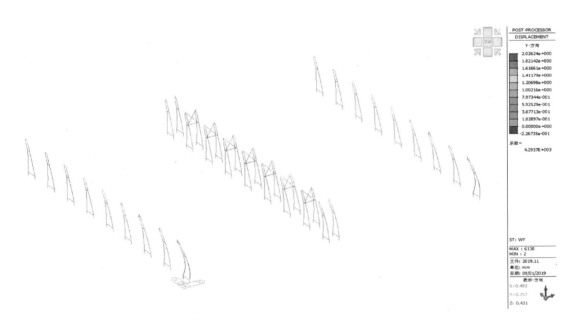

图 3.3-54　MIDAS Y 向风荷载下柱顶水平变形

SAP2000 模型（图 3.3-55），在 Y 向风荷载作用下产生的最大柱顶水平变形为 3mm。3/17300＝1/5767＜1/400 满足要求。

MIDAS 模型（图 3.3-56），在 X 向地震作用下产生的最大柱顶水平变形为 42mm。42/17300＝1/412＜1/250 满足要求。

SAP2000 模型（图 3.3-57），在 X 向地震作用下产生的最大柱顶水平变形为 37mm。37/17300＝1/468＜1/250 满足要求。

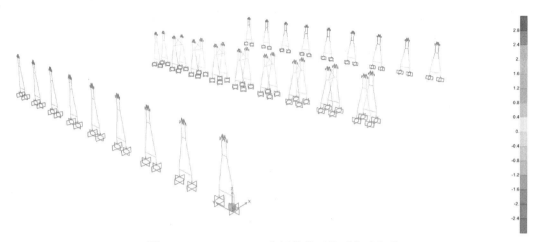

图 3.3-55 SAP2000 Y 向风荷载下柱顶水平变形

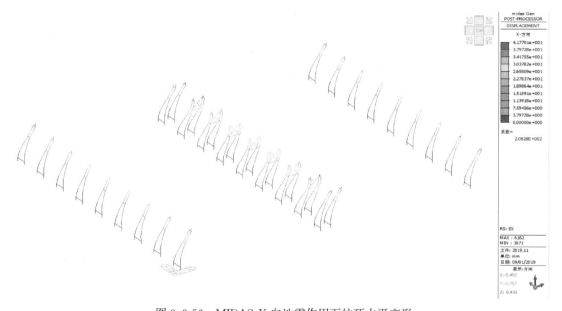

图 3.3-56 MIDAS X 向地震作用下柱顶水平变形

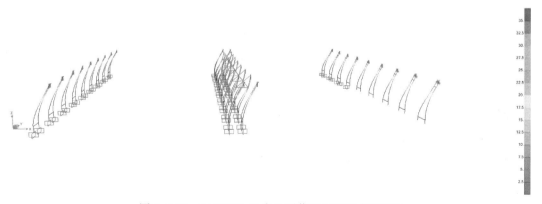

图 3.3-57 SAP2000 X 向地震作用下柱顶水平变形

MIDAS 模型（图 3.3-58），在 Y 向地震作用下产生的最大柱顶水平变形为 7mm。7/17300＝1/2471＜1/250 满足要求。

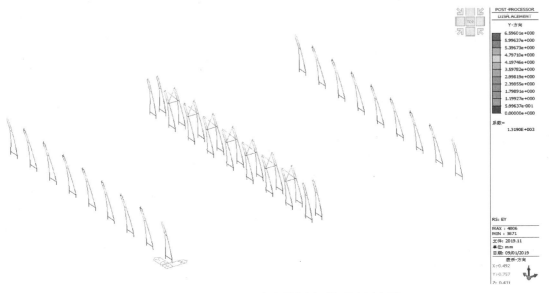

图 3.3-58　MIDAS Y 向地震作用下柱顶水平变形

SAP2000 模型（图 3.3-59），在 Y 向地震作用下产生的最大柱顶水平变形为 8mm。8/17300＝1/2163＜1/250 满足要求。

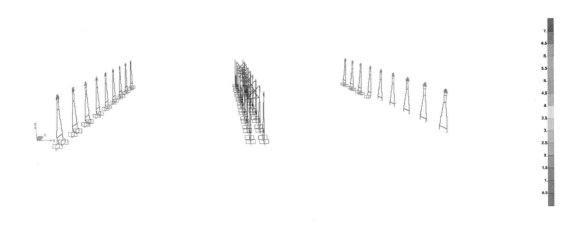

图 3.3-59　SAP2000 Y 向地震作用下柱顶水平变形

MIDAS 模型（图 3.3-60），在恒荷载标准值作用下产生的最大屋面竖向挠度为 134mm。

134/84000＝1/622＜1/500 满足要求。

SAP2000 模型（图 3.3-61），在恒荷载标准值作用下产生的最大屋面竖向挠度为 138mm。

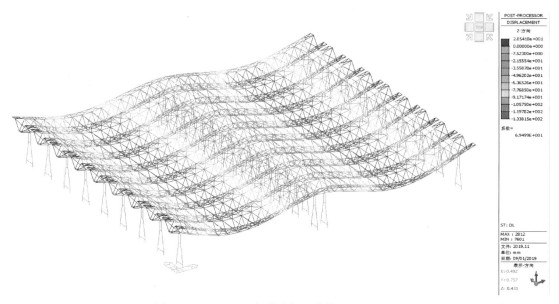

图 3.3-60 MIDAS 恒荷载标准值作用下屋面挠度

138/84000＝1/609＜1/500 满足要求。

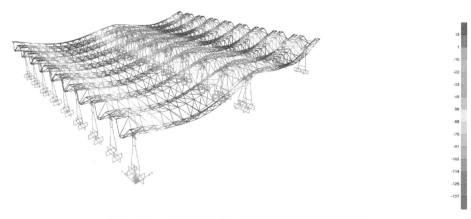

图 3.3-61 SAP2000 恒荷载标准值作用下屋面挠度

MIDAS 模型（图 3.3-62），在恒＋活荷载标准值作用下产生的最大屋面竖向挠度为 162mm。

162/84000＝1/519＜1/400 满足要求。

SAP2000 模型（图 3.3-63），在恒＋活荷载标准值作用下产生的最大屋面竖向挠度为 167mm。

167/84000＝1/503＜1/400 满足要求。

3）构件检验

采用 MIDAS 软件，按照《钢结构设计标准》GB 50017—2017 对构件进行检验。图 3.3-64～图 3.3-66 表示展览大厅屋面钢结构主要构件在所有荷载组合作用下的规范检验结果中的最大应力比值（注：应力比为相应检验条款中设计综合应力与设计强度的比值），构件中的最大应力比用到 0.96＜1（个别构件且为非关键构件），绝大部分杆件的应力比控制在 0.85 以下，构件均满足要求。

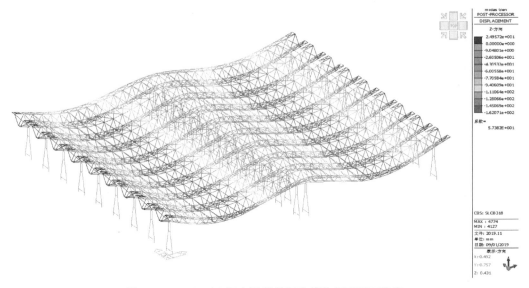

图 3.3-62　MIDAS 恒＋活荷载标准值作用下屋面挠度

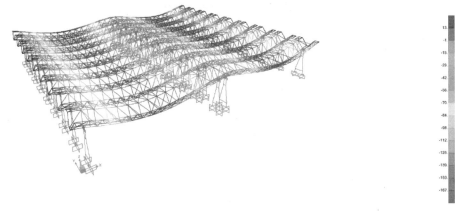

图 3.3-63　SAP2000 恒＋活荷载标准值作用下屋面挠度

图 3.3-64　钢柱应力比值 1

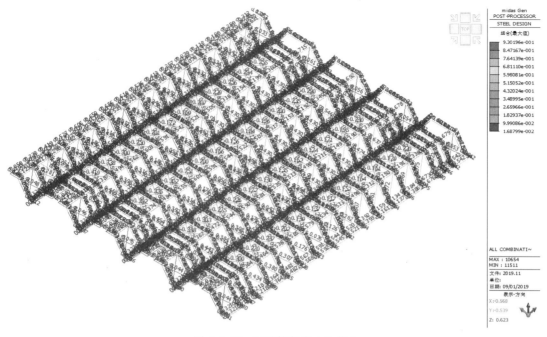

图 3.3-65　屋面构件应力比值 2

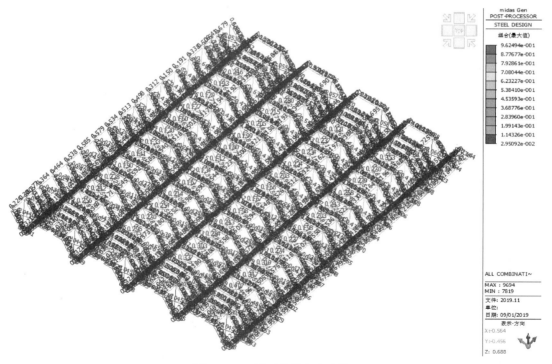

图 3.3-66　屋面构件应力比值 3

4）整体稳定

根据《钢结构设计标准》GB 50017—2017 第 5.1.6 条，采用 MIDAS Gen 对整体结构进行 Z01：$1.3D+1.5L$ 设计组合下的屈曲分析，计算参数如图 3.3-67 所示；得到结构发生整体屈曲的第一阶屈曲模态（图 3.3-68），临界荷载系数为 23.29，因此二阶效应系数 $1/23.29=0.043<0.1$，可采用一阶弹性分析法。

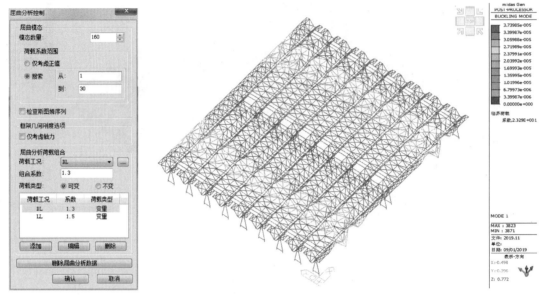

图 3.3-67　计算参数设置　　　　　图 3.3-68　第一阶整体屈曲模态（$K=23.29$）

5）中震性能分析

中震设计时地震分项系数取 1.0，钢材材料分项系数取 1.0（强度取标准值）。通过计算分析，在中震作用下，A、B 类人字柱和支撑均处于不屈服状态，见图 3.3-69～图 3.3-71。最大构件应力比达到 0.96，满足性能设计目标要求。

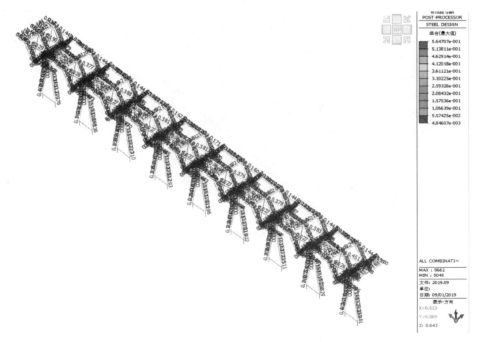

图 3.3-69　右侧 A 类柱杆件应力比值云图

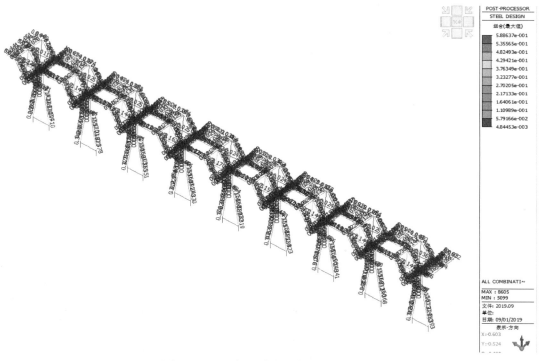

图 3.3-70　左侧 A 类柱杆件应力比值云图

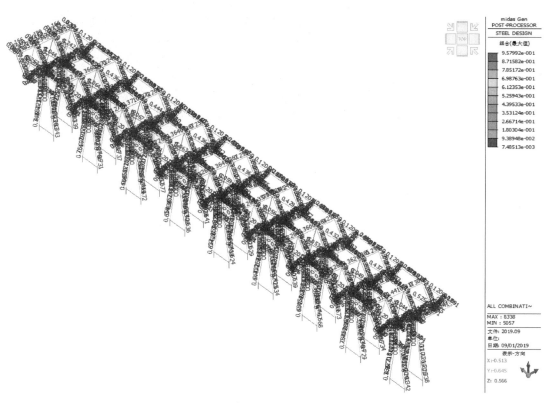

图 3.3-71　B 类柱及支撑杆件应力比值云图

6）Pushover 计算及分析

（1）Pushover 参数

荷载最大增幅次数 20。

最大迭代/增幅步骤数 10。

收敛值 0.001。

初始荷载采用"1.0 恒荷载标准值＋0.5 活荷载标准值"。

大震需求谱即大震设防阶段对应的地震作用反应谱，按照《建筑抗震设计规范》GB 50011—2010（2016 年版）的参数定义。采用 8 度 0.2g 罕遇地震反应谱。

（2）计算结果

本工程采用模态分布模式的荷载分布模式进行 Pushover 分析。考虑到本结构的特性，荷载按 X 向主方向加载，得到此工况下结构的能力谱曲线。然后采用 8 度 0.2g 的罕遇地震反应谱曲线作为需求谱，求出能力谱与需求谱交点，即性能点（图 3.3-72）。本结构 Pushover 分析时的柱铰分布见图 3.3-73。

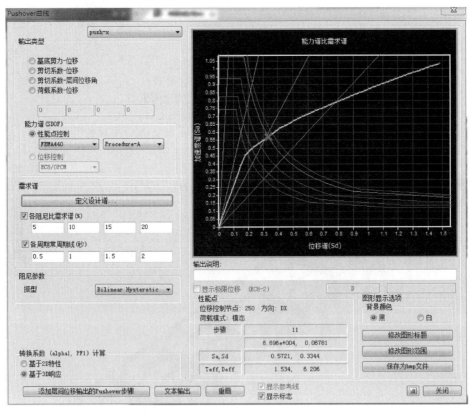

图 3.3-72　能力谱曲线

（3）结果分析

能力谱曲线较为平滑，位移与基底剪力基本呈线性递增；曲线在设定位移范围内未出现下降段，表明在抗倒塌能力上有一定余地。

在 X 向主方向加载工况下能力谱曲线均能与需求谱相交得到性能点，中震作用下基本均为弹性，大震作用下部分构件进入塑性。

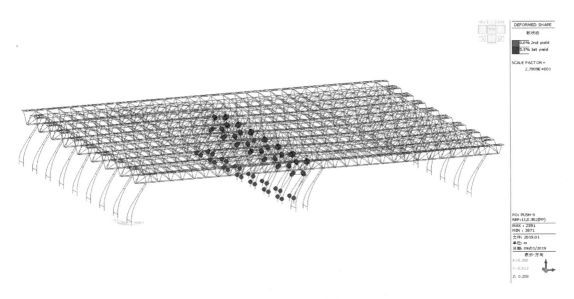

图 3.3-73 柱铰分布

实际得到性能点时柱顶水平位移均不大。

大震性能点处柱顶弹塑性水平位移为 68mm，68/17300＝1/254＜1/50，满足结构抗震性能目标。

3.3.3 预应力张弦空腹拱架结构

1. 结构体系概述

预应力张弦空腹拱架典型结构单元如图 3.3-74 所示，预应力张弦空腹拱架由一榀两根弦杆及竖腹杆组成的空腹拱架和一根预应力拉索及竖向压杆构成，（预应力拉索锚固于空腹拱架下弦，并通过斜腹杆传递）拉力至拱架端部。结构巧妙地结合了空腹桁架、拱、张弦梁的优良特性，此体系实现拱架整体受力，有效增加了屋面结构刚度，同时减少了弯矩效应，通过优化承重索的预应力使得整个主拱的弯矩分配较为均匀。此外，承重索在空腹拱架根部前适当节点锚固，拉索拉力和上弦杆拉力通过斜腹杆充分相抵，最大程度减小了预应力张弦拱架端弯矩，同时充分利用了结构高度。而对于预应力张弦空腹拱架与平面桁架连接的情形，预应力张弦空腹拱架端弯矩小的特性，可最大程度减小对连系桁架的影响，同时连系桁架竖杆与预应力张弦空腹拱架端部竖杆的结合，也可为预应力张弦空腹拱架提供有效的面外支撑。预应力张弦空腹拱架巧妙结合了刚性拱架与柔性索各自的优点，实现了结构美与建筑美的完美融合，并丰富了预应力钢结构体系。

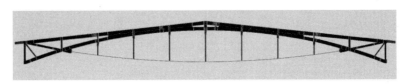

图 3.3-74 预应力张弦空腹拱架典型结构单元

图 3.3-75 杭州大会展中心 2 号、3 号展厅间市场室内效果图

2. 工程案例概况

杭州大会展中心 2 号、3 号展厅间市场屋面采用了预应力张弦空腹拱架结构，见图 3.3-75。屋面长 199m，宽 44～68m，屋脊最高点约 34.6m。预应力张弦空腹拱架间隔 6m，支承于沿柱列纵向设置的空间托架结构上。结构形式统一，流畅优美，最大程度地减小了结构高度，同时优秀的结构受力特性充分降低了结构钢材用量。

平面及典型剖面如图 3.3-76～图 3.3-79 所示。

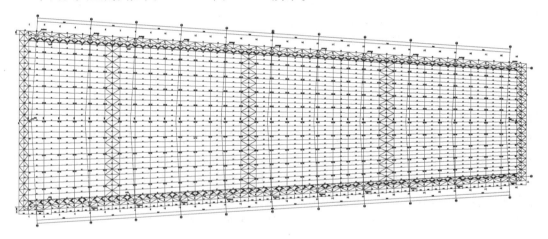

图 3.3-76 市场屋面结构平面图

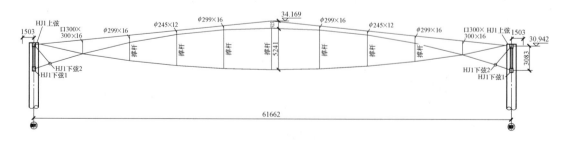

图 3.3-77 市场屋面结构典型剖面图 1

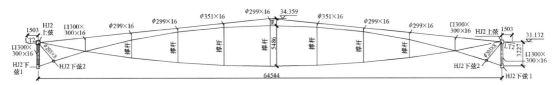

图 3.3-78 市场屋面结构典型剖面图 2

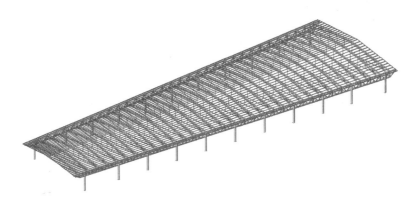

图 3.3-79 市场屋面结构轴测图

3. 结构计算分析

本工程采用 MIDAS Gen 空间结构分析软件对此钢结构工程进行整体（包括 2 号、3 号展厅）计算分析。计算模型如图 3.3-80 所示。

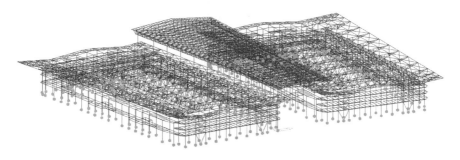

图 3.3-80 整体结构计算模型

1）动力特性

周期信息见表 3.3-7。

2、3 号展厅结构合模周期信息 表 3.3-7

振型号	周期（s）	平动系数（$X+Y$）	扭转系数
1	1.6858	0.94(0.00+0.94)	0.06
2	1.5491	0.03(0.00+0.03)	0.97
3	1.4519	0.88(0.00+0.88)	0.12
4	1.4335	1.00(1.00+0.00)	0.00

自振模态如图 3.3-81～图 3.3-83 所示。

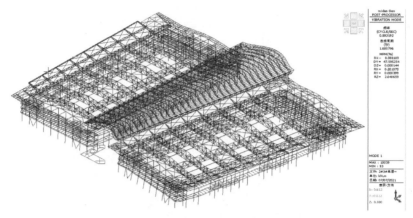

图 3.3-81　2 号、3 号展厅一阶平动振型图（周期 1.6858s）

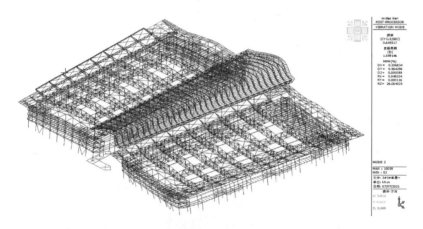

图 3.3-82　2 号、3 号展厅扭转振型图（周期 1.5491s）

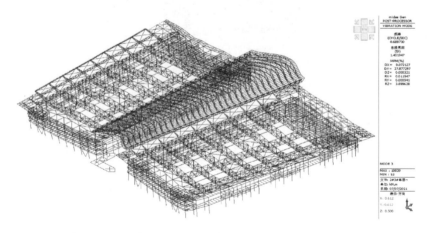

图 3.3-83　2 号、3 号展厅三阶平动振型图（周期 1.4519s）

2）结构变形

屋盖结构变形控制如表 3.3-8 所示。竖向位移等值线如图 3.3-84、图 3.3-85 所示。

屋盖结构变形控制 表 3.3-8

项目	屋盖挠度（恒＋活荷载）	屋盖挠度（恒荷载）
计算数值	−64mm(1/1000)	18mm(1/2710)
挠度限值	1/400	1/500

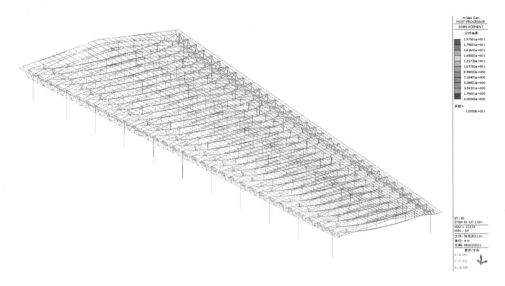

图 3.3-84　3 号展厅间屋盖结构在标准恒＋活荷载作用下竖向位移等值线

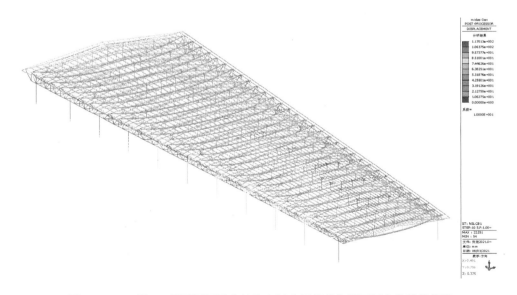

图 3.3-85　2 号、3 号展厅间屋盖结构在标准恒荷载作用下竖向位移等值线

3）构件检验

采用 MIDAS 软件按照《钢结构设计标准》GB 50017—2017 对构件进行检验。图 3.3-86 表示 2 号、3 号展厅间屋盖钢结构主要构件在所有荷载组合作用下的规范检验结果中的最大应力比值（注：应力比为相应检验条款中设计综合应力与设计强度的比值），构

件中的最大应力比用到 0.96<1（个别构件且为非关键构件），绝大部分杆件的应力比控制在 0.9 以下，构件均满足要求。

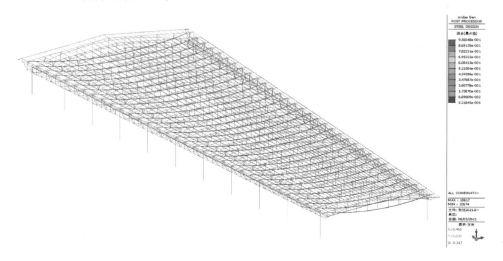

图 3.3-86　2号、3号展厅间屋盖构件最大应力比等值线

4）性能化设计

2号、3号展厅支撑中间屋盖的钢柱为关键构件，按中震不屈服考虑（图 3.3-87），基本设计原则如下：

（1）材料强度取标准值；不考虑承载力抗震调整系数 γ_{RE}；

（2）不考虑地震作用荷载分项系数；

（3）不考虑构件抗震等级的内力放大调整。

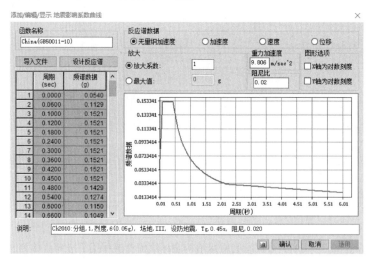

图 3.3-87　结构计算地震工况反应谱

图 3.3-88 为中震不屈服关键构件应力比（注：应力比为相应检验条款中设计综合应力与设计强度的比值），应力比最大值为 0.86<1，结构能够满足承载计算要求，满足性能目标要求。

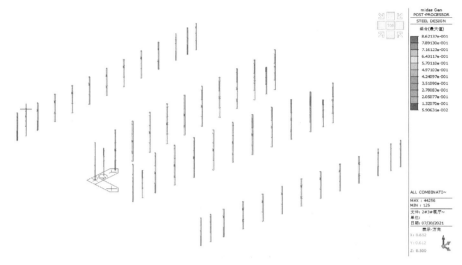

图 3.3-88 2 号、3 号展厅关键构件应力比等值线

3.3.4 树状柱空间桁架结构

1. 结构形式

大树对许多陆地动物来说可能是最早的栖身之所，它拥有坚实的根基和强壮的枝干，繁茂的枝叶托起一片绿荫，遮挡骄阳和细雨，可以说是大自然一手打造的"绿色建筑"。

树状结构，即像大树一样的结构，是工程师和建筑师向自然学习的成功典范。在树干之上，有逐渐发散、逐层分级的树枝，支承起宽广的屋盖，在不影响下部空间使用功能的前提下，减小上部水平构件跨度，使之受力更均匀，体现力流从上到下、由低级树枝向高级树枝汇聚的过程，实现形与力的完美结合。

树状柱空间桁架结构将树状结构与空间管桁架相结合，典型结构单元示意如图 3.3-89 所示，结构横向由树形柱和三角桁架构成，纵向由屋面梁刚接连成整体。树形柱主干顶分 4 个分杈，分杈顶支承横向三角桁架下弦节点。

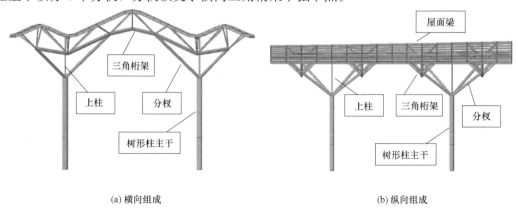

(a) 横向组成   (b) 纵向组成

图 3.3-89 树状柱空间桁架结构典型结构单元示意

2. 工程案例概况

杭州大会展中心中廊屋面采用了树状柱空间桁架结构，如图 3.3-90 所示。仅用 20 根

柱子，支撑起长 364m、最大宽度 63m 的通廊空间。由于纵向较长，为避免温度应力过大，屋面在中间设结构缝，分为东西两段。

树形柱横向柱距 21～32m，纵向柱距 36m，主干高度 22m，屋面呈六坡波浪形，采用玻璃与轻型屋面板交错布置。树形柱柱脚刚接于承台或转换梁。

图 3.3-90　杭州大会展中心中廊树状结构室内效果图

3. 结构计算分析

1）动力特性

通过 1.0 恒＋0.5 活荷载作用下的特征值分析，可得到自振周期和振型。周期和振型是进行结构动力分析的重要参数。前 6 阶振型的频率及周期见表 3.3-9。

前 6 阶振型频率及周期　　　　　　　　　　　表 3.3-9

模态号	频率（Hz）	周期（s）
1	0.2406	4.1566
2	0.3154	3.1707
3	0.3410	2.9323
4	0.5467	1.8292
5	0.5539	1.8055
6	0.5902	1.6942

由于滑动支座，前 3 阶振型为连桥的横向摆动，4～6 阶振型见图 3.3-91。

从振型结果得出，自第 4 阶振型开始，依次为屋盖纵向平动、扭转和横向平动，西侧柱跨小、刚度较大，屋面整体性较好，未出现局部振动。

2）结构变形

（1）挠度验算

水平构件挠度验算见表 3.3-10，均满足要求。

挠度验算　　　　　　　　　　　表 3.3-10

工况或组合	挠度（mm）	限值（mm）
$D+L$	34	11200/250＝45
L	19	2×4550/350＝26

（2）侧移验算

竖向构件侧移验算见表 3.3-11，均满足要求。

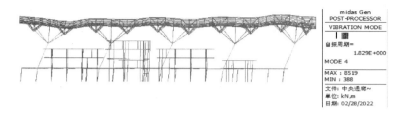

(a) 第4阶振型

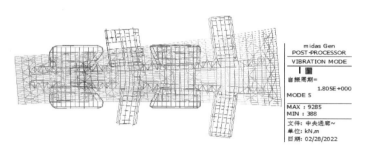

(b) 第5阶振型

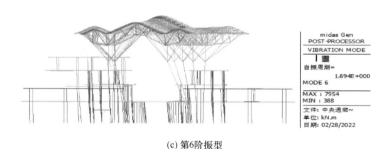

(c) 第6阶振型

图 3.3-91　第 4~6 阶振型

侧移验算 表 3.3-11

工况	侧移(mm)	限值(mm)
E_x	13	22000/250=88
E_y	19	22000/250=88
W_x	9	22000/250=88
W_y	64	22000/250=88

3）热辐射作用分析

由于中廊屋面纵向较长，且为开敞结构，根据相关研究，一般结构最高温度大于极高气温，这是因为极高气温时太阳辐射影响较大，而结构最低温度约等于极低气温，这是因为极低气温下太阳辐射影响很小。因此，屋面梁上翼缘温度可能高于极高气温，有必要对屋面梁考虑温度梯度作用。

在升温工况 TU 下，除系统温度作用外，对屋面梁施加上下翼缘 20℃ 的温度梯度作用。等效弯矩计算如下：

$$M = \alpha E I \frac{\Delta T}{h} \tag{3.3-1}$$

式中，α 为线性热膨胀系数（1/℃）；E 为弹性模量（N/mm²）；I 为绕相应中和轴惯性矩（mm⁴）；ΔT 为单元两边缘间的温差（℃）；h 为单元截面两边缘间的距离（mm）。

为说明此温度梯度作用的影响，取纵向屋脊梁，是否考虑温度梯度作用的两种工况下该梁弯矩图见图 3.3-92、图 3.3-93。对比可知，弯矩分布差别较大，且考虑温度梯度作用下弯矩极值显著增大，应考虑该作用的影响。

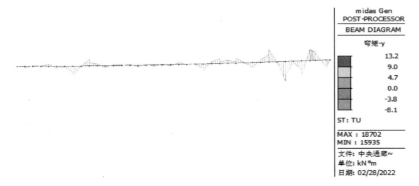

图 3.3-92　系统升温 26℃工况下弯矩图（kN·m）

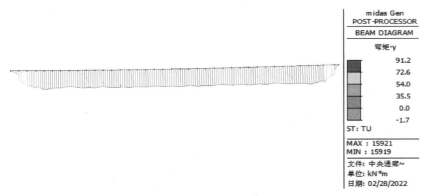

图 3.3-93　系统升温 26℃与温度梯度 20℃工况下弯矩图（kN·m）

4）构件检验

采用 MIDAS 软件按照《钢结构设计标准》GB 50017—2017 对构件进行检验。图 3.3-94 表示中廊东段钢结构主要构件在所有荷载组合作用下的规范检验结果中的最大应力比值（注：应力比为相应检验条款中设计综合应力与设计强度的比值），绝大部分杆件的应力比控制在 0.85 以下，构件均满足要求。

4. 创新设计

杭州丝绸自古闻名遐迩，杭州大会展中心中央通廊的设计概念便源于此，六坡波浪形的屋面宛如自然堆叠的丝带，横贯会展东西。空间管桁架完美地契合建筑造型，解决横向跨度问题，树状结构又以较少的底部构件营造出开阔的通廊空间，满足视线的通透性，并体现出周期循环的逻辑美学。

中廊屋面长 364m，通过设结构缝的方式分为东西两段，减小温度区段长度、避免温度不利作用，并通过树状结构形态调整，使结构概念合理、承载能力高效。

屋盖结构在横向虽为单跨，但由于树状空间结构和屋面三角桁架的完美结合，多根树

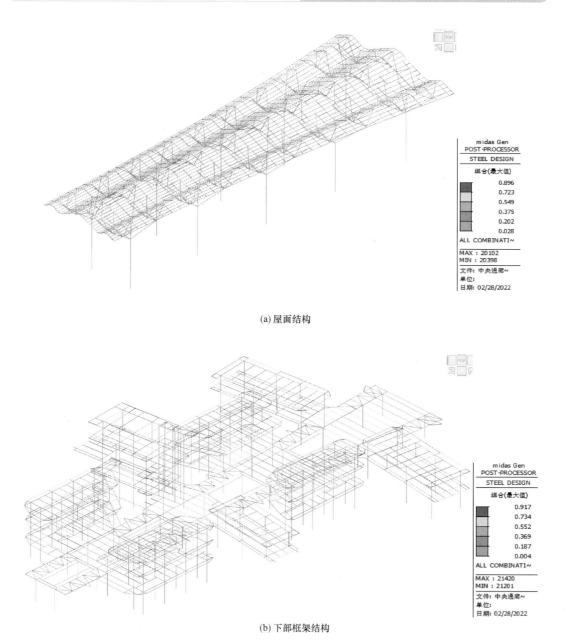

(a) 屋面结构

(b) 下部框架结构

图 3.3-94 构件最大应力比值

枝与桁架形成了类似"巨型框架"的抗侧效应，横向刚度较好；并通过铸钢节点设计，使分枝节点这一薄弱点实现安全可靠。

树状空间结构主干及分权的稳定性受周边杆件约束作用的强弱影响，通过屈曲分析的临界力反算计算长度系数，以模拟杆件真实的失稳形态。

屋面纵向较长，且为开敞结构，热辐射作用会导致结构最高温度大于极高气温，且屋面梁上下翼缘存在温度梯度，该作用产生的弯矩效应明显，设计中给予了特殊考虑。

3.3.5 带托架转换的三角形空间桁架结构

1. 建筑形态及需求分析

图 3.3-95 为长春东北亚国际博览中心项目建筑效果图，建筑以"鱼骨"形展开布置展馆，南侧是四个基本单元展厅加一个多功能展厅，北侧由两个基本单元展厅加一个双层展厅共同构成，同时利用空中连廊串联成一个整体。

图 3.3-95　建筑效果图

标准展厅屋面水平投影长 234.3m，宽 93.0m，屋脊最高点约 19m，屋盖上覆轻型金属屋面，屋盖下部周边为两层附属用房。图 3.3-96 为标准展厅编号及建筑需求，根据不同展厅使用频率及项目成本的把控，业主对六个标准展厅提出了两种建筑需求，其中 A1、A2 两个展厅要求展馆内为无柱大空间（简称"无柱"展厅），A3～A6 四个展厅内设有 Y 形柱支撑屋盖（简称"有柱"展厅），"无柱"展厅和"有柱"展厅室内效果图分别见图 3.3-97 和图 3.3-98。

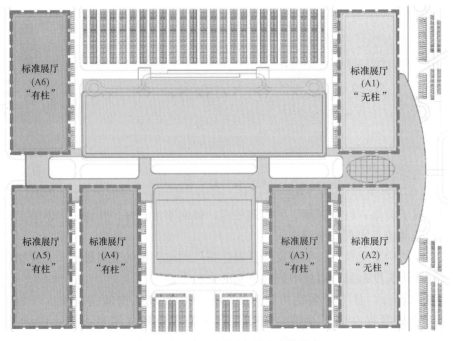

图 3.3-96　标准展厅编号及建筑需求

图 3.3-97 "无柱"展厅室内效果图

图 3.3-98 "有柱"展厅室内效果图

由于屋盖大部分位置无吊顶,屋盖构件室内可见,为整体考虑两种展厅结构方案,统一室内效果,两个"无柱"展厅屋盖采用三角形空间桁架,而对于四个"有柱"展厅屋盖,专门研发了带托架转换的三角形空间桁架结构。

2. 带托架转换的三角形空间桁架结构体系构成

"有柱"展厅结构体系构成如图 3.3-99 所示,主桁架有 12 榀,框架边柱柱距 18m(两端柱距 15m),屋面主结构平面投影长 228m,宽 82m。主桁架中部结合主桁架的弦杆分隔设有倒梯形托架,托架每隔三榀主桁架设有一个 Y 形柱,柱距为 $3 \times 18 = 54m$,主桁架的跨度因托架的存在而变为 41m,托架和主桁架共同形成长跨 54m、短跨 41m 的主次桁架体系。

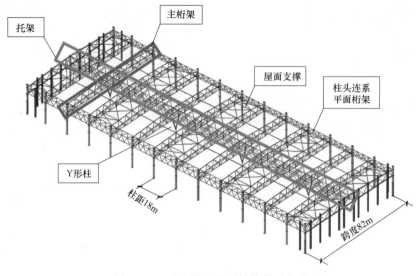

图 3.3-99 "有柱"展厅结构体系构成

图 3.3-100 为带托架转换的三角形空间桁架结构基本单元构成，传力途径为：

$$\text{屋面次结构} \rightarrow \text{三角形空间桁架} \begin{cases} \text{框架柱} \rightarrow \text{基础} \\ \rightarrow \text{托架} \rightarrow \text{Y形柱} \rightarrow \text{基础} \\ \text{Y形柱} \rightarrow \text{基础} \end{cases}$$

图 3.3-101～图 3.3-103 分别为与 Y 形柱相连三角形空间桁架单元组成、未与 Y 形柱相连三角形空间桁架单元组成、托架单元组成。

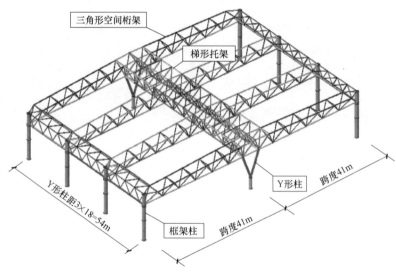

图 3.3-100 带托架转换的三角形空间桁架结构基本单元构成

3. 带托架转换的三角形空间桁架结构体系的静力特性

1）静力作用下的结构变形特性

图 3.3-104 和图 3.3-105 分别为 $D+L$ 组合下的带托架转换的三角形空间桁架结

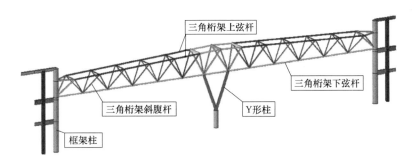

图 3.3-101　与 Y 形柱相连三角形空间桁架单元组成

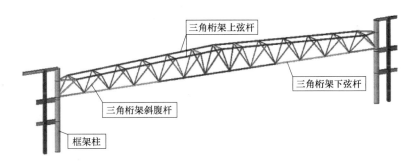

图 3.3-102　未与 Y 形柱相连三角形空间桁架单元组成

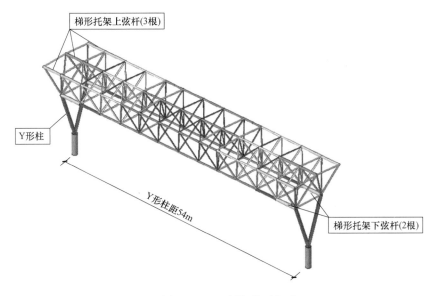

图 3.3-103　托架单元组成

构基本单元挠度和三角形空间桁架结构基本单元挠度，带托架转换的三角形空间桁架结构基本单元最大挠度为 61/54000＝1/885。作为对比，三角形空间桁架结构基本单元（"无柱"展厅）最大挠度为 175/82200＝1/470，可以看出托架的设置使得屋面挠度显著减小。

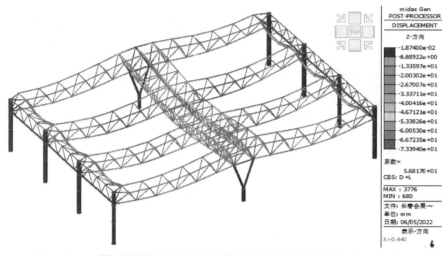

图 3.3-104　带托架转换的三角形空间桁架结构基本单元挠度（D_z，$D+L$）

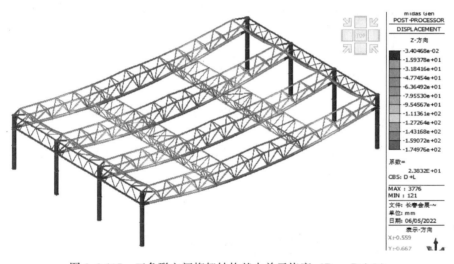

图 3.3-105　三角形空间桁架结构基本单元挠度（D_z，$D+L$）

　　图 3.3-106 和图 3.3-107 分别为 W_x＋工况下的带托架转换的三角形空间桁架结构基本单元侧移和三角形空间桁架结构基本单元侧移，带托架转换的三角形空间桁架结构基本单元最大侧移量为 10.6mm。作为对比，三角形空间桁架结构基本单元（"无柱"展厅）最大侧移量为 10.0mm，可以看出托架的设置并不会对框架柱侧移有显著影响。

　　2）静力作用下的结构受力特性

　　图 3.3-108 和图 3.3-109 分别为 $1.3D+1.5L$ 组合下的带托架转换的三角形空间桁架结构基本单元弯矩和三角形空间桁架结构基本单元弯矩，带托架转换的三角形空间桁架结构基本单元最大弯矩为 3569kN·m。作为对比，无柱展厅即三角形空间桁架结构基本单元（"无柱"展厅）最大弯矩为 12273kN·m，可以看出托架的设置使得三角桁架边框柱弯矩整体显著减小。

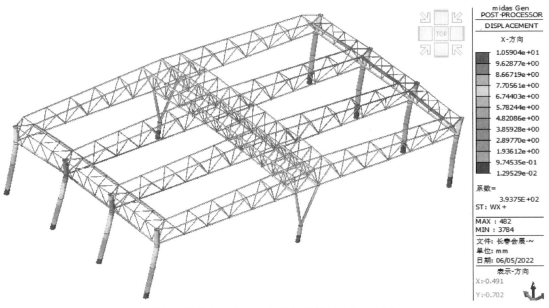

图 3.3-106 带托架转换的三角形空间桁架结构基本单元侧移（D_x，W_{x+}）

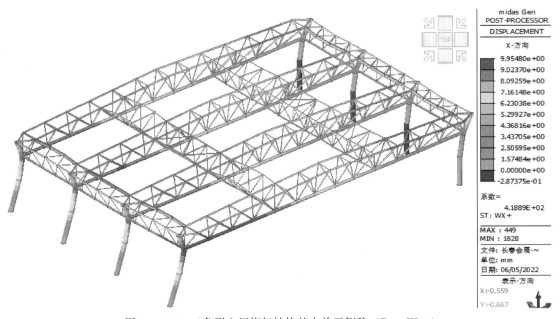

图 3.3-107 三角形空间桁架结构基本单元侧移（D_x，W_{x+}）

图 3.3-110 和图 3.3-111 分别为 $1.3D+1.5L$ 组合下的带托架转换的三角形空间桁架结构基本单元屋面杆件轴力和三角形空间桁架结构基本单元屋面杆件轴力，带托架转换的三角形空间桁架结构基本单元屋面杆件最大轴力为受拉 3906kN、受压 3715kN，且均为托架杆件。而三角桁架杆件最大轴力为受拉 1160kN、受压 1972kN。作为对比，三角形空间桁架结构基本单元屋面杆件（"无柱"展厅）最大轴力为受拉 6346kN、受压 3576kN，可以看出托架的设置使得三角桁架屋面杆件轴力整体显著减小。

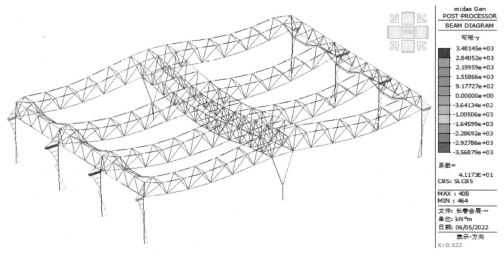

图 3.3-108　带托架转换的三角形空间桁架结构基本单元弯矩（M_y，$1.3D+1.5L$）

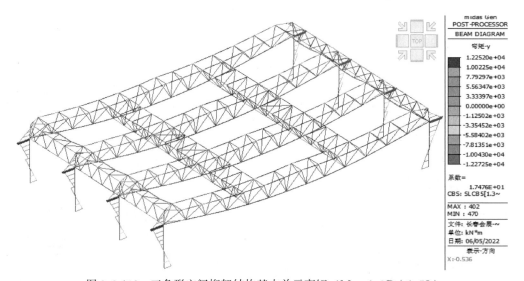

图 3.3-109　三角形空间桁架结构基本单元弯矩（M_y，$1.3D+1.5L$）

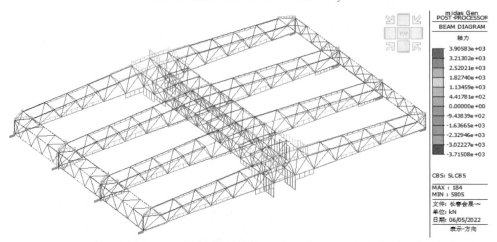

图 3.3-110　带托架转换的三角形空间桁架结构基本单元屋面杆件轴力（F_x，$1.3D+1.5L$）

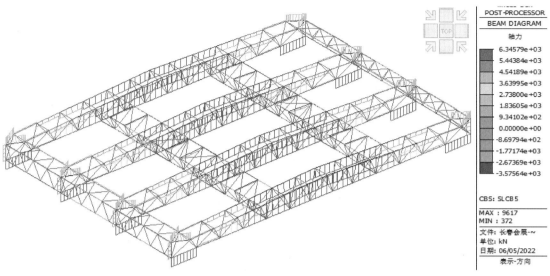

图 3.3-111　三角形空间桁架结构基本单元屋面杆件轴力（F_x，$1.3D+1.5L$）

4. 带托架转换的三角形空间桁架结构体系的动力特性

前 20 阶振型的频率及周期如表 3.3-12，前 3 阶振型如图 3.3-112～图 3.3-114 所示。

前 20 阶振型的频率及周期　　　　　　　　表 3.3-12

模态号	频率（rad/s）	周期（s）
1	1.0639	0.9399
2	1.3173	0.7591
3	1.4277	0.7004
4	1.5323	0.6526
5	1.5893	0.6292
6	1.7803	0.5617
7	1.8246	0.5481
8	1.847	0.5414
9	1.9275	0.5188
10	1.9576	0.5108
11	2.0271	0.4933
12	2.0368	0.491
13	2.1125	0.4734
14	2.155	0.464
15	2.1689	0.4611
16	2.2246	0.4495
17	2.2389	0.4467
18	2.2705	0.4404
19	2.2891	0.4369
20	2.2968	0.4354

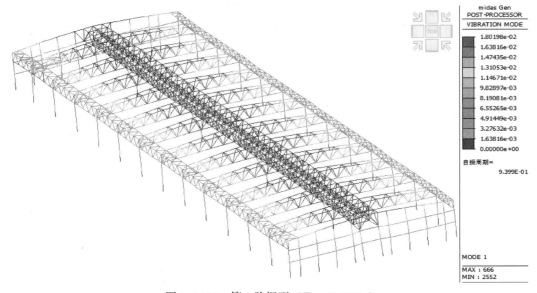

图 3.3-112　第 1 阶振型（$T_1 = 0.9399$s）

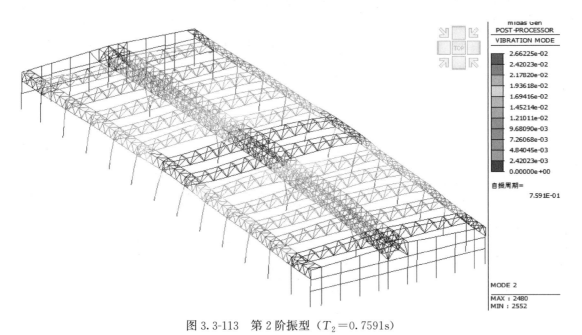

图 3.3-113　第 2 阶振型（$T_2 = 0.7591$s）

E_x 工况下的屋盖结构侧移如图 3.3-115 所示，侧移量为 $8/12520 = 1/1565 < 1/250$，满足规范要求。

5. 创新设计

带托架转换的三角形空间桁架结构形式优势：

（1）屋面挠度显著减小；

（2）对结构侧移影响不大；

（3）使得三角桁架边框柱弯矩整体显著减小；

（4）使得三角桁架屋面杆件轴力整体显著减小；

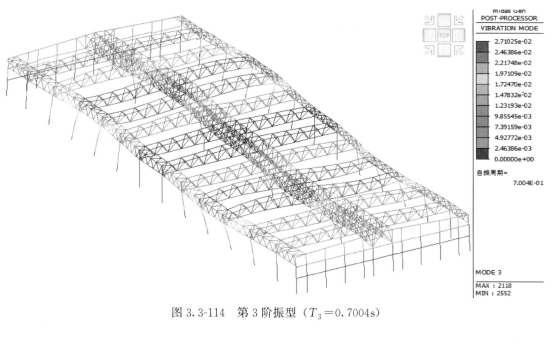

图 3.3-114　第 3 阶振型（$T_3 = 0.7004s$）

图 3.3-115　结构侧移（D_x，E_x）

（5）增加了结构的冗余度。

3.3.6　折线形三角桁架结构

1. 建筑形态及需求分析

会展类建筑的展厅需要较为开阔的空间，因此其屋面结构跨度和层高较大，通常采用桁架形式，同时为了配合方案的折线造型需求，桁架也需要呈现为折线的形状。图 3.3-116 为一典型展厅屋面结构的立面示意图。

为了更好地实现展厅的使用功能，方便进行功能分区，展厅的柱距也需要尽可能大，但当柱距（即单榀桁架的间距）较大时，其面外稳定性的要求也更高，此时采用三角形立

图 3.3-116　典型展厅屋面结构的立面示意图

体桁架是一个比较合适的方案。图 3.3-117 为 18m 间距的三角形立体桁架与 9m 间距的平面桁架方案对比，可以看出平面桁架整齐划一，规律性强但缺乏灵动性，且面外稳定性差，需辅以平面外支撑系统以保证面外稳定，而三角形立体桁架具有良好的面内和面外稳定性，18m 桁架间距带来的是更方便的使用体验和更宽广的视野效果。

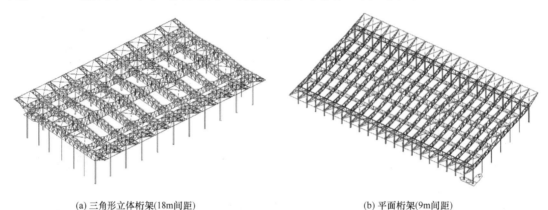

(a) 三角形立体桁架(18m间距)　　　　　　　　　(b) 平面桁架(9m间距)

图 3.3-117　三角形立体桁架（18m 间距）与平面桁架（9m 间距）方案对比

展厅屋面结构是一个单跨的大跨结构，且两边还带有较大的悬挑段，因此其受力特性实际上与单跨连续梁相当。图 3.3-118 为带有悬挑段的单跨梁在竖向均布荷载作用下的弯矩图，特点是跨中弯矩较大，在四分点附近会出现零弯矩点，因此从结构受力的角度出发，令跨中的桁架高度较大，四分点附近的零弯矩点桁架高度较小，可以使桁架结构的受力更加合理，满足承载力的同时经济性也更好。

图 3.3-118　竖向均布荷载作用下的梁弯矩图

图 3.3-119、图 3.3-120 为折线形的三角形立体桁架平立面图示意，其形状可以契合如图 3.3-118 所示的弯矩图，正所谓好钢要用在刀刃上，在弯矩较大处桁架高度较大，在弯矩较小处桁架高度较小，从而使整体结构的应力分布均匀，杆件截面尺寸和壁厚也会更加均匀。此时桁架上弦的折线造型可以满足建筑方案对屋面造型的要求，桁架下弦做平可以方便未来展厅展览时吊挂使用，一举多得，美观大方，同

时兼顾了实用性与经济性。

需要特别指出的是,杭州会展中心由于建筑立面要求尽可能的轻薄小巧,因此主桁架在支座处由三角形立体桁架转变为平面桁架,减小其宽度,但必须采取一定措施加强悬挑区平面桁架的面外稳定性。

图3.3-119 折线形的三角形立体桁架平面图示意

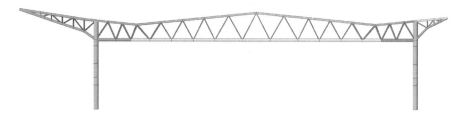

图3.3-120 折线形的三角形立体桁架立面图示意

2. 折线形三角桁架结构形式构成

下面以杭州大会展中心单层展厅为例,介绍折线形三角桁架结构。

杭州大会展中心单层展厅屋脊最高点25.8m,其屋面俯视呈扇面状,立面呈折线状,图3.3-121为杭州大会展中心效果图。其主桁架跨度81m,采用三角形立体桁架,间距18m;柱端外挑长度12～23m,为了配合建筑尽可能轻薄的外立面造型,柱外的悬挑区域采用平面桁架,在展厅的钢柱处完成了两根上弦到一根上弦的变化,且外挑区桁架在幕墙线以内设置下弦弯折点,尽量降低桁架在悬挑区的高度。每榀桁架之间设置了连系桁架和交叉钢拉杆,既增强了屋面结构的整体性,又作为垂直于桁架跨度方向的传力路径,对主桁架起到侧向支撑的作用。图3.3-122为3号、4号展厅平面布置图,图3.3-123为主桁架剖面图,图3.3-124为主桁架轴测图。

图3.3-121 杭州大会展中心效果图

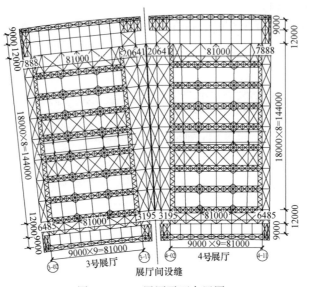

图 3.3-122　展厅平面布置图

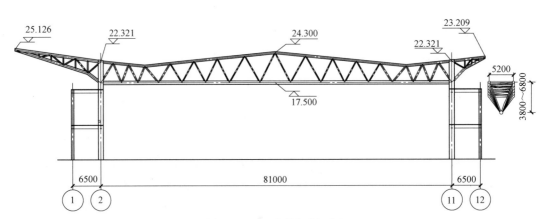

图 3.3-123　主桁架剖面图

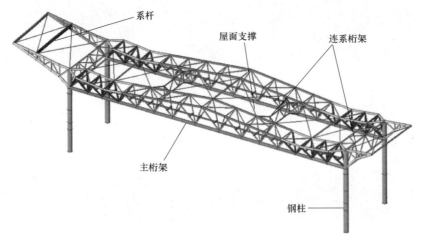

图 3.3-124　主桁架轴测图

3. 折线形三角桁架结构形式的动力特性

1）设计荷载

恒荷载：结构自重根据截面大小自动计算，屋面附加恒荷载根据金属屋面做法取 $1.10kN/m^2$，外挑区域包含桁架顶底两层做法取 $1.80kN/m^2$。

活荷载：不上人屋面均布活荷载区 $0.50kN/m^2$，同时考虑展厅功能需求取吊挂荷载 $0.50kN/m^2$。

温度作用：根据《建筑结构荷载规范》GB 50009—2012，杭州市萧山区月平均最高气温为 $38℃$，月平均最低气温为 $-4℃$。对于屋盖结构，在设计中对温度荷载进行取值，基准温度及合拢温度为 $+17(\pm5)℃$，温度作用按 $\pm26℃$ 考虑。

风荷载：基本风压为 $0.50kN/m^2$（重现期 100 年），地面粗糙度 B 类，大跨度屋盖为风敏感结构，风荷载体型系数及风振系数按风洞试验值确定。

雪荷载：基本雪压按 100 年重现期取 $0.50kN/m^2$，雪荷载与屋面均布活荷载不同时考虑，且由于屋面坡度角 α 较小，只采用均匀分布情况。

2）自振周期与振型

结构的自振周期和振型是进行结构分析的重要参数，通过对单层展厅进行特征值分析，得到结构前 10 阶振型的周期如表 3.3-13 所示，前 3 阶振型图如图 3.3-125 所示。

单层展厅结构自振周期表

表 3.3-13

振型	周期(s)	平动系数($X+Y$)	扭转系数
1	1.3938	1.00(0.00+1.00)	0.00
2	1.2316	0.95(0.95+0.00)	0.05
3	1.1421	0.04(0.04+0.00)	0.96
4	1.1223	0.94(0.06+0.88)	0.06
5	1.1040	0.24(0.24+0.00)	0.76
6	1.0292	0.84(0.84+0.00)	0.16
7	1.0154	0.85(0.08+0.77)	0.15
8	1.0008	0.50(0.11+0.39)	0.50
9	0.9478	0.31(0.15+0.16)	0.69
10	0.9317	0.47(0.47+0.00)	0.53
$T_t/T_1=1.1421/1.3938=0.819<0.90$			
X 方向有效质量系数为 99.80%，Y 方向有效质量系数为 99.84%			

4. 折线形三角桁架结构形式的受力与变形分析

1）挠度验算

展厅屋面在恒＋活荷载标准值作用下产生的最大屋面挠度为 165mm，出现在桁架跨中，见图 3.3-126，在桁架跨中起拱 100mm，实际挠跨比为 $(165-100)/81000=1/1246<1/400$，满足规范要求。

展厅屋面在活荷载标准值作用下产生的最大屋面挠度为 61mm，位于桁架跨中，见图 3.3-127，实际挠跨比为 $61/81000=1/1327<1/500$，满足规范要求。

展厅屋面在重力荷载代表值与多遇竖向地震作用标准值下产生的最大屋面挠度为 141mm，见图 3.3-128，实际挠跨比为 $141/81000=1/575<1/250$，满足规范要求。

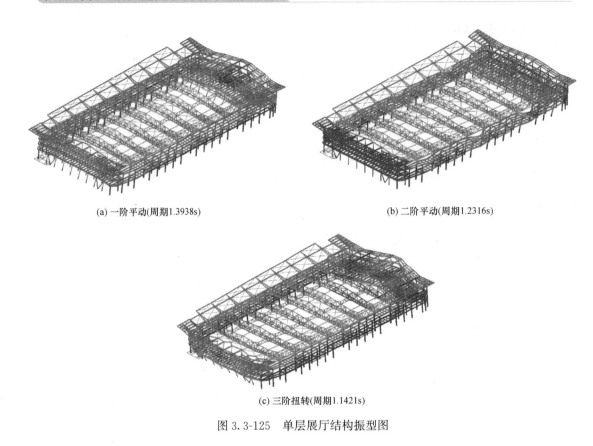

(a) 一阶平动(周期1.3938s)　　　　　　　　　　　　　(b) 二阶平动(周期1.2316s)

(c) 三阶扭转(周期1.1421s)

图 3.3-125　单层展厅结构振型图

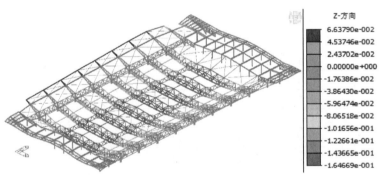

图 3.3-126　标准恒＋活荷载作用下屋面结构竖向位移等值线

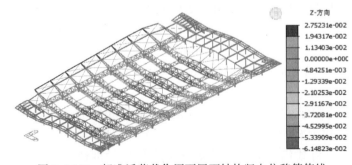

图 3.3-127　标准活荷载作用下屋面结构竖向位移等值线

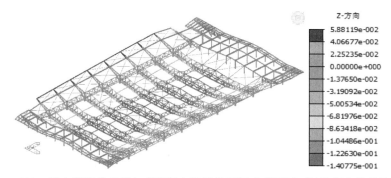

图 3.3-128　重力荷载代表值与多遇竖向地震作用标准值下屋面结构竖向位移等值线

2）侧移验算

在 X 向风荷载作用下产生的最大柱顶水平位移为 8mm，如图 3.3-129 所示，8/17500＝1/2188＜1/250，满足规范要求。

图 3.3-129　X 向风荷载作用下柱侧移等值线

在 Y 向风荷载作用下产生的最大柱顶水平位移为 22mm，如图 3.3-130 所示，22/17500＝1/795＜1/250，满足规范要求。

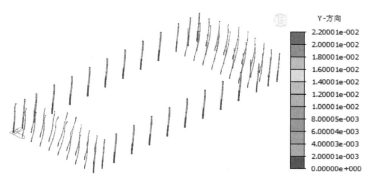

图 3.3-130　Y 向风荷载作用下柱侧移等值线

在 X 向地震作用下产生的最大柱顶水平位移为 12mm，如图 3.3-131 所示，12/17500＝1/1458＜1/250，满足规范要求。

在 Y 向地震作用下产生的最大柱顶水平位移为 21mm，如图 3.3-132 所示，21/17500＝1/833＜1/250，满足规范要求。

3）应力验算

采用 MIDAS Gen 软件按照《钢结构设计标准》GB 50017—2017 对构件进行检验。

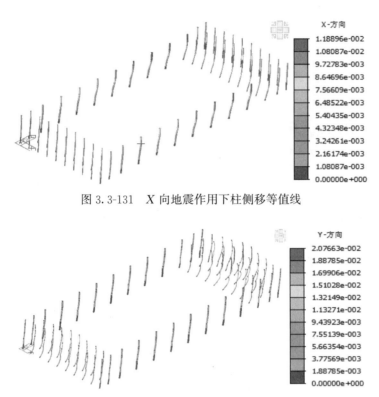

X-方向
1.18896e-002
1.08087e-002
9.72783e-003
8.64696e-003
7.56609e-003
6.48522e-003
5.40435e-003
4.32348e-003
3.24261e-003
2.16174e-003
1.08087e-003
0.00000e+000

图 3.3-131　X 向地震作用下柱侧移等值线

Y-方向
2.07663e-002
1.88785e-002
1.69906e-002
1.51028e-002
1.32149e-002
1.13271e-002
9.43923e-003
7.55139e-003
5.66354e-003
3.77569e-003
1.88785e-003
0.00000e+000

图 3.3-132　Y 向地震作用下柱侧移等值线

图 3.3-133 为单层展厅屋面钢结构主要构件在所有荷载组合作用下规范检验结果中的最大应力比值（注：应力比为相应检验条款中设计综合应力与设计强度的比值），构件中的最大应力比用到 0.96＜1（个别构件且为非关键构件），绝大部分杆件的应力比控制在 0.85以下，构件均满足要求。

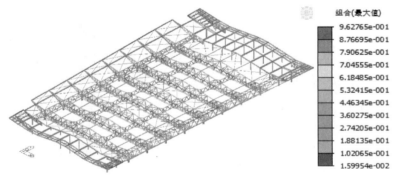

组合(最大值)
9.62765e-001
8.76695e-001
7.90625e-001
7.04555e-001
6.18485e-001
5.32415e-001
4.46345e-001
3.60275e-001
2.74205e-001
1.88135e-001
1.02065e-001
1.59954e-002

图 3.3-133　单层展厅屋面结构构件最大应力比值

5. 创新设计

采用折线形的桁架，其形状契合结构在重力荷载代表值作用下的弯矩图，弯矩较大的区域，桁架高度较大；弯矩较小的区域，桁架高度较小。受力合理，同时具有实用性和经济性。

展厅大跨度区域采用三角形立体桁架，具有良好的面内和面外稳定性能，同时为了满足展厅悬挑区域轻薄的设计效果，主桁架在支座处由三角形立体桁架转变为平面桁架，并采取一定措施加强其面外稳定性。

3.3.7 四弦拱形多层次空间桁架

1. 登录大厅概况

中国红岛登录大厅屋盖结构总宽度（X 向）为 170.4m，总长度（Y 向）为 155.4m，最大高度为 12.0m。屋盖结构通过两侧各 16 个、总计 32 个销轴支座与下部混凝土结构在标高 27.0m 处相连接。

登录大厅屋盖结构由 8 榀主跨度为 94.5m 的 X 向的主桁架构成，桁架主跨两侧各带一跨悬挑长度为 21.0m 的悬臂桁架。屋盖四周悬臂梁（次构件）的悬挑长度均为 5.7m。因此，如图 3.3-134 所示屋盖结构在 X 向的总宽度为 5.7m＋21.0m＋11.25m＋94.5m＋11.25m＋21.0m＋5.7m＝170.4m。

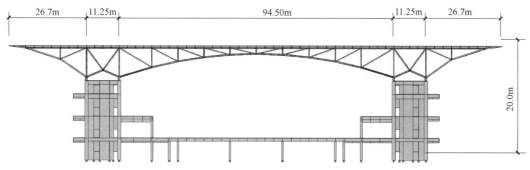

图 3.3-134 入口大厅的结构有限元计算模型正立面

每榀 X 向主桁架上弦间的宽度均为 18.0m，屋盖四周悬臂梁（次构件）的悬挑长度均为 5.7m。因此，如图 3.3-135 所示屋盖结构在 Y 向的长度为 18.0m×8＋5.7m×2＝155.4m。

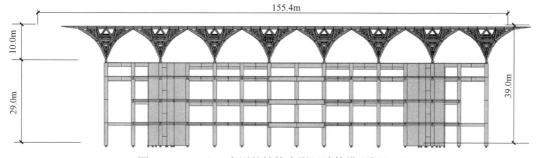

图 3.3-135 入口大厅的结构有限元计算模型侧立面

2. 结构形式——多层次空间桁架形式

入口大厅屋盖采用空间桁架形式。主体结构构件均采用热轧无缝圆管，节点连接方式多采用相贯焊，对部分连接形式复杂、受力关键的节点将采用铸钢节点。次结构构件采用热轧无缝圆管及焊接箱形截面。

屋盖钢结构可划分为四周的悬挑梁及边梁、屋盖平面内支撑、Y 向设置的次桁架及 X 向设置的次桁架，如图 3.3-136 所示。

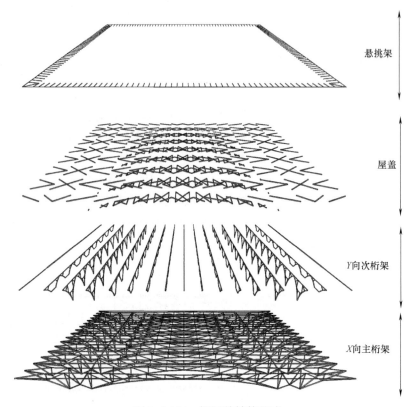

图 3.3-136　钢屋盖结构组成

其中，X 向主桁架、Y 向次桁架以及屋盖支撑为屋盖的主体钢结构，沿屋盖四周设置的悬挑梁及边梁则为次结构。

1）X 向设置的主桁架——四弦空间桁架

屋盖结构共设置 8 榀 X 向桁架，采用与建筑造型完美贴合的空间四弦桁架——下弦采用曲线弦杆，如图 3.3-137 所示。桁高在支座处为 10.0m、跨中为 2.0m，桁架下弦呈空间抛物线形，其矢高比为 1：11.8。

图 3.3-137　单榀主桁架轴测图

从受力特点上看，X 向主桁架可简化地认为是一个变高的"连续梁"，构成了屋盖结构的主要承重体系，如图 3.3-138 所示。每榀主桁架通过两侧各 2 个、总计 4 个绕 Y 轴转动的铰接支座与下部混凝土结构的型钢混凝土框架柱相连。

2）Y 向设置的次桁架——主桁架不可或缺的支撑

屋盖结构在四排支座上方设置 4 榀 Y 向次桁架，如图 3.3-139 所示。次桁架呈拱形布

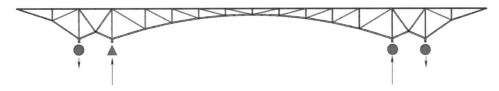

图 3.3-138　主桁架立面及其在恒荷载作用下的支座反力图

置的下弦为建筑外包层在几何及结构上均拟合了一个良好的支承条件。由于 X 向桁架的两根下弦在支座处收于一点，其在 Y 向上的整体稳定性需由 Y 向次桁架提供。

另外，Y 向次桁架同样也是建筑外形的重要实现方式，如图 3.3-140 和图 3.3-141 所示。

图 3.3-139　支座处 Y 向次桁架立面图

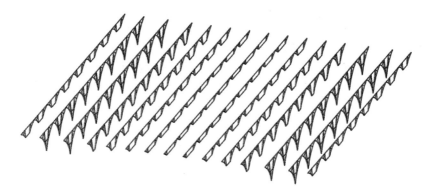

图 3.3-140　Y 向次桁架轴测图

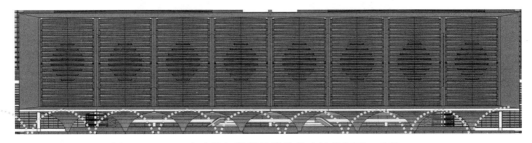

图 3.3-141　Y 向次桁架外部呈拱状的建筑外包层（虚线）

3）屋盖支撑——增加结构刚度

屋盖上平面内的支撑意在使屋盖结构在平面内形成一个刚度良好的整体。此外，某些支撑也为 X 向主桁架上、下弦提供桁架平面外的支承以提升压弦的稳定性，如图 3.3-142 和图 3.3-143 所示。由于支撑应力水平较低，为满足圆管的局部稳定性及抗震构造长细比的要求，减少不必要的结构用钢量，遂采用 Q235 钢材。

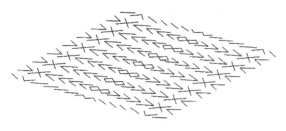

图 3.3-142 屋盖上平面（X 向桁架
上弦平面）内支撑

图 3.3-143 屋盖下平面（X 向桁架
下弦平面）内支撑

4）销轴支座——减少下部结构的负担

屋盖结构总计通过 32 个绕 Y 轴转动销轴支座与下部混凝土结构相连，如图 3.3-144 所示，减少对下部结构弯矩的传递。

考虑到支座处连接杆件众多，本项目采用铸钢节点，如图 3.3-145 所示。

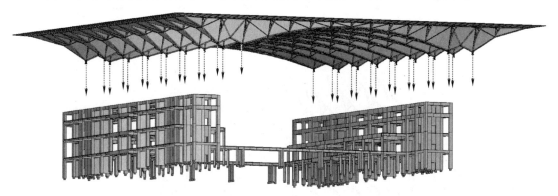

图 3.3-144 屋盖结构与下部混凝土结构的连接

图 3.3-145 铸钢节点

3. 创新设计

充分利用建筑造型的特点，创新性地提出四弦空间桁架形式，实现了 94.5m 的大跨度：

（1）每个单体桁架由四根弦杆及相关腹杆组成，且下弦采用曲线弦杆；沿桁架纵向，桁架高度自然形成两侧大、中间小的轻盈形态；

（2）此形式不但解决了跨度方向建筑的曲面造型需求，而且由于"拱"形的存在，极大地提高了结构刚度；

（3）因为有四根弦杆，此立体桁架具有良好的抗扭刚度，所以既可以独立受力，也可以通过一定的纵向连系形成多榀结构；

（4）通过合理确定下部结构支座形式，可大幅减少对下部结构的水平反力。

3.4　结构分析、设计关键技术

3.4.1　大跨结构规则性指标计算方法

扭转位移比和扭转周期比是我国多高层结构抗震设计的重要规则性判断指标，但在单层大跨结构中的适用性尚需研究。根据大跨结构特点，为进一步分析扭转位移比的计算方法及现有规则性指标对地震响应的影响，选取了两种典型的大跨结构类型，包括楼盖刚度相对较大的平面网架结构和楼盖刚度相对较小的三角桁架结构，分别进行了算例设计和变参分析。基本模型见图3.4-1。

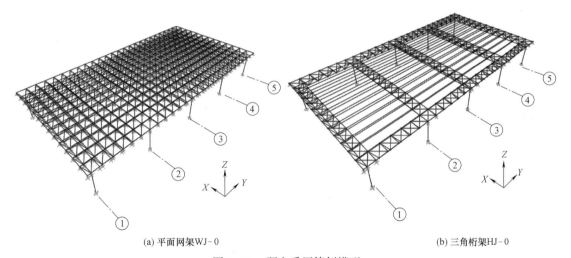

(a) 平面网架WJ-0　　　　　　　　　　　　(b) 三角桁架HJ-0

图 3.4-1　研究采用算例模型

研究提出了不适用于刚性楼板假定的大跨结构屋盖扭转位移比的修正方法及公式，可避免楼盖局部变形引起的计算失真，得到直观反映大跨结构偶然偏心、刚心与质心偏移和相对扭转刚度的扭转位移比，可应用于采用网格结构屋盖的典型大跨结构抗震设计。

研究提出了现有规则性指标在大跨结构中的影响因素及变化规律，当平动和扭转主振型不耦联时，大跨结构周期比随位移比的减小而迅速减小；但是，当平动或扭转主振型为耦联振型时，随着刚心与质心偏移距离的增大，结构主振型的耦联作用增强，周期比反而减小。由于大跨结构通常难以避免振型耦联，偏心增大导致周期比降低的特性与抗震设计减小扭转效应的目的不符；同时，扭转周期比与结构内力响应最大值不一定是正相关关系，因此在大跨结构的抗震设计中不宜将扭转周期比用作评价结构性能的指标。

在平面网架和三角桁架结构中，增大半侧柱截面时，柱的最大剪力和最大弯矩随扭转位移比的增大而增大，综合应力比减小；增大角柱截面时，柱的最大剪力和最大弯矩随扭转位移比的减小而增大，综合应力比减小；对于大跨结构，扭转位移比与结构内力响应最大值不一定正相关。

此研究成果已在国家会展中心（天津）中央大厅中得到应用，取得了良好效果。具体技术细节如下。

1）扭转位移比

根据《建筑抗震设计规范》GB 50011—2010（2016 年版）规定的扭转不规则参考指标，扭转位移比 R 定义为考虑偶然偏心时规定水平力作用下楼层两端抗侧力构件弹性水平位移的最大值与平均值之比，该比值也是美国规范抗震设计内力放大系数的取值依据之一。实际设计中通常将地震作用下的层剪力作为给定水平力，考虑 5% 偶然偏心施加到楼层后，根据角柱柱顶位移计算。然而，大跨结构通常不适用刚性楼板假定，所以施加集中偏心水平力可能使楼面产生较大局部变形而偏离真实变形结果；同时，使用不同角点抗侧力构件位移得到的位移比可能不同。为获取符合规定的扭转位移比，可将屋盖质量离散为若干质点，并用如下修正方法进行计算：

（1）假设地震作用下的水平力按加速度线性变化分布的规律作用于各质点，使施加到所有质点的水平力的合力等效为考虑 5% 偶然偏心的给定水平力，如图 3.4-2 所示。其中作用到每个（或每组）质点的水平力 F_i 可按下式计算：

$$F_i = \left(\frac{0.05 L m_i y_i}{\sum\limits_{j=1}^{n} m_j y_j^2} + \frac{m_i}{\sum\limits_{j=1}^{n} m_j} \right) F_{EK} \tag{3.4-1}$$

式中，F_{EK} 为地震作用下的层剪力；m_i、m_j 为第 i、j 个质点的质量；n 为质点（或质点组）总数；L 为垂直地震输入方向的结构尺寸；y_i、y_j 为以楼层质心为原点时第 i、j 个质点的 Y 方向坐标。

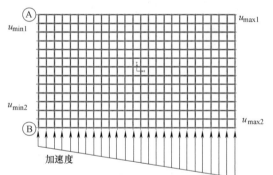

图 3.4-2　等效水平力分布

（2）施加水平力后，提取端部的柱顶位移。其中位移较大的一侧柱顶位移记为 u_{max1} 和 u_{max2}，位移较小的一侧柱顶位移记为 u_{min1} 和 u_{min2}。应用下列公式计算位移比 R、R_1 和 R_2，显然，在符合刚性楼板假定时三种方法得到的位移比相同。

$$R = \frac{2(u_{max1} + u_{max2})}{u_{max1} + u_{max2} + u_{min1} + u_{min2}} \tag{3.4-2}$$

$$R_1 = \frac{2u_{max1}}{u_{max1} + u_{min1}} \tag{3.4-3}$$

$$R_2 = \frac{2u_{max2}}{u_{max2} + u_{min2}} \tag{3.4-4}$$

应用本修正方法计算得到的扭转位移比，可较为直观地反映大跨结构的偶然偏心、刚心与质心偏移距离和相对扭转刚度的特性，但其是否可以作为大跨结构规则性的指标仍需进一步讨论。

2）扭转周期比

根据《高层建筑混凝土结构技术规程》JGJ 3—2010（简称《高规》），扭转周期比 T_t/T_1 定义为结构扭转为主的第一自振周期 T_t 与平动为主的第一自振周期 T_1 之比。所以，识别平动为主和扭转为主的第一振型，是计算扭转位移比的基础。《高规》的条文说明提出按照"扭转方向因子大于 0.5"判断扭转为主的振型，但并未给出扭转方向因子的具体计算方法。目前常用设计软件中扭转方向因子的计算方法存在差异，SAP2000 尚无法直接输出扭转方向因子。在基于 SAP2000 的设计实践中，常通过下式得到的比值 α_T 判断扭转为主的振型：

$$\alpha_T = \frac{r_T}{r_X + r_Y + r_T} \tag{3.4-5}$$

式中，r_X、r_Y 和 r_T 分别为 SAP2000 可直接输出的 X 方向、Y 方向和面内扭转方向的振型质量参与系数；当振型的 α_T 大于 0.5 时，认为该振型是扭转为主的振型。

通过扭转周期比计算结果和模态分析（图 3.4-3、图 3.4-4），随着刚心与质心偏移距离增大，结构主振型的耦联作用越来越显著，T_t/T_1 逐渐减小。由于大跨结构振型密集，平动和扭转振型耦联往往难以避免，上述结果表明部分情况下可通过增大结构偏心来降低周期比，这显然与抗震设计减小扭转效应的目的不符。因此，在大跨结构抗震设计中，不宜将扭转周期比 T_t/T_1 用作评价结构规则性的指标。

3）抗震设计组合内力计算分析

按照《建筑抗震设计规范》GB 50011—2010 规定，抗震设计中考虑双向地震作用时可不计入偶然偏心影响，而大跨结构验算中通常考虑双向地震作用。为分析 R 和 T_t/T_1 对大跨结构地震响应影响，对所有模型考虑如下 4 种荷载组合效应：

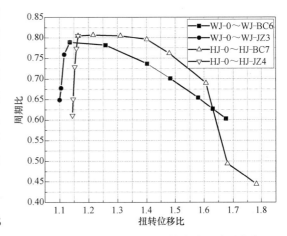

图 3.4-3 扭转周期比与扭转位移比关系曲线

（1）X 方向地震作用为主的双向地震组合 $G_x(1.2S_G + 0.6S_L + 1.3E_{xy})$；

（2）Y 方向地震作用为主的双向地震组合 $G_y(1.2S_G + 0.6S_L + 1.3E_{yx})$；

（3）修正的 X 方向地震作用为主的双向地震组合 $G_{x0}(1.2S_G + 0.6S_L + 1.3\mu_y E_{xy})$；

（4）修正的 Y 方向地震作用为主的双向地震组合 $G_{y0}(1.2S_G + 0.6S_L + 1.3\mu_y E_{yx})$。

其中，S_G 和 S_L 分别为恒荷载和活荷载下的结构效应，E_{xy} 和 E_{yx} 是对 X 向地震作用效应 S_x 和 Y 向地震作用效应 S_y 分别按 $\sqrt{S_x^2 + (0.85S_y)^2}$ 和 $\sqrt{S_y^2 + (0.85S_x)^2}$ 得到的双向地震组合工况，μ_y 是 Y 方向水平剪力调整系数，按下式计算：

$$\mu_y = \frac{F_{0y}}{F_{iy}} \tag{3.4-6}$$

式中，F_{0y} 为基本模型 WJ-0 或 HJ-0 在 Y 向水平地震作用下基底剪力；F_{iy} 为反应谱分析得到的各变参模型在 Y 向水平地震作用下的基底剪力。

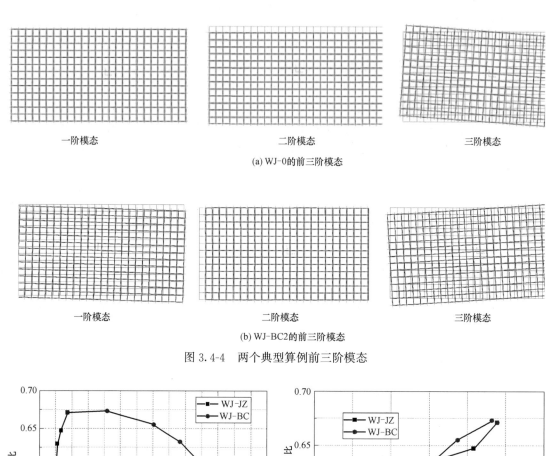

(a) WJ-0的前三阶模态

(b) WJ-BC2的前三阶模态

图 3.4-4　两个典型算例前三阶模态

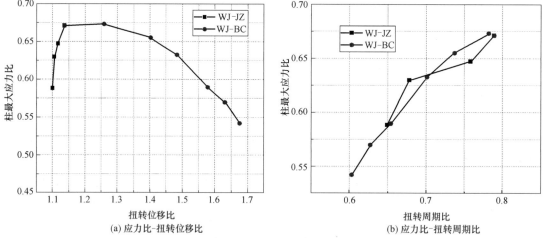

(a) 应力比-扭转位移比

(b) 应力比-扭转周期比

图 3.4-5　平面网架模型抗侧力构件应力比

平面网架模型抗侧力构件应力比见图 3.4-5，对于大跨结构，R 或 T_t/T_1 与结构内力响应最大值不一定为正相关关系，此外，随半侧柱截面增大或角柱截面增大，柱的最大应力比均减小，表明设计中调整柱截面时，即使偏心作用有所增大也不会影响设计安全；最大应力比与 T_t/T_1 呈现相同变化趋势，但在不同变参模式下随 R 的变化趋势不同。

3.4.2　复杂约束条件下异形变截面钢柱稳定性分析方法

树状结构的受力特点是典型的空间结构力学问题，良好的形效作用使得杆件承受轴力较大，因此稳定问题尤为重要。《钢结构设计标准》GB 50017—2017 已给出三种计算方法：一阶弹性分析，考虑 $P\text{-}\Delta$ 效应的二阶弹性分析和直接分析法。若模型中考虑了 $P\text{-}\Delta$ 效应及 $P\text{-}\delta$ 效应，并计及结构和构件的初始缺陷、节点连接刚度和其他对结构稳定性有显著影响的因素，则可以仅验算构件的强度应力，无需验算受压稳定承载力，即为直接分析法。若采用仅考虑 $P\text{-}\Delta$ 效应的二阶弹性分析，并考虑结构的整体初始缺陷，则可取计算长度系数为1来验算受压稳定承载力。但限于目前的计算手段和计算理论，一阶弹性分析仍然是广泛采用的方法，由于树状结构形式在国内的工程应用还比较少，对杆件的计算长度系数还缺乏系统的理论研究成果，可借助弹性屈曲分析，利用欧拉公式反求出杆件的计算长度系数，再在计算软件中将计算长度系数指定给对应杆件，用于杆件的稳定承载能力校核。

此方法已应用在杭州大会展中心中廊（图 3.4-6）及国家会展中心（天津），取得了良好效果。

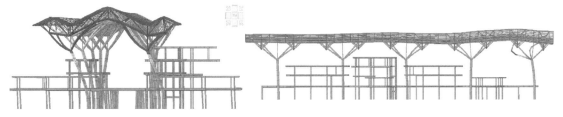

(a) 中廊树形柱主干一阶屈曲模态　　　　　　　　(b) 中廊树形柱分杈一阶屈曲模态

图 3.4-6　复杂约束条件下异形变截面钢柱稳定性分析

借助弹性屈曲分析，利用欧拉公式反求出杆件的计算长度系数 α：

$$\alpha = \sqrt{\frac{\pi^2 EI}{kNL^2}} \tag{3.4-7}$$

式中，E 为弹性模量（N/mm^2）；I 为绕相应中和轴惯性矩（mm^4）；k 为一阶屈曲系数；N 为屈曲分析单位力（N）；L 为杆件几何长度（mm）。

以杭州大会展中心中央通廊结构为例，分别在树形柱主干顶和分杈两端施加 100kN 压力，荷载简图如图 3.4-7、图 3.4-8 所示。

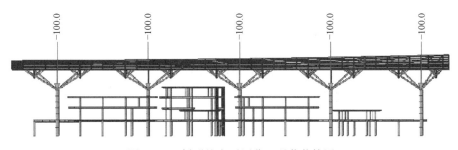

图 3.4-7　树形柱主干屈曲工况荷载简图

分别进行屈曲分析，树形柱主干一阶屈曲系数 $k = 680$，分杈一阶屈曲系数 $k = 393$，屈曲模态如图 3.4-9、图 3.4-10 所示。

树形柱主干几何参数：P1300×40，柱长 $L = 22$m，惯性矩 $I = 3.145 \times 10^{10}$ mm^4；计算长度系数 $\alpha = 1.4$，介于一端固定、一端自由与一端固定、一端铰支之间。长细比 $\lambda =$

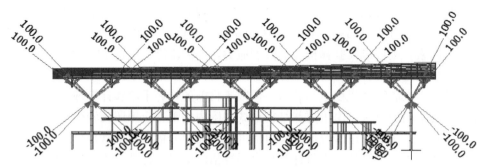

图 3.4-8　树形柱分杈屈曲工况荷载简图

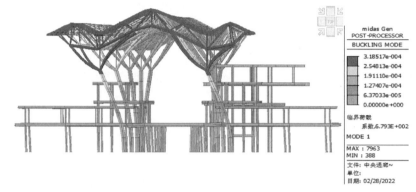

图 3.4-9　树形柱主干一阶屈曲模态

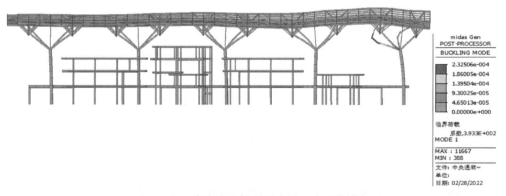

图 3.4-10　中廊东段树形柱分杈一阶屈曲模态

$1.4 \times 22000/446 = 69.1 < 100\sqrt{235/f_{ay}} = 81.4$。

树形柱分杈几何参数：P700×20，杆长 $L = 17.6\mathrm{m}$，惯性矩 $I = 2.472 \times 10^{10}\mathrm{mm}^4$；计算长度系数 $\alpha = 0.64$，与一端固定、一端铰支相近。长细比 $\lambda = 1.4 \times 22000/446 = 69.1 < 100\sqrt{235/f_{ay}} = 81.4$。

在 MIDAS Gen 中将计算长度系数指定给对应杆件，用于杆件的稳定承载能力校核。

3.4.3　薄壁多腔异形截面分析设计方法

大尺度钢构件板件宽厚比或高厚比不足，存在局部屈曲问题，若一味通过加厚板件，或设置满布加劲板，存在浪费及结构性能不优的问题。特别是一些外形不规则或变截面构件，其板材的局部稳定更需要分区分段考虑。

针对此问题，通过合理设置内加劲的形式解决薄壁结构局部稳定的问题，主要受力板材和加劲板合理匹配，形成薄壁多腔截面，既能充分控制主要受力板材板厚，又能有效避免局部屈曲问题。同时通过典型位置有限元对比分析，在构件的截面验算中，充分考虑加劲板的有利作用，使其参与计算，整体受力。

此方法已在国家会展中心（天津）中央大厅伞柱中得到应用，取得良好效果。

以国家会展中心（天津）中央大厅为例，树形柱（树干部分）采用十字箱形变截面，对树形结构柱 A、B 编号如图 3.4-11 所示。截面示意如图 3.4-12 所示。

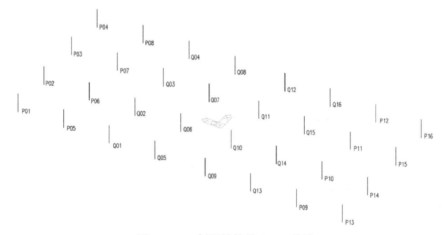

图 3.4-11 树形结构柱 A、B 编号

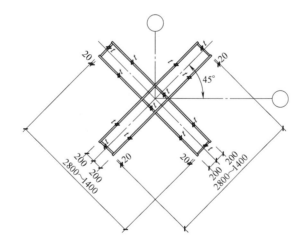

说明：树形结构柱A壁厚t=30～40mm，树形结构柱B壁厚t=25～35mm。

图 3.4-12 树形结构柱截面示意图

采用屈曲分析方法，利用欧拉公式反求出杆件的计算长度系数。

树形柱 A 为采用交叉布置的矩形柱形成的变截面柱，壁厚 30～40mm，柱截面高度从 2800m 变化到 1400mm。

在竖向荷载作用下，该柱第一阶屈曲系数 $k=34.4$，对应的轴力 $N=10000kN$；

几何参数为：柱长 $L=15.4m$；等效惯性矩 $I_{33}=10.57×10^{10}mm^4$；

计算长度系数 $\alpha=\sqrt{\dfrac{\pi^2 EI_{33}}{kNL^2}}=1.622$。

树形柱 B 为采用交叉布置的矩形柱形成的变截面柱，壁厚 25～35mm，柱截面高度从 2800m 变化到 1400mm。

在竖向荷载作用下，该柱第一阶屈曲系数 $k=29.9$，对应的轴力 $N=10000kN$；

几何参数为：柱长 $L=15.4m$；等效惯性矩 $I_{33}=8.88×10^{10}mm^4$；

计算长度系数 $\alpha=\sqrt{\dfrac{\pi^2 EI_{33}}{kNL^2}}=1.595$。

树形柱 A、B 计算长度系数偏安全考虑取 1.7，等效计算长度取 26.18m，则柱长细比可取 43，按 C 类计算稳定系数为 0.761。

树形结构柱需满足中震不屈服的性能化设计。静力、小震弹性、中震不屈服组合下的应力比如表 3.4-1 所示。

静力、小震弹性、中震不屈服组合下的应力比　　　　　表 3.4-1

树形柱编号	树形柱应力比			树形柱编号	树形柱应力比		
	静力	小震弹性	中震不屈服		静力	小震弹性	中震不屈服
P01	0.474	0.394	0.649	Q01	0.437	0.560	0.743
P02	0.433	0.406	0.706	Q02	0.413	0.603	0.878
P03	0.433	0.406	0.699	Q03	0.419	0.602	0.851
P04	0.474	0.352	0.582	Q04	0.416	0.578	0.649
P05	0.440	0.430	0.776	Q05	0.409	0.590	0.83
P06	0.426	0.461	0.859	Q06	0.398	0.630	0.989
P07	0.426	0.462	0.838	Q07	0.408	0.633	0.962
P08	0.440	0.451	0.693	Q08	0.355	0.596	0.717
P09	0.413	0.432	0.768	Q09	0.409	0.569	0.808
P10	0.450	0.455	0.834	Q10	0.398	0.632	0.962
P11	0.450	0.456	0.814	Q11	0.408	0.635	0.936
P12	0.380	0.449	0.685	Q12	0.304	0.614	0.695
P13	0.470	0.371	0.552	Q13	0.437	0.554	0.735
P14	0.432	0.425	0.606	Q14	0.412	0.602	0.869
P15	0.379	0.425	0.594	Q15	0.420	0.608	0.843
P16	0.413	0.413	0.473	Q16	0.339	0.585	0.639

树形结构柱的设计均为中震不屈服控制。中震不屈服验算时的树形柱柱底、柱中、柱顶应力比如图 3.4-13 所示。树形柱计算参数如图 3.4-14 所示。

取最不利情况列出详细验算过程如下：

（1）静力、小震弹性组合下，A 类树形柱最大应力比为 0.474，对应组合为 Z13：$1.3D+1.05L+0.9W_y+1.5T_u$，最不利截面位于标高 5.154m 处。

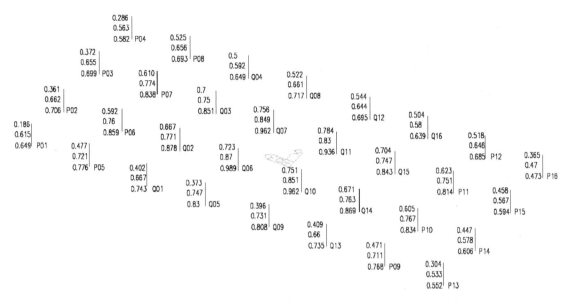

图 3.4-13　中震不屈服验算时柱各部位应力比分布

强度应按下式对 2 个角点分别进行校核：

$$\frac{N}{A_n}+\frac{M_x}{\gamma_x W_{1x}}+\frac{M_y}{\gamma_y W_{1y}}\leqslant f \qquad (3.4\text{-}8)$$

$$\frac{N}{A_n}+\frac{M_x}{\gamma_x W_{2x}}+\frac{M_y}{\gamma_y W_{2y}}\leqslant f \qquad (3.4\text{-}9)$$

稳定应按下式校核：

$$\frac{N}{\varphi_x A}+\frac{\beta_{mx} M_x}{\gamma_x W_{1x}\left(1-0.8\dfrac{N}{N_{Ex}}\right)}+\eta\frac{\beta_{ty} M_y}{\varphi_{by} W_{1y}}\leqslant f$$

$$(3.4\text{-}10)$$

$$\frac{N}{\varphi_x A}+\frac{\beta_{mx} M_x}{\gamma_x W_{2x}\left(1-0.8\dfrac{N}{N_{Ex}}\right)}+\eta\frac{\beta_{ty} M_y}{\varphi_{by} W_{2y}}\leqslant f$$

$$(3.4\text{-}11)$$

取：$\gamma_x=1$，$\gamma_y=1$，$\eta=0.7$，$\beta_{mx}=1$，$\beta_{ty}=1$，$\varphi_{by}=1$。

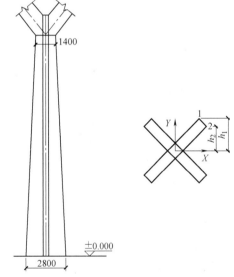

图 3.4-14　树形柱计算参数示意图

验算标高处的截面参数：

长 2.293m，宽 0.4m，厚 30mm

$A=0.31236\text{m}^2$

$W_{1x}=W_{2y}=0.09576\text{m}^3$

$W_{1y}=W_{2x}=0.13623\text{m}^3$

最不利组合：Z13：$1.3D+1.05L+0.9W_y+1.5T_u$

构件内力如表 3.4-2 所示（已考虑重要性系数 1.1）。

构件内力

表 3.4-2

P(kN)	V_2(kN)	V_3(kN)	T(kN・m)	M_2(kN・m)	M_3(kN・m)
−8014.58	615.35	1142.23	2.62	8092.42	4044.7

强度验算：

角点 1

$$\frac{N}{A_n}+\frac{M_x}{\gamma_x W_{1x}}+\frac{M_y}{\gamma_y W_{1y}}=139.9\text{MPa}<[f]=295\text{MPa}$$

角点 2

$$\frac{N}{A_n}+\frac{M_x}{\gamma_x W_{2x}}+\frac{M_y}{\gamma_y W_{2y}}=127.3\text{MPa}<[f]=295\text{MPa}$$

稳定验算：

角点 1

$$\frac{N}{\varphi_x A}+\frac{\beta_{mx}M_x}{\gamma_x W_{1x}\left(1-0.8\dfrac{N}{N_{Ex}}\right)}+\eta\frac{\beta_{ty}M_y}{\varphi_{by}W_{1y}}=137.3\text{MPa}<[f]=295\text{MPa}$$

角点 2

$$\frac{N}{\varphi_x A}+\frac{\beta_{mx}M_x}{\gamma_x W_{2x}\left(1-0.8\dfrac{N}{N_{Ex}}\right)}+\eta\frac{\beta_{ty}M_y}{\varphi_{by}W_{2y}}=121.5\text{MPa}<[f]=295\text{MPa}$$

（2）在中震不屈服验算组合下，B 类树形柱最大应力比为 0.989，对应组合为 EMz19：$Ge+Exy+0.4Ez$，最不利截面位于标高 0m 处。

取：$\gamma_x=1$，$\gamma_y=1$，$\eta=0.7$，$\beta_{mx}=1$，$\beta_{ty}=1$，$\varphi_{by}=1$。

验算标高处的截面参数：

长 2.8m，宽 0.4m，厚 35mm

$A=0.41146\text{m}^2$

$W_{1x}=W_{2y}=0.14253\text{m}^3$

$W_{1y}=W_{2x}=0.19339\text{m}^3$

最不利组合：EMz19：$Ge+Exy+0.4Ez$

构件内力如表 3.4-3 所示。

构件内力

表 3.4-3

P(kN)	V_2(kN)	V_3(kN)	T(kN・m)	M_2(kN・m)	M_3(kN・m)
−4571.74	2494.84	1368.02	26.19	19229.7	32865.37

强度验算：

角点 1

$$\frac{N}{A_n}+\frac{M_x}{\gamma_x W_{1x}}+\frac{M_y}{\gamma_y W_{1y}}=316.0\text{MPa}<[f]=345\text{MPa}$$

角点 2

$$\frac{N}{A_n} + \frac{M_x}{\gamma_x W_{2x}} + \frac{M_y}{\gamma_y W_{2y}} = 341.1 \text{MPa} < [f] = 345 \text{MPa}$$

稳定验算：

角点 1

$$\frac{N}{\varphi_x A} + \frac{\beta_{mx} M_x}{\gamma_x W_{1x}\left(1 - 0.8\dfrac{N}{N_{Ex}}\right)} + \eta\frac{\beta_{ty} M_y}{\varphi_{by} W_{1y}} = 267.3 \text{MPa} < [f] = 345 \text{MPa}$$

角点 2

$$\frac{N}{\varphi_x A} + \frac{\beta_{mx} M_x}{\gamma_x W_{2x}\left(1 - 0.8\dfrac{N}{N_{Ex}}\right)} + \eta\frac{\beta_{ty} M_y}{\varphi_{by} W_{2y}} = 274.6 \text{MPa} < [f] = 345 \text{MPa}$$

3.4.4 行波效应的考虑与分析

1. 行波效应相关理论

地震动对于大跨结构的空间效应主要有以下几个方面：

（1）非均一性效应：地震波从震源传播到两个不同测点时，其传播介质的不均匀性，对于非典型震源，两个不同测点的地震波可能是从震源的不同部位释放的地震波及其不同比例的叠加，从而引起两个测点地震动的差异，导致相干特性的降低，就是非均一性效应。

（2）行波效应：由于地震波传播路径的不同，地震波从震源传到两测点的时间差异，从而导致相干性的降低，此种现象叫行波效应（图 3.4-15）。

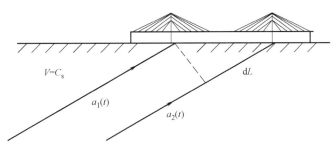

图 3.4-15　行波效应示意图

（3）衰减效应：由于两测点到震源的距离不同，导致相干性的降低，这种效应叫衰减效应。

（4）局部场地效应：地震波传至基岩时，再向地表传播时，由于两测点处表层局部场地地质条件不一样，导致两测点处的地震动相干性的降低，这种现象叫局部场地效应。

对于实际工程，衰减效应影响不是很明显，通常情况不予考虑，根据理论分析和工程实际得到：相对于地震一致运动来说，行波效应对结构产生的影响不容忽视，而考虑激励点之间的相干性（非均一性效应、局部场地效应）对结构的影响相对较小，所以一般考虑多点（非一致）地震反应分析也首先考虑行波效应对结构的影响。行波效应主要考虑了地震波传播在时间上的差异，而忽略了诸如幅值、频谱、持时等其他信息。

2. 行波效应分析方法

时程分析法发展较为成熟、应用较多，该方法可以很好地解决多点输入问题，且考虑了地震波的振幅特性、频谱特性，同时可以考虑结构的非线性、材料非线性、几何非线性，确定塑性铰出现的次序及结构薄弱环节的位置，精确考虑结构、土、深基础之间的相互作用，地震波的相位差效应以及各种减震、隔震装置非线性性质对结构抗震响应的影响等，因此适应性很强，也是目前多支座激振分析最常采用的方法。

目前通常是以时程分析方法为依托，考虑地震波传播在时间上的差异，求解多点输入问题。

相对位移法（RMM）和大质量法（LMM）是结构多点激励分析（时程分析）常用的两种方法，二者本质都是求解相同的动力学方程，只不过在求解过程中的一些过程假定不尽相同。

根据相关研究资料，相对位移法在 MIDAS Gen 中实现起来要易于大质量法，而且可以输出静力和动力两部分位移，本工程采用相对位移法。

3. 波速的选择

地震波具有频散性，不同的频率成分传播速度不同，不同的入射角度对波速也有影响。在进行考虑行波效应的多点输入时程地震反应分析时，通常假定地震波沿地表面以一定的速度传播，各点波形不变，只是存在时间的滞后，简称行波法。地震波在基岩的传播速度为 $2000\sim2500\mathrm{m/s}$，在上部软土层传播速度较慢，近似取为剪切波速。

在进行行波法地震反应分析时，通常取若干个可能值进行计算。根据岩土工程勘察报告，对于本工程而言，波速下限取为等效剪切波速的近似值 $225\mathrm{m/s}$。参考相关研究做法，确定地震波波速上限为 $900\mathrm{m/s}$。在上、下限范围内，取用 $225\mathrm{m/s}$、$450\mathrm{m/s}$、$900\mathrm{m/s}$ 三种波速进行分析。

场地覆盖层厚度及等效剪切波速 表 3.4-4

控制点	覆盖层厚度（m）	等效剪切波速（m/s）
1	92.5	145
2	87.0	149
3	90.0	148

4. 多点激励的实现

由于本工程平面南北方向长 357.3m，东西方向宽 141.3m。参考相关研究，对于平面尺寸较小的建筑物（如通常的工业与民用建筑），地震动的空间变化特性影响不大，忽略地震动的空间变化特性是能够满足此类建筑物的抗震设计要求的。同时出于简化工程计算分析的考虑，仅在南北方向（对应结构模型为 Y 向）输入多点激励。多点激励所用地震波为前述弹性时程地震波，仅在到达不同支座存在时间差。

本工程树形柱柱距基本在 36m（仅一排间隔 39m），树形柱柱列形成 4×10 的纵横网格，非常规则。对照模型中支座位置，按不同波速以不同时间间隔输入地震动，如表 3.4-5 所示。后续小节仅列出沿 Y 向从下向上输入计算结果。

5. 基底剪力的对比

对不同波速下多点输入与单点输入情况下的基底总剪力进行比较，如表 3.4-6 所示。

波速与支座间地震动到达时间间隔关系（沿 Y 向从下向上输入）（单位：s） 表 3.4-5

树形柱轴号	模型中支座位置	波速 225m/s	波速 450m/s	波速 900m/s
C-K		1.44	0.72	0.36
C-J		1.28	0.64	0.32
C-H		1.12	0.56	0.28
C-G		0.96	0.48	0.24
C-F		0.80	0.40	0.20
C-E		0.64	0.32	0.16
C-D		0.48	0.24	0.12
C-C		0.32	0.16	0.08
C-B		0.16	0.08	0.04
C-A		0	0	0

不同波速各组地震动作用下基底剪力 表 3.4-6

弹性工况	单点弹性时程分析基底剪力(kN)	波速 225m/s		波速 450m/s		波速 900m/s	
		多点弹性时程分析基底剪力(kN)	多点/单点弹性时程分析基底剪力比(%)	多点弹性时程分析基底剪力(kN)	多点/单点弹性时程分析基底剪力比(%)	多点弹性时程分析基底剪力(kN)	多点/单点弹性时程分析基底剪力比(%)
RH2TG065_Y	30913	8869	28.69	18857	61.00	27089	87.63
TH020TG065_Y	28340	7256	25.60	16062	56.68	25801	91.04
TH026TG065_Y	26388	5162	19.56	17398	65.93	23296	88.28
平均值	28547	7096	24.86	17439	61.09	25395	88.96
包络值	30913	8869	28.69	18857	65.93	27089	91.04

由于各约束点输入的非同步性，采用多点输入分析的基底总剪力小于一致激励的基底总剪力计算结果。波速为 225m/s 时的基底总剪力远小于波速为 900m/s 时的基底总剪力。相对来说，波速为 900m/s 时，基底剪力包络值已达单点激励计算结果 91.04%，已接近一致激励。可见，波速越小，各点输入的非同步性越强，则结果越偏离一致输入的计算结果；波速越大，则结果越接近一致输入的计算结果。

6. 关键竖向构件内力对比

对于不同的结构，构件的内力（剪力、轴力、弯矩）变化趋势不尽相同。对于本项目，经对比分析，构件内力在不同波速不同地震波下响应差异无明确规律，为便于实际工程应用，本工程对关键构件（树形柱树干）两个承载力控制内力分量 F_y、M_x 不同波速不同地震波下内力与反应谱计算结果进行比较，得到内力放大比例。

内力放大比例计算步骤为：

（1）一种波速下，计算每条地震波与反应谱计算所得结果比值，对三条波计算结果取包络值；

（2）对三种波速计算所得结果取平均值；

（3）按各个柱内力不小于反应谱法计算所得结果，即放大比例不小于 1.00，得到最终考虑行波效应的多点地震输入时程分析的放大比例。

树形柱内力考虑多点输入的时程分析与反应谱计算结果比值 F_y 表 3.4-7

树形柱轴号	C-4	C-8	C-12	C-16
C-K	1.44	1.36	1.38	1.26
C-J	1.19	1.11	1.11	1.01
C-H	1.00	1.00	1.00	1.00
C-G	1.00	—	—	1.00
C-F	1.00	—	—	1.00
C-E	1.00	1.00	1.00	1.00
C-D	1.00	1.00	1.00	1.00
C-C	1.00	1.00	1.00	1.00
C-B	1.00	1.04	1.04	1.07
C-A	1.09	1.17	1.13	1.21

树形柱内力考虑多点输入的时程分析与反应谱计算结果比值 M_x 表 3.4-8

树形柱轴号	C-4	C-8	C-12	C-16
C-K	1.37	1.33	1.30	1.24
C-J	1.08	1.03	1.00	1.05
C-H	1.00	1.00	1.00	1.00
C-G	1.00	—	—	1.00
C-F	1.00	—	—	1.00
C-E	1.00	1.00	1.00	1.00
C-D	1.00	1.00	1.00	1.00
C-C	1.00	1.00	1.00	1.00
C-B	1.00	1.04	1.00	1.00
C-A	1.08	1.13	1.10	1.10

根据表 3.4-7、表 3.4-8 所示计算结果，得到树形柱内力 F_y、M_x 考虑多点输入的时程分析与反应谱计算结果比值，可见行波效应主要对本结构南北靠近端部树形柱内力影响

较大。此比值将应用于后续章节中树形柱的静力、小震、中震、大震的相关性能目标的验算。此外，以上仅列出沿 Y 向从下向上输入的放大比例计算结果，考虑到对称性，南北两排 8 根树形柱按相同截面设计，即都为 A 类柱（壁厚加大）。

3.4.5 舒适度分析

本节给出对结构进行模态分析得出的固有振动频率，通过固有振动模态查找薄弱部位，在薄弱部位施加人行荷载，采用动力时程分析计算人行荷载激励下的楼板竖向振动加速度。

1. 舒适度控制标准

《高层民用建筑钢结构技术规程》JGJ 99—2015 中第 3.5.7 条规定：

3.5.7 楼盖结构应具有适宜的舒适度。楼盖结构的竖向振动频率不宜小于3Hz，竖向振动加速度峰值不应大于表 3.5.7 的限值。楼盖结构竖向振动加速度可按现行行业标准《高层建筑混凝土结构技术规程》JGJ 3 的有关规定计算。

表 3.5.7 楼盖竖向振动加速度限值

人员活动环境	峰值加速度限值(m/s^2)	
	竖向自振频率不大于2Hz	竖向自振频率不小于4Hz
住宅、办公	0.07	0.05
商场及室内连廊	0.22	0.15

注：楼盖结构竖向频率为 2Hz～4Hz 时，峰值加速度限值可按线性插值选取。

《建筑楼盖结构振动舒适度技术标准》JGJ/T 441—2019 中第 4.2.1 条规定：

4.2.1 以行走激励为主的楼盖结构，第一阶竖向自振频率不宜低于3Hz，竖向振动峰值加速度不应大于表 4.2.1 规定的限值。

表 4.2.1 竖向振动峰值加速度限值

楼盖使用类别	峰值加速度限值(m/s^2)
手术室	0.025
住宅、医院病房、办公室、会议室、医院门诊室、教室、宿舍、旅馆、酒店、托儿所、幼儿园	0.050
商场、餐厅、公共交通等候大厅、剧场、影院、礼堂、展览厅	0.150

其中，《建筑楼盖结构振动舒适度技术标准》JGJ/T 441—2019 适用情况更具体，取值更严格，则舒适度控制标准即为第一阶竖向自振频率不低于3Hz，竖向振动峰值加速度不超 $0.15m/s^2$。

2. 舒适度分析模型处理

本工程两层服务用房均存在大跨，2 层楼盖最大跨度 24.8m，3 层楼盖最大跨度，且存在与 2 层最大跨位置相同的布置，故仅对 3 层进行模态分析及人行荷载激励下的竖向加速度分析。

采用 MIDAS Gen 程序进行分析，考虑成人步距在 0.8～1.0m 之间，应用程序的自动网格划分功能，按步距对楼板划分网格。考虑自振频率最大位置通常出现在大跨区域，为提高计算效率，仅在几个跨度明显较大区域及相邻板块儿进行网格划分，结构模型如图3.4-16所示。

图 3.4-16　用于舒适度分析的楼盖模型

本工程楼盖为钢-混凝土组合楼盖，按照《建筑楼盖结构振动舒适度技术标准》JGJ/T 441—2019 中第 3.1.3 条规定，模型中混凝土弹性模量按《混凝土结构设计规范》GB 50010—2010 规定数值放大 1.35 倍。阻尼比根据《建筑楼盖结构振动舒适度技术标准》JGJ/T 441—2019 中第 5.3.2 条规定取值 0.02。

《建筑振动荷载标准》GB/T 51228—2017 中第 12.1.1 条指明对于行走和有节奏运动激励为主的公共场所楼盖，可仅计入竖向振动荷载（自重＋荷载）。荷载组合形式参考《建筑楼盖结构振动舒适度技术标准》JGJ/T 441—2019 中第 3.2.5 条规定，即 $F_c=G_k+Q_q$，其中 G_k 为永久荷载标准值，Q_q 为有效均布活荷载，按第 3.2.3 条规定，取值 $0.5kN/m^2$。

3. 模态分析

采用 MIDAS Gen 程序进行特征值分析（质量方向为竖向），振型数量满足有效质量参与系数 90%。结构前 10 阶竖向自振频率如表 3.4-9 所示。

楼盖竖向自振频率　　　　　　　　　　　　　　　表 3.4-9

模态号	频率（Hz）	周期（s）
1	3.3523	0.2983
2	3.5165	0.2844
3	3.5308	0.2832
4	3.9814	0.2512
5	4.2730	0.2340
6	4.3085	0.2321
7	4.3663	0.2290
8	4.3827	0.2282
9	4.4933	0.2226
10	4.4945	0.2225

一阶竖向自振频率大于 3Hz，满足竖向自振频率控制要求。图 3.4-17～图 3.4-19 为 3 层楼盖前三阶竖向自振模态。

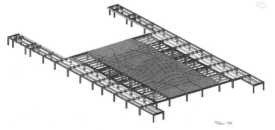

图 3.4-17　3 层楼盖第 1 阶自振模态（3.3523Hz）

图 3.4-18　3 层楼盖第 2 阶自振模态（3.5165Hz）

4. 加速度分析

根据《建筑振动荷载标准》GB/T 51228—2017 中第 12.1.2 条添加人群行走的竖向振动荷载。人群荷载函数如下：

12.1.2 人群自由行走的竖向振动荷载，宜按下式计算：

$$F_v(t) = \sqrt{n} \sum_{i=1}^{k} \alpha_i Q \sin(2\pi i f t - \phi_i)$$

(12.1.2)

图 3.4-19 3 层楼盖第 3 阶自振模态 (3.5308Hz)

式中：$F_v(t)$——人群自由行走的竖向振动荷载（N）；

　　α_i——第 i 阶振动荷载频率的动力因子，宜按表 12.1.2 取值；

　　Q——单人的重量（N），可取 600；

　　f——振动荷载频率（Hz），宜按表 12.1.2 取值；

　　ϕ_i——第 i 阶振动荷载频率的初始相位角，宜按表 12.1.2 取值；

　　k——所考虑的振动荷载频率阶数；

　　t——时间（s）；

　　n——人群的总人数。

在 MIDAS Gen 中定义人群自由行走荷载，如图 3.4-20 所示。

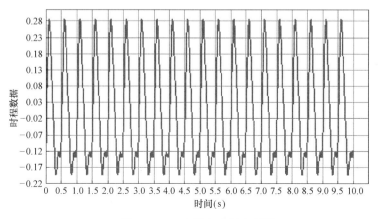

图 3.4-20 人群自由行走荷载

节点动力荷载施加在第一模态最不利位置，结构自振第一模态最不利位置处于井字梁划分的诸多板格中部位置。此处建筑功能为会议厅，考虑极不利工况，对井字梁大跨区域中部施加人群自由行走荷载，每个网格节点均施加图3.4-20所示的人群行走荷载，荷载施加位置如图3.4-21所示。

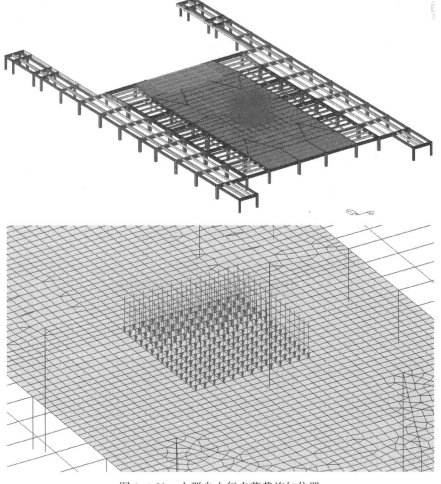

图3.4-21　人群自由行走荷载施加位置

计算得出，楼板最大竖向加速度为 $a_p = 0.12\mathrm{m/s^2}$，小于限值 $0.15\mathrm{m/s^2}$。

根据以上分析，楼盖大跨度区域固有频率满足规范不小于3Hz的要求，同时人行荷载激励下的楼板竖向振动加速度满足规范要求，结构具有良好的使用条件，满足舒适度要求。

3.4.6　压力分散型半埋入半外包刚接柱脚

钢结构柱脚节点形式多样，《钢结构设计标准》GB 50017—2017根据柱脚位置分为外露式、外包式、埋入式、插入式四种，在实际使用过程中，四种柱脚均存在一定的局限性，外包式柱脚外包段较高，基础埋深相应较大，基础影响范围大，基槽挖方量大；埋入式柱脚埋入深度较大，基础厚度较大，基础工程量大。

本创新设计采取钢柱一部分埋入基础一部分外包，基本形式如图 3.4-22 所示。大型展会类建筑钢结构柱脚的做法多与基础管沟相结合，当柱脚无法避让管沟时必须下降基础高度，无法做埋入式柱脚。当柱脚与管沟结合设计时，管沟的深度小于规范规定的外包式柱脚最小外包高度。基于此现实情况，采取一种折中方案，外包高度采用管沟深度，柱脚埋入承台一部分，同时在柱顶、承台顶、柱底辅以诸如加劲板等加劲措施，形成一种新的柱脚形式，即压力分散型半埋入半外包刚接柱脚（图 3.4-23）。

本创新设计已在国家会展中心（天津）、长春东北亚博览中心等工程中得到应用，并获得国家专利（专利号 ZL 202220118337.2）。

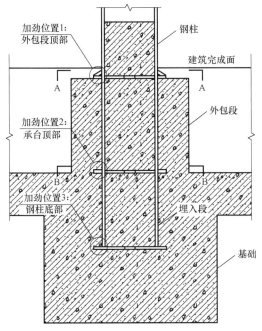

图 3.4-22　压力分散型半埋入半
外包刚接柱脚构造简图

图 3.4-23　压力分散型半埋入半
外包刚接柱脚现场安装

3.4.7　大跨空间结构关键节点设计研究

钢结构节点是体现建筑美感的重要元素，节点外露是建筑表达的需求，同时节点也是结构受力的重要部位。因此要实现二者的和谐统一。本项目除常规节点外，研发应用了铸钢节点、销轴、成品球铰支座等不同类型的节点形式，在满足计算假定和安全可靠的前提下，充分考虑了建筑美学的需求，形成了会展建筑独特的风格。

1. 薄壁空腔十字柱柱底节点

A、B 类树形柱柱底节点分别在 ANSYS 中建模，节点模型如图 3.4-24、图 3.4-25 所示。加劲肋考虑在模型中。

计算分析时，在柱上端加载，分别施加静力、小震组合下的最不利组合。

在静力组合控制内力作用下，A、B 两类树形柱柱底节点应力分布如图 3.4-26、图 3.4-27 所示。可以看出，节点最大应力为 243.7MPa，节点全部处于弹性工作状态。

图 3.4-24　A 类树形柱柱底节点有限元模型

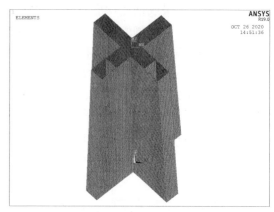

图 3.4-25　B 类树形柱柱底节点有限元模型

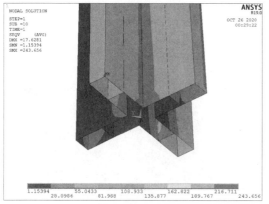

图 3.4-26　A 类树形柱柱底节点
静力组合下应力分布

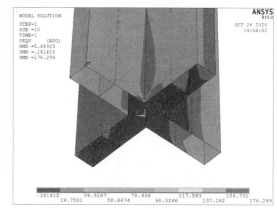

图 3.4-27　B 类树形柱柱底节点
静力组合下应力分布

在小震组合控制内力作用下，A、B 两类树形柱柱底节点应力分布如图 3.4-28、图 3.4-29 所示。可以看出，节点最大应力为 228.6MPa，节点全部处于弹性工作状态。

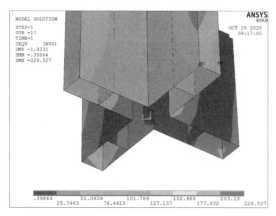

图 3.4-28　A 类树形柱柱底节点
小震组合下应力分布

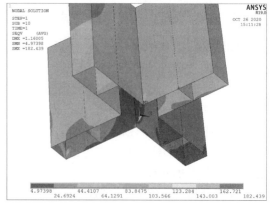

图 3.4-29　B 类树形柱柱底节点
小震组合下应力分布

2. 薄壁空腔十字柱一级分权节点

以国家会展中心（天津）中央大厅为例，树形柱单元采用各种斜撑形成了稳定的结构体系，整个树形柱的薄弱环节出现在柱顶与树冠连接处，有必要对该连接位置进行有限元分析，以保证其安全性。根据设计计算，A 类柱承载能力起控制作用，本节针对 A 类柱柱顶节点进行有限元分析，以保证其安全性。节点采用 ANSYS 建模型，节点模型如图 3.4-30 所示。加劲肋考虑在模型中。

计算分析时在下层分权顶点进行加载，节点控制内力见表 3.4-10。

节点控制内力（整体坐标系） 表 3.4-10

控制工况	作用点	F_X （kN）	F_Y （kN）	F_Z （kN）	M_1 （kN·m）	M_2 （kN·m）	M_3 （kN·m）
Z14	583	2111.6	2071.7	−4052.2	568.1	−458.9	13.7
	584	−1979.3	1916.6	−3656.1	439.4	275.1	−22.1
	591	1276.5	−1339.8	−2045.0	326.6	165.9	23.1
	592	−1102.5	−1142.4	−1582.4	458.9	−351.8	−14.7

在 1 倍节点控制内力作用于节点 4 个分支时，节点应力分布如图 3.4-31 所示。可以看出，在 1 倍节点控制内力作用下，节点最大应力为 280.4MPa，最大应力出现在下部分权与树形十字柱的交汇处。1 倍节点控制内力作用于节点时，节点全部处于弹性工作状态。

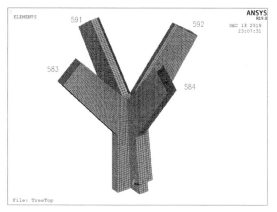

图 3.4-30 薄壁空腔十字柱一级分权节点模型

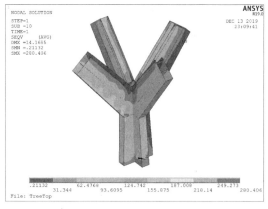

图 3.4-31 一级分权节点 1 倍控制内力应力分布

在 1.6 倍节点控制内力作用于节点时，节点应力分布见图 3.4-32。节点最大应力为 347.9MPa，位于 583 分支下部翼缘位置。节点区受力较好，基本处于弹性工作状态，还具有继续承载的能力。

3. 薄壁空腔十字柱二级分权节点

树形柱下层分权顶部连接杆件较多，该节点连接有下层分权、上层角分权、上层中分权（2 根）、内分权、分权拉杆 1（2 根），节点模型如图 3.4-33 所示，加劲肋考虑在模型中。

计算分析时在各杆端进行加载，控制内力为 Z14 工况，节点控制内力见表 3.4-11。

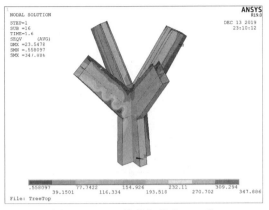

图 3.4-32　一级分权节点 1.6 倍
控制内力应力分布

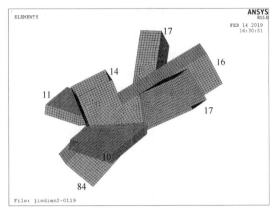

图 3.4-33　薄壁空腔十字柱二级
分权节点有限元模型

节点控制内力（整体坐标系）　　　　　　　　　表 3.4-11

控制工况	作用点	F_X (kN)	F_Y (kN)	F_Z (kN)	M_1 (kN·m)	M_2 (kN·m)	M_3 (kN·m)	备注
Z14	842	2013.8	−1976.8	3836.9	−16.3	0.5	−35.8	有限元模型固端
	1097	−259.3	0.0	9.8	−1.1	−20.8	0.0	分权拉杆 1
	1106	0.0	120.6	6.9	−6.3	−5.3	0.0	分权拉杆 1
	1482	234.7	−241.4	−790.7	−95.7	−115.5	8.7	内分权
	1610	−1586.1	1584.4	−1399.6	−97.4	−102.9	4.6	上层角分权
	1754	312.7	793.2	−807.6	120.5	−74.5	−9.7	上层中分权
	1762	−715.8	−280.1	−741.3	−76.6	117.4	15.1	上层中分权

　　在 1 倍节点控制内力作用下，节点应力分布见图 3.4-34。可以看出，在 1 倍节点控制内力作用下，节点最大应力为 336.5MPa，最大应力出现在下层分权与分权拉杆 1 的交汇处。该工况下，节点全部处于弹性工作状态。

　　在 1.6 倍节点控制内力作用于节点时，节点应力分布见图 3.4-35。节点最大应力为 359.5MPa，位于下层分权杆件位置。节点区受力较好，仅局部进入塑性，基本处于弹性工作状态，还具有继续承载的能力。

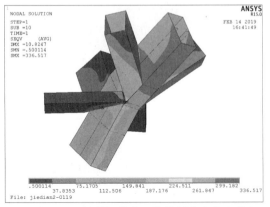

图 3.4-34　二级分权节点 1 倍控制内力应力分布

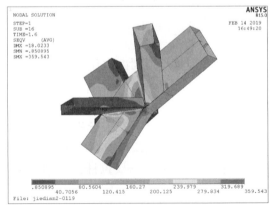

图 3.4-35　二级分权节点 1.6 倍控制内力应力分布

4. 薄壁空腔边梁中部节点

树形柱边梁中部，连接有上层中分权杆件、屋面梁、屋面连接梁，节点模型如图3.4-36所示。

计算分析时在图3.4-36中1、2、3、4点进行加载，分别施加静力、小震组合下的最不利组合，在5、6点施加约束。

在静力组合控制内力作用下，边梁中部节点应力分布如图3.4-37所示。可以看出，节点最大应力为256.0MPa，最大应力出现在上层中分权杆件与屋面梁的交汇处，节点全部处于弹性工作状态。

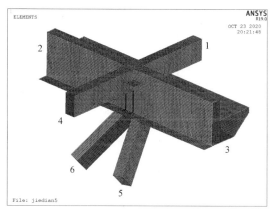

图3.4-36 薄壁空腔边梁
中部节点有限元模型

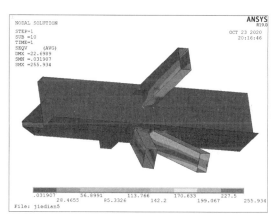

图3.4-37 薄壁空腔边梁中部节点
静力组合下应力分布

在小震组合控制内力作用下，边梁中部节点应力分布如图3.4-38所示。可以看出，节点最大应力为320.0MPa，最大应力出现在上层中分权杆件与屋面梁的交汇处，节点全部处于弹性工作状态。

5. 薄壁空腔边梁角部节点

树形柱边梁角部节点连接杆件较多，该边梁连接有上层角分权、屋面连接梁、屋面拉杆，节点模型如图3.4-39所示。

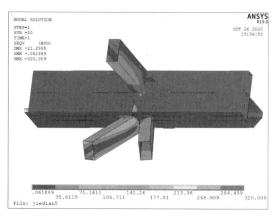

图3.4-38 薄壁空腔边梁中部
节点小震组合下应力分布

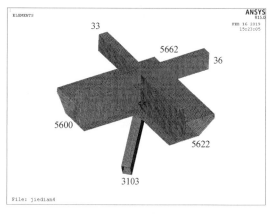

图3.4-39 薄壁空腔边梁
角部节点有限元模型

计算分析时在各杆端进行加载，控制内力为 Z13 工况，加载点控制内力见表 3.4-12。

节点控制内力（整体坐标系）　　　　　　表 3.4-12

控制工况	作用点	F_X (kN)	F_Y (kN)	F_Z (kN)	M_1 (kN·m)	M_2 (kN·m)	M_3 (kN·m)	备注
Z13	33	−322.6	−4.1	18.1	3.1	−52.5	−3.0	屋面梁
	36	6.3	12.9	331.7	227.8	6.7	−7.1	屋面梁
	3103	−54.3	44.8	48.8	−191.7	−159.6	−7.0	上层角分权
	5550	0.0	0.0	1.2	0.0	0.0	0.0	拉杆
	5600	−15.5	−89.3	−28.2	−1390.4	236.0	81.5	边梁（节点有限元模型约束端）
	5622	388.0	33.7	−99.1	246.9	−388.1	−99.2	边梁
	5662	0.0	0.0	0.8	0.0	0.0	0.0	拉杆

在 1 倍节点控制内力作用下，节点应力分布如图 3.4-40 所示。可以看出，节点最大应力为 250MPa，最大应力出现在屋面连接梁下翼缘处。该工况下，节点应力平均为 100MPa 左右，节点全部处于弹性工作状态。

在 1.6 倍节点控制内力作用于节点时，节点应力分布如图 3.4-41 所示。节点最大应力为 347MPa，最大应力出现在屋面连接梁下翼缘局部位置处。节点区受力较好，仅局部进入塑性，基本处于弹性工作状态，还具有继续承载的能力。

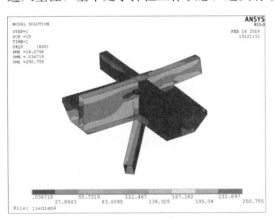

图 3.4-40　薄壁空腔边梁角部节点
1 倍控制内力应力分布

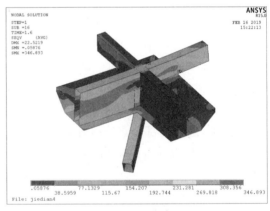

图 3.4-41　薄壁空腔边梁角部节点
1.6 倍控制内力应力分布

6. A 类人字柱柱顶节点

取部分节点区构件采用 ANSYS 建立实体模型，加载点位置如图 3.4-42 所示，各加载点反力见表 3.4-13。

A 类人字柱柱顶节点加载点反力　　　　　　表 3.4-13

位置编号	F_x(kN)	F_y(kN)	F_z(kN)	M_x(kN·m)	M_y(kN·m)	M_z(kN·m)
1	73	18	218	−34	−517	−33
2	−71	−1	−90	8	465	7

位置编号	$F_x(kN)$	$F_y(kN)$	$F_z(kN)$	$M_x(kN \cdot m)$	$M_y(kN \cdot m)$	$M_z(kN \cdot m)$
3	69	−15	217	34	−517	27
4	−71	1	−90	−8	465	−9
5	1428	−7	59	−23	−299	25
6	14	6	−55	−17	261	40
7	1420	8	59	23	−300	−29
8	13	−6	−56	17	262	−44
9	−1479	−986	−1367	0	0	0
10	65	−43	−60	0	0	0
11	−1471	981	−1360	0	0	0
12	65	43	−60	0	0	0

节点分析时考虑了几何非线性与材料非线性，图 3.4-43 为节点设计荷载的应力图，除应力集中点外，其他板件最大应力约 140MPa，应力集中点最大应力 346MPa。为研究节点的极限承载力，对节点进行了 1.6 倍设计荷载（约 2 倍标准荷载）下的分析。分析表明节点局部进入塑性，但仍保持了较好的承载能力，节点承载能力冗余度较高。图 3.4-44 为节点 1.6 倍设计荷载的应力图，最大应力 368MPa。

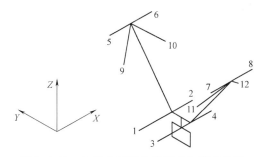

图 3.4-42 A 类人字柱柱顶节点加载点位置

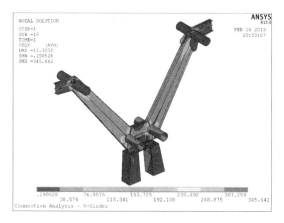

图 3.4-43 A 类人字柱柱顶节点
设计荷载的应力图

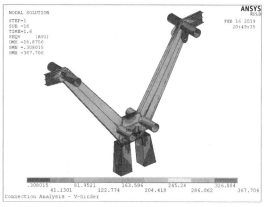

图 3.4-44 A 类人字柱柱顶节点
1.6 倍设计荷载的应力图

7. B 类人字柱柱顶节点

取部分节点区构件采用 ANSYS 建立实体模型，加载点位置如图 3.4-45 所示，各加载点反力见表 3.4-14。

B 类人字柱柱顶节点加载点反力   表 3.4-14

位置编号	F_x(kN)	F_y(kN)	F_z(kN)	M_x(kN·m)	M_y(kN·m)	M_z(kN·m)
1	6161	−1	61	−5	−893	38
2	−6642	−42	−356	53	963	−98
3	6159	1	61	6	−894	−42
4	−6636	39	−357	−51	963	92
5	−6873	0	25	0	−394	12
6	4227	−6	−20	23	450	−28
7	−6858	0	25	0	−395	−16
8	4220	5	−20	−23	451	24
9	0	0	0	0	0	0
10	2389	−1593	−2209	0	0	0
11	0	0	0	0	0	0
12	2383	1588	−2202	0	0	0
13	423	0	444	0	0	0

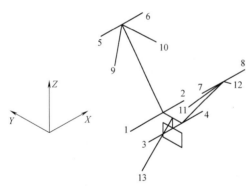

图 3.4-45　B 类人字柱柱顶节点加载点位置

节点分析时考虑了几何非线性与材料非线性，图 3.4-46 为节点设计荷载的应力图，除应力集中点外，其他板件最大应力约 170MPa，应力集中点最大应力 353MPa，节点基本保持弹性状态。为研究节点的极限承载力，对节点进行了 1.6 倍设计荷载（约 2 倍标准荷载）下的分析。分析表明节点局部进入塑性，但仍保持了较好的承载能力，节点承载能力冗余度较高。图 3.4-47 为节点 1.6 倍设计荷载的应力图，最大应力 384MPa。

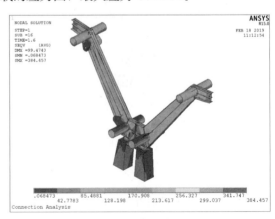

图 3.4-46　B 类人字柱柱顶节点　　　　　图 3.4-47　B 类人字柱柱顶节点
设计荷载的应力图　　　　　　　　　1.6 倍设计荷载的应力图

8. V形梁倾斜腹杆与上弦杆间连接节点

取部分节点区构件采用 ANSYS 建立实体模型如图 3.4-48 所示，各加载点反力见表 3.4-15。

V形梁倾斜腹杆与上弦杆间连接节点加载点反力   表 3.4-15

位置编号	单元	节点	F_1(kN)	F_2(kN)	F_3(kN)	M_1(kN·m)	M_2(kN·m)	M_3(kN·m)
1	811154	3004130	−1695.75	33.25	−72.00	−16.00	110.95	−42.98
2	811136	3002130	−15.55	13.37	−52.33	5.19	−125.57	−30.49
3	3639	2900	21.20	−269.85	−108.18	−143.13	−0.04	13.78
4	820326	2005110	1724.75	−1135.46	−1576.43	0.00	0.00	0.00
5	820002	2001110	−6.17	−4.07	−1.06	0.00	0.00	0.00
6	3020001	3005170	0.0	0.00	0.58	0.00	0.00	0.00
7	5203	3001140	−46.12	23.06	0.38	0.00	0.00	0.00
8	819	655	17.65	1513.07	1912.73	−14.88	−5.52	3.97

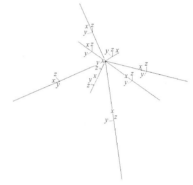

图 3.4-48 V形梁倾斜腹杆与上弦杆间连接节点实体模型及加载示意图

节点分析时考虑了几何非线性与材料非线性，图 3.4-49 为节点设计荷载的应力图，除应力集中点外，其他板件最大应力约 200MPa，应力集中点最大应力 322MPa。为研究节点的极限承载力，对节点进行了 1.6 倍设计荷载（约 2 倍标准荷载）下的分析。分析表明节点局部进入塑性，最大应力出现在与耳板相连的纵向加劲板处，但节点整体仍保持了较好的承载能力，节点承载能力冗余度较高。图 3.4-50 为 1.6 倍设计荷载的应力图。

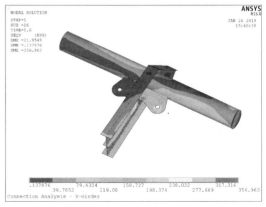

图 3.4-49 V形梁倾斜腹杆与上弦杆间连接节点设计荷载的应力图

图 3.4-50 V形梁倾斜腹杆与上弦杆间连接节点 1.6 倍设计荷载的应力图

9. A 类人字柱柱脚节点

A 类人字柱柱脚简图如图 3.4-51 所示，节点如图 3.4-52 所示。

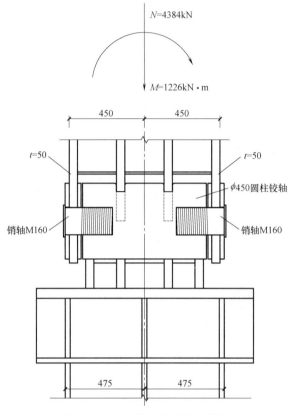

图 3.4-51　A 类人字柱柱脚简图

图 3.4-52　展厅 A 类
柱脚铸钢节点

$N=4384\text{kN}$；$M=1226\text{kN}\cdot\text{m}$

对于 M160 销轴：

$N_{\max}=4384/4+1226/0.85=2538\text{kN}$

$160\times50\times400=3200\text{kN}>2538\text{kN}$ 满足要求；

$3.14\times160\times160/4\times250=5024\text{kN}>2538\text{kN}$ 满足要求；

对于 $t=50+25+25=100\text{mm}$ 耳板：

$N_{\max}=4384/4+1226/0.85=2538\text{kN}$

$b_1=\min(2\times100+16,\ 225-82-82/3)=115\text{mm}$

$2\times100\times115\times290=6670\text{kN}>2538\text{kN}$，满足要求；

$Z=(225\times225-82\times82)1/2=209\text{mm}$

$2\times100\times209\times170=7106\text{kN}>2538\text{kN}$，满足要求。

10. B 类人字柱柱脚节点

B 类人字柱柱脚简图如图 3.4-53 所示，节点如图 3.4-54 所示。

柱脚转换构件截面：□（685～800）×900×35

以□685×900×35 为计算截面，截面特性：

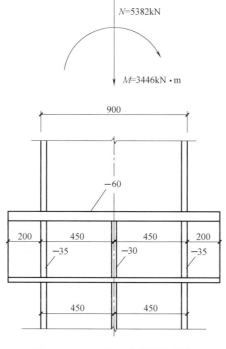

图 3.4-53 B类人字柱柱脚简图

$A = 1060.5 \text{cm}^2$，$I_x = 1230966.6 \text{cm}^4$，$W_x = 27354.8 \text{cm}^3$，$i_x = 34.07 \text{cm}$，$I_y = 801768.8 \text{cm}^4$，$W_y = 23409.3 \text{cm}^3$，$i_y = 27.5 \text{cm}$，$N = 5382 \text{kN}$，$M_x = 3446 \text{kN} \cdot \text{m}$，$M_y = 545 \text{kN} \cdot \text{m}$

根据《钢结构设计标准》GB 50017—2017 式（8.1.1-1）：

$\sigma = N/A_n + M_y/(\gamma_y W_{ny}) + M_z/(\gamma_z W_{nz}) = 192.9 \leqslant f = 295$，满足规范要求。

图 3.4-54 展厅B类柱脚铸钢节点

11. 树状柱分枝铸钢节点

树状结构的分枝节点，为追求美观、简洁的视觉效果，往往采用铸钢节点，以杭州大会展中心中廊树状结构为例，说明复杂连接铸钢节点的计算要点。

1）计算条件

（1）铸钢件材质

说明：本铸钢件材质采用牌号为 G20Mn5QT（调质）的铸钢钢种。

其化学成分与力学性能应符合表 3.4-16 规定。

铸钢件化学成分 表 3.4-16

材质	化学成分（%）					残余元素（%）
	C	Si	Mn	P	S	Ni
G20Mn5	0.17~0.23	≤0.6	1.0~1.6	≤0.02	≤0.02	≤0.8

经调质热处理后，铸钢件的力学性能应达到表 3.4-17 要求。

铸钢件热处理后力学性能   表 3.4-17

铸钢钢种		室温下			冲击功值	
牌号	材料号	屈服强度 $R_{p0.2}$(MPa)	抗拉强度 R_m (MPa)	伸长率 A(%)	温度(℃)	冲击功 J
G20Mn5QT	1.6220	300	500～650	≥22	室温－40℃	≥6027

材料屈服准则为 Von Mises 准则。材料弹性模量 $E=2.06\times10^5\,N/mm^2$，切线模量取 $6100N/mm^2$，泊松比 $\mu=0.3$，根据《铸钢节点应用技术规程》CECS 235—2008 规定，G20Mn5QT 设计强度 235MPa，屈服强度取 300MPa，进入弹塑性阶段后，采用各向同性随动强化本构关系，材料应力-应变关系曲线如图 3.4-55 所示。

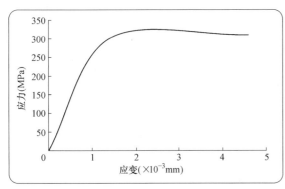

图 3.4-55　材料 G20Mn5QT 的应力-应变关系曲线

当计算出所得的应力值在设计值 235MPa 范围以内时，取图 3.4-55 中的斜直线，即弹性阶段，此时按规范《铸钢节点应用技术规程》CECS 235—2008 中的第 4.2.4 条判断；当应力值超过设计值时，按弹塑性来分析，以荷载-位移曲线所得的极限承载力不小于设计值的 3 倍进行判断，即按《铸铸钢节点应用技术规程》CECS 235—2008 中第 4.2.5 条。

（2）计算简图

节点计算简图如图 3.4-56 所示。

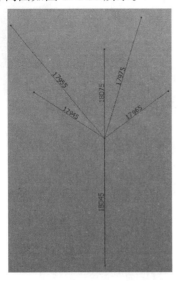

图 3.4-56　节点计算简图

（3）网格划分

分析软件采用大型通用有限元分析程序 ABAQUS。划分实体采用单元 C3D4：四节点线性四面体单元。分析时采用的单位制为：N，mm。网格划分如图 3.4-57 所示，采用 ABAQUS 的自由网格划分技术，根据计算模型的实际外形自动地决定网格划分的疏密。

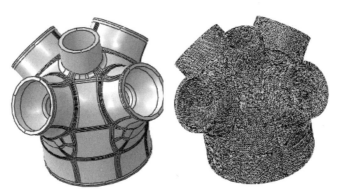

图 3.4-57　网格划分

（4）边界条件

模型边界条件如图 3.4-58 所示。

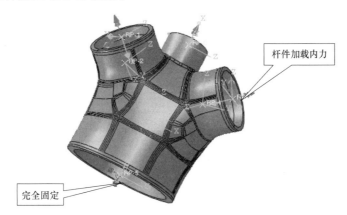

图 3.4-58　模型边界条件

（5）杆件内力

不同工况下杆件内力计算结果如图 3.4-59 所示。

2）计算结果（取应力大的工况验算极限承载）

（1）工况组合一验算结果

图 3.4-60、图 3.4-61 及图 3.4-62 分别为工况组合一条件下的节点应力分布、位移云图与荷载-位移曲线（选择位移最大节点绘制）。

由计算结果可知：

在设计荷载作用下，铸钢件最大应力为 83.9MPa；在加载了 10 倍荷载情况下仍能继续承载，铸钢件的极限承载力大于 10 倍。

（2）工况组合二验算结果

图 3.4-63、图 3.4-64 及图 3.4-65 分别为工况组合二条件下的节点应力分布、位移云图与荷载-位移曲线（选择位移最大节点绘制）。

	单元	荷载	位置	轴向(kN)	剪力y(kN)	剪力z(kN)	扭矩(kN·m)	弯矩y(kN·m)	弯矩z(kN·m)
工况一	17945	sLCB235	J[9307]	-1255.91	-25.58	98.51	-59.18	-958.96	341.86
	17955	sLCB235	J[9307]	-1237.27	13.87	58.39	-59.07	-444.41	-244.61
	17965	sLCB235	J[9307]	-1545.03	11.04	28.92	223.77	-52.34	139.92
	17975	sLCB235	J[9307]	-1254.94	15.42	21.34	-45.02	126.49	-254.63
	18045	sLCB235	J[9307]	-4594.22	-140.06	190.54	5.97	-2005.3	515.88
	18075	sLCB235	J[9307]	-1330.73	3.88	-39.6	-0.42	-305.5	44.69
工况二	17945	sLCB243	J[9307]	-1239.16	-19.87	103.5	-80.77	-1025.54	265.55
	17955	sLCB243	J[9307]	-1096.35	15.88	52.26	-72.82	-336.24	-280.14
	17965	sLCB243	J[9307]	-1506.87	-14.47	40.26	231.88	-196.08	183.5
	17975	sLCB243	J[9307]	-1134.23	12.4	14.84	-31.6	233.76	-204.76
	18045	sLCB243	J[9307]	-4353.95	-237.63	172.27	19.68	-1925.56	1035.32
	18075	sLCB243	J[9307]	-1281.27	14.91	-38.13	-0.51	-293.86	121.31
工况三	17945	sLCB244	J[9307]	-1236.85	-16.2	94.2	-93	-901.3	216.49
	17955	sLCB244	J[9307]	-1176.57	12.97	48.56	-56.71	-270.96	-228.77
	17965	sLCB244	J[9307]	-1459.61	-9.11	46.12	207.55	-270.36	115.46
	17975	sLCB244	J[9307]	-1165.5	8.22	18.41	-18.95	174.87	-135.75
	18045	sLCB244	J[9307]	-4371.31	-134.64	253.51	23.34	-1491.29	1010.78
	18075	sLCB244	J[9307]	-1260.55	14.42	-27.75	-0.7	-221.15	117.66
工况四	17945	sLCB245	J[9307]	-923.67	-49.85	49.28	86.1	-300.97	666.27
	17955	sLCB245	J[9307]	-1622.53	-1.92	88.22	37.7	-970.44	33.85
	17965	sLCB245	J[9307]	-1251.62	11.75	-35.82	105.19	768.54	-149.02
	17975	sLCB245	J[9307]	-1516.15	28.03	63.1	-108.45	-563.01	-462.73
	18045	sLCB245	J[9307]	-4465.13	450.52	216.87	-70.37	-1860.07	-2654.72
	18075	sLCB245	J[9307]	-1174.95	-60.09	-36.13	0.46	-278.56	-406.43
工况五	17945	sLCB246	J[9307]	-921.35	-46.18	39.98	73.88	-176.73	617.21
	17955	sLCB246	J[9307]	-1702.76	-4.83	84.52	53.82	-905.16	85.21
	17965	sLCB246	J[9307]	-1204.36	17.12	-29.96	80.86	694.26	-217.06
	17975	sLCB246	J[9307]	-1547.42	23.85	66.67	-95.8	-621.89	-393.71
	18045	sLCB246	J[9307]	-4482.49	553.52	298.11	-66.71	-1425.8	-2679.26
	18075	sLCB246	I[9307]	-1154.23	-60.58	-25.75	0.27	-205.85	-410.08

图 3.4-59　不同工况下杆件内力计算结果

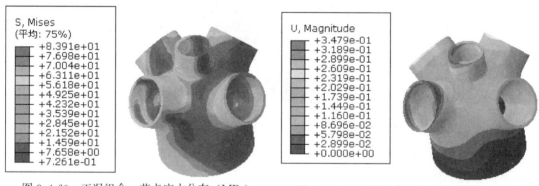

图 3.4-60　工况组合一节点应力分布（MPa）　　　图 3.4-61　工况组合一节点位移云图（mm）

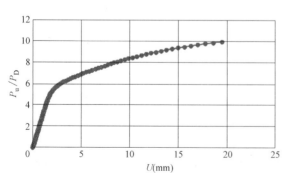

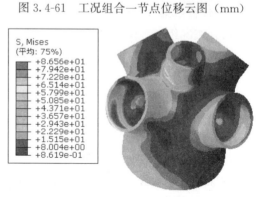

图 3.4-62　工况组合一节点荷载-位移曲线　　　图 3.4-63　工况组合二节点应力分布（MPa）

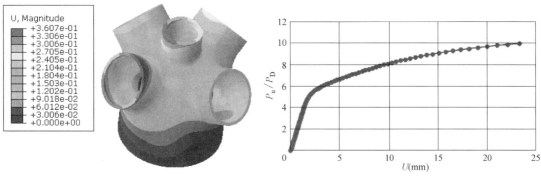

图 3.4-64　工况组合二节点位移云图（mm）　　　图 3.4-65　工况组合二节点荷载-位移曲线

由计算结果可知：

在设计荷载作用下，铸钢件最大应力为 86.6MPa；铸钢件在加载了 10 倍荷载情况下仍能继续承载，铸钢件的极限承载力大于 10 倍。

（3）工况组合三验算结果

图 3.4-66、图 3.4-67 及图 3.4-68 分别为工况组合三条件下的节点应力分布、位移云图与荷载-位移曲线（选择位移最大节点绘制）。

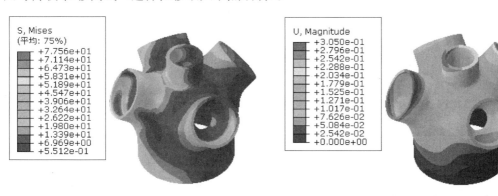

图 3.4-66　工况组合三节点应力分布（MPa）　　　图 3.4-67　工况组合三节点位移云图（MPa）

由计算结果可知：

在设计荷载作用下，铸钢件最大应力为 77.6MPa；在加载了 10 倍荷载情况下仍能继续承载，铸钢件的极限承载力大于 10 倍。

（4）工况组合四验算结果

图 3.4-69、图 3.4-70 及图 3.4-71 分别为工况组合四条件下的节点应力分布、节点位移云图与节点荷载-位移曲线（选择位移最大节点绘制）。

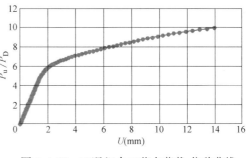

图 3.4-68　工况组合三节点荷载-位移曲线

由计算结果可知：

在设计荷载作用下，铸钢件最大应力为 111.4MPa；在 10 倍荷载设计值作用下，在 6.9 倍时刚度首次减小为初始刚度的 10%，认为达到其极限承载力。

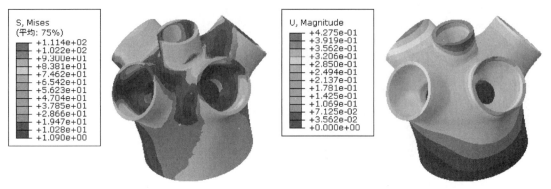

图 3.4-69　工况组合四节点应力分布（MPa）　　　　图 3.4-70　工况组合四节点位移云图（mm）

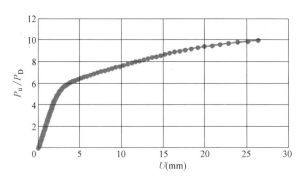

图 3.4-71　工况组合四节点荷载-位移曲线

（5）工况组合五验算结果

图 3.4-72、图 3.4-73 及图 3.4-74 分别为工况组合五条件下的节点应力分布、位移云图与荷载-位移曲线（选择位移最大节点绘制）。

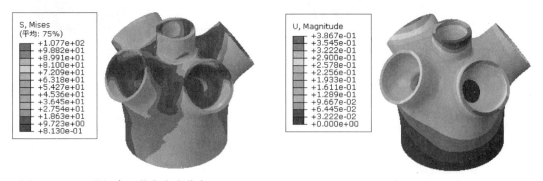

图 3.4-72　工况组合五节点应力分布（MPa）　　　　图 3.4-73　工况组合五节点位移云图（mm）

由计算结果可知：

在设计荷载作用下，铸钢件最大应力为 107.7MPa；在加载了 10 倍荷载情况下仍能继续承载，铸钢件的极限承载力大于 10 倍。

3）结论

根据以上若干可能的控制工况的实体有限元计算结果分析，在给定的外荷载作用下，铸钢节点整体处于线弹性状态，符合《钢结构设计标准》GB 50017—2017 的相应规定。

综上所述，根据《铸钢节点应用技术规程》CECS 235—2008 规定，该铸钢节点的受力性能符合设计要求。

12. 张弦结构拉索一体化节点

由于张弦拱架节点存在多杆件相贯焊接于某一点的情况，节点受力复杂。为了明确连廊复杂节点的受力性能，确保连廊结构安全可靠。采用 ABAQUS 对张弦拱架中复杂的典型节点进行了有限元分析，以保证节点的

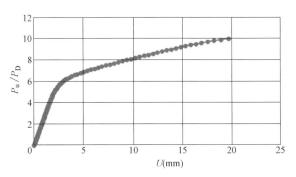

图 3.4-74　工况组合五节点荷载-位移曲线

安全可靠。节点分析完全从实际出发，加劲肋按真实情况考虑（图 3.4-75）。钢材本构选用理想弹塑性模型，弹性模量 E 取 2.1×10^5 MPa，泊松比 ν 取 0.3；钢板的屈服强度取 355MPa。

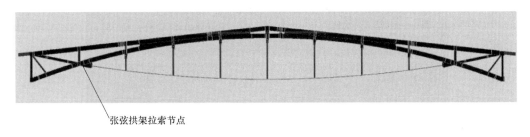

张弦拱架拉索节点

图 3.4-75　张弦拱架典型实体模型

节点选取位置为张弦拱架中高强钢索与拱架锚固处，节点三维模型见图 3.4-76，节点详图见图 3.4-77。模型采用实体单元 C3D10（10 节点二次四面体单元）；拱架弦杆左端采用固定约束，其余杆件按自由端考虑；高强钢索的拉力直接加载于节点板上；节点荷载采用由整体模型计算出的最不利荷载组合，杆件不仅考虑轴力而且考虑剪力及弯矩的影响。在最不利荷载组合作用下，节点的应力分布见图 3.4-78，除应力集中处的应力达到 244MPa，节点大部分区域的应力小于 180MPa，节点处于弹性状态，满足要求。

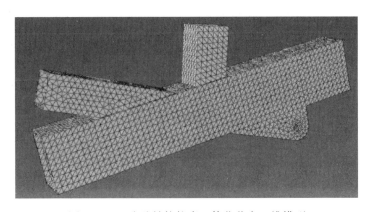

图 3.4-76　张弦结构拉索一体化节点三维模型

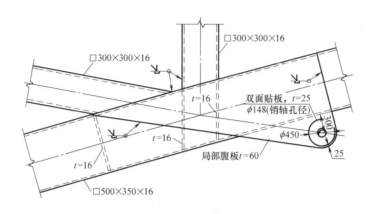

图 3.4-77 张弦结构拉索一体化节点详图

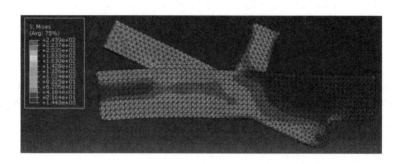

图 3.4-78 张弦结构拉索一体化节点应力分布

13. 桁架-牛腿滑移支座节点

杭州大会展中心 6 号、7 号展厅之间的屋面结构柱距为 40～64m，为避免长度超限，在 6 号、7 号展厅框架柱顶部分别设置牛腿，一端采用固定支座，一端采用滑动支座，屋面剖面图见图 3.4-79，支座节点详图见图 3.4-80。固定支座节点杆件较多，构造复杂且各杆件受力较大，故对此节点进行精细化有限元分析。模型采用实体单元 C3D10（10 节点二次四面体单元）；底板四边采用固定约束，其余杆件按自由端考虑；节点荷载采用由整体模型算出的最不利荷载组合，杆件不仅考虑轴力而且考虑剪力及弯矩的影响，网格划分如图 3.4-81 所示。在最不利荷载组合作用下，支座节点应力分布如图 3.4-82 所示，除局部应力集中外，节点大部分区域的应力小于 290MPa，可以认为支座节点基本处于弹性状态，满足要求。

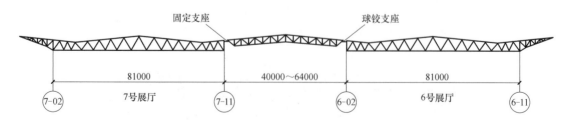

图 3.4-79 6 号、7 号展厅屋面剖面图

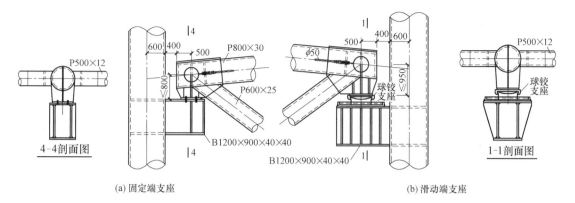

(a) 固定端支座

(b) 滑动端支座

图 3.4-80 桁架-牛腿支座节点详图

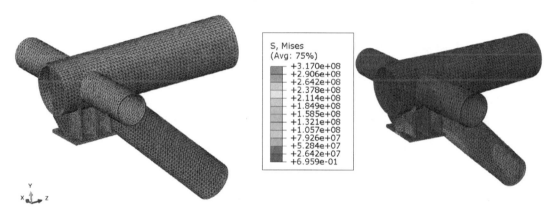

图 3.4-81 桁架-牛腿支座节点网格划分

图 3.4-82 桁架-牛腿支座节点应力分布

第**4**章

大型会展建筑施工技术

4.1 空间折线大悬挑伞形分枝钢结构施工技术

4.1.1 薄壁多腔异形组合构件加工技术

1. 薄壁多腔异形组合构件概述

1）多腔箱形伞结构柱概况

多腔箱形伞结构柱为变截面"9腔多隔板"箱形组合十字柱，外形尺寸 $H=1.4\sim$ 2.8m，高 15.4m，最大板厚为 40mm。伞结构柱截面尺寸及示意见表 4.1-1 和图 4.1-1。

伞结构柱截面尺寸　　　　　　　　　　　　　　表 4.1-1

构件	截面	材质	备注
A 类伞结构柱	焊接十字形截面 壁厚 $t=30$mm、40mm	Q355B	变截面箱形组合十字柱 $H=1400\sim2800$mm
A 类伞结构柱加劲肋	壁厚 25mm	Q355B	纵向加劲肋、横向加劲肋
B 类伞结构柱	焊接十字形截面 壁厚 $t=25$mm、35mm	Q355B	变截面箱形组合十字柱 $H=1400\sim2800$mm
B 类伞结构柱加劲肋	壁厚 20mm	Q355B	纵向加劲肋、横向加劲肋

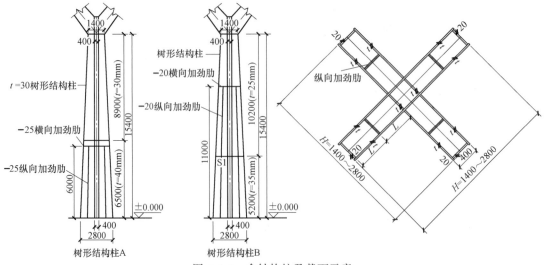

图 4.1-1　伞结构柱及截面示意

2）薄壁分权交叉节点

伞结构柱与上部空间折线分权结构之间通过一个薄壁分权交叉节点连接，该节点壁板板厚 30（25）mm，加劲肋厚 30mm，下层分权侧壁板厚 30（25）mm。顶部圈梁角部节点内部隔板多且薄，板厚 22（30）mm，加劲肋厚度为 12mm、14mm、16mm、22mm、30mm，制定合理的装配顺序，确保加工精度要求（图 4.1-2）。

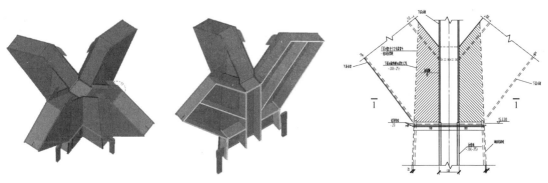

图 4.1-2　薄壁分权交叉节点及内部构造

3）顶部圈梁角部节点

伞结构的顶部圈梁角部节点为多腔组合节点，内部各板厚尺寸：柱内连接梁板厚 22（30）mm，加劲肋厚度为 12mm、14mm、16mm、22mm、30mm，角部构造柱截面尺寸为箱形 400mm×400mm×22mm，连梁外挑部分底板加厚区为 16mm，柱内连接梁翼缘加厚区为 22（30）mm。其内部隔板多且薄，组装焊接过程中的变形控制难度大，制定合理的焊接顺序控制焊接变形是本节点加工制作的难点（图 4.1-3）。

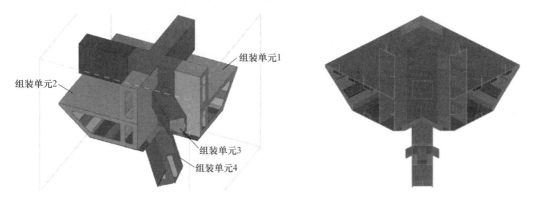

图 4.1-3　顶部圈梁角部节点及内部构造

2. 薄壁多腔异形组合构件加工制作关键技术

1）变截面多腔箱形伞结构柱分节

变截面多腔箱形组合十字柱通长 21.4m，无法满足运输要求，利用 Tekla 软件进行建模，结合确定的方案、运输对构件长度、宽度、重量的要求，将组合十字柱划分为三段，如图 4.1-4 所示。

2）变截面多腔箱形伞结构柱加工

根据结构柱"9 腔多隔板"的结构特点，传统逐一拼装的组装方式面临大量的隐蔽焊缝，

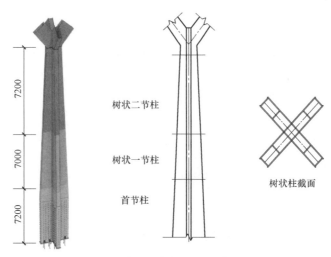

图 4.1-4 伞形结构柱分段及截面形式

空间狭小，将结构柱划分为四个组装单元，利用 BIM 技术模拟装配流程与焊接顺序，最终将组装单元整体装配，保证焊接质量，避免隐蔽焊缝（图 4.1-5）。利用 BIM 模拟加工制作流程，明确焊缝焊接顺序，详细地分析每一环节的内容与要求，保证加工质量（表 4.1-2）。

图 4.1-5 柱体剖面图

组合十字箱形柱制作装配流程 表 4.1-2

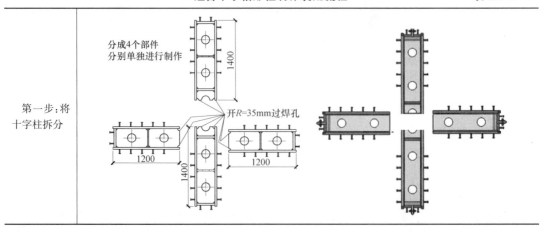

续表

	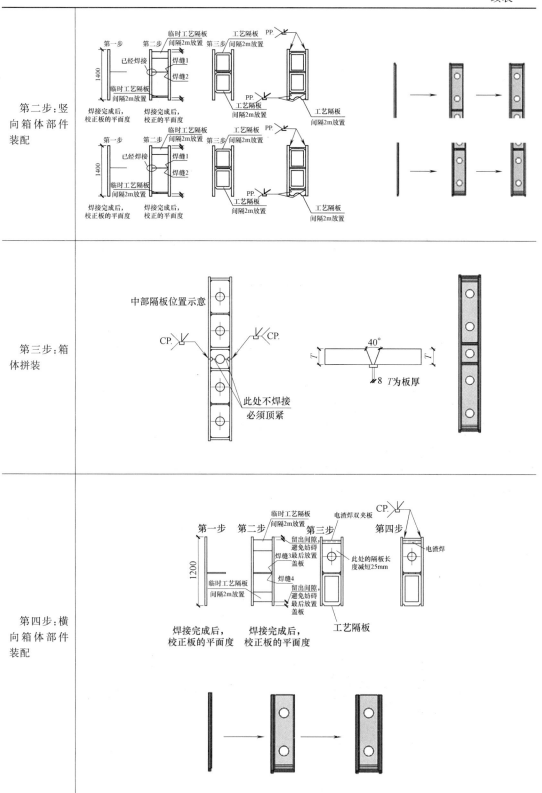
第二步:竖向箱体部件装配	
第三步:箱体拼装	
第四步:横向箱体部件装配	

续表

第五步:横向箱体与竖向箱体组焊	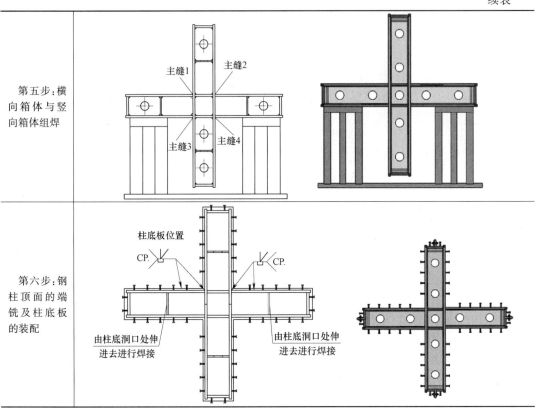
第六步:钢柱顶面的端铣及柱底板的装配	

为避免装配过程中出现较大的焊接变形，焊接过程中要时刻校正箱体的垂直度，可将槽钢每隔2m进行布置，起到临时支撑作用，并在底端增设限位挡板，以保证其稳定性；组装好的十字形箱体根部要提前开好过焊孔；对十字形箱体顶面进行端铣时，固定箱体的胎架并做好限位措施，焊接栓钉。

3）薄壁分权交叉节点及顶部圈梁角部节点加工制作

薄壁分权交叉节点与下层柱体对接焊缝等级为一级，必须制定合理的装配焊接顺序，保证节点加工精度（图4.1-6）。

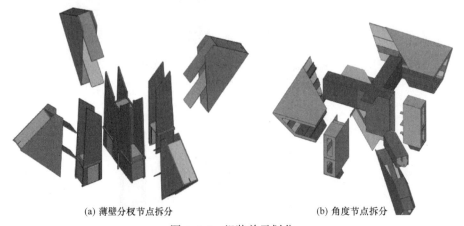

(a) 薄壁分权节点拆分　　　　(b) 角度节点拆分

图 4.1-6　组装单元划分

采用 Navisworks 软件虚拟装配技术，模拟装配过程，制定专项焊接工艺，采用小电流焊接、分段退焊、组装单元单独校正，控制焊接变形，同时通过研发的一种可调节角度及测量角度的工装来保证组合构件的拼装精度，采用三维激光扫描仪智能验收，确保加工质量（表 4.1-3、表 4.1-4）。

薄壁分权交叉节点模拟安装流程 　　　　　　　　　表 4.1-3

①安装下层分权侧壁加厚板及柱壁板加劲肋	②安装另一块下层分权侧壁加厚板

③对称安装另外两个下层分权侧壁加厚区域	④安装下方伞形结构柱封板

⑤对称安装四个下层分权的纵向加劲肋	⑥对称安装四个下层分权板

⑦对称安装下层分权的封板

顶部圈梁角部节点模拟拼装流程　　　　　　　　表 4.1-4

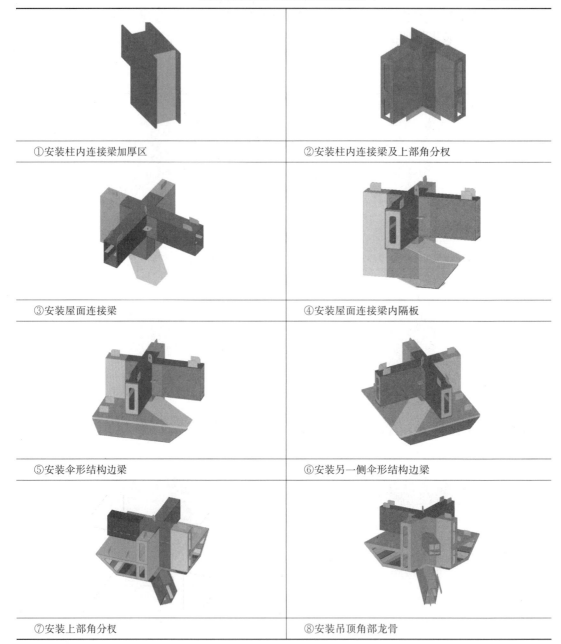

①安装柱内连接梁加厚区	②安装柱内连接梁及上部角分权
③安装屋面连接梁	④安装屋面连接梁内隔板
⑤安装伞形结构边梁	⑥安装另一侧伞形结构边梁
⑦安装上部角分权	⑧安装吊顶角部龙骨

3. 三维激光扫描仪智能验收技术

加工过程中，实际构件和模型可能存在施工误差，传统复核工作需要大量的人力和时间，而且复核结果存在人为的因素，以至于产生数据不准确及不能追溯测量位置等问题。运用三维扫描技术，发现施工现场数字模型与设计模型间的偏差，确保在施工过程中细节的可靠性和准确性，减少施工工艺、操作不当等造成的延误工程进度、材料和人工成本的浪费、安全隐患等情况发生，使设计模型更符合现场实际工况。

构件完成后架设扫描仪进行扫描，将各测站的点云数据导入 SCENE 软件，因工厂焊接完成构件整体尺寸较大，通过基于俯视图与基于云际结合的方式进行各站点数据的拼接，得到一个完整的点云数据模型，然后通过选择工具删除所扫描构件周围的施工环境与构件自身之外的支架等结构的点云数据，最终筛选出构件本身的点云数据（图 4.1-7）。

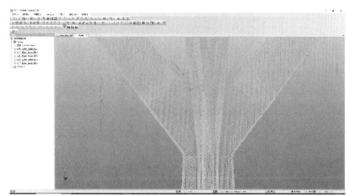

图 4.1-7　扫描数据收集

点云数据筛选完成后将构件的点云数据和标准模型一并导入分析软件 Geomagic Qualify 中进行具体的分析（图 4.1-8）。

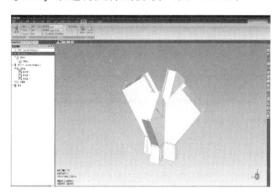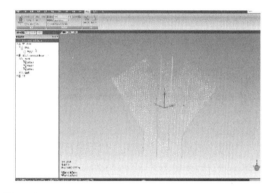

图 4.1-8　模型对比

首先，将点云数据和构件标准三维模型导入 Geomagic Qualify 软件，对两个模型进行对齐操作，对齐方法主要有最佳拟合对齐、N 点对齐、特征点对齐等，比较常用的是最佳拟合对齐，同时可以在最佳拟合对齐之后用其他方法比较对齐结果，选择对齐拟合度更高的结果用于之后的比较工作。

然后，点云与模型对齐完成就可以进行具体的分析工作，通常先进行 3D 比较，以此来对构件的加工尺寸偏差有整体的了解，在 3D 对齐步骤中对具体参数进行设置。

设置中可以选择"颜色参考""颜色测试点""颜色偏差"三种显示模式来查看 3D 对比分析结果，同时通过设置颜色段数、临界值和名义值范围，最终比较计算完成后，就可以在图形中用不同的颜色显示出该处的偏差大小以及整个构件的偏差分布（图 4.1-9）。

3D 对比分析的结果通过添加注释查看固定位置的安装偏差，通过在模型中点选，设置在点选位置的偏差半径，计算范围内扫描点位置偏差的平均值作为有效偏差。

3D 分析完成后，可以对偏差密集的区域或是关键部位，进行 2D 比较。2D 比较基于

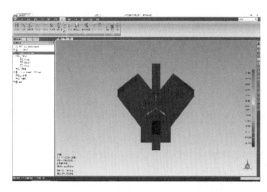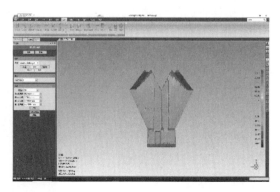

图 4.1-9　颜色对比结果

构件需要分析的截面。截面可通过系统平面、对象特征平面、三点确定平面等方法进行选取设置，生成的偏差数据分布也更加直观（图 4.1-10）。

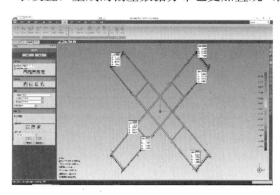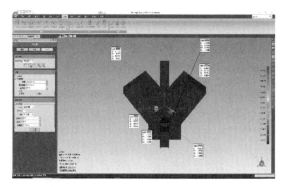

图 4.1-10　2D 对比截面

需要分析的截面确定之后进行分析计算，系统可以自动生成所选界面的剖面图，并且用不同颜色段来表示偏差分布。

如果对截面的具体分析不能满足对构件尺寸分析的要求，同样在 2D 比较中创建点注释，即在构件剖面的任何位置的点进行选定，系统通过计算偏差半径内的点的平均偏差并创建出相应的注释视图。

经过分析计算的偏差数据不仅可以表现在模型上，也可以以图表的形式呈现出具体的偏差分布、标准偏差分布等统计数据，以便更方便地评估构件的整体加工情况（图 4.1-11）。

在点云数据的对比分析操作完成后，可以通过 Geomagic Qualify 软件对之前的所有对比分析操作生成报告并以 pdf 格式保存，方便随时查看（图 4.1-12）。

4.1.2　受限条件下树形结构施工模拟技术

1. 受限条件下树形结构施工情况概述

中央大厅空间折线大悬挑树形结构下方的混凝土楼板厚度为 180mm、250mm、400mm。且 180mm 厚的楼板区域在中央大厅区域的中间位置，无法满足大型机械的施工需求。混凝土楼板厚度分布如图 4.1-13 所示。

百分比偏差

>=Min	<Max	# 点	%
-141.5043	-119.0994	0	0.0000
-119.0994	-96.6946	0	0.0000
-96.6946	-74.2897	0	0.0000
-74.2897	-51.8849	0	0.0000
-51.8849	-29.4801	0	0.0000
-29.4801	-7.0752	24	4.0201
-7.0752	7.0752	516	86.4322
7.0752	29.4801	45	7.5377
29.4801	51.8849	11	1.8425
51.8849	74.2897	1	0.1675
74.2897	96.6946	0	0.0000
96.6946	119.0994	0	0.0000
119.0994	141.5043	0	0.0000

超出最大临界值 +	0	0.0000
超出最小临界值 -	0	0.0000

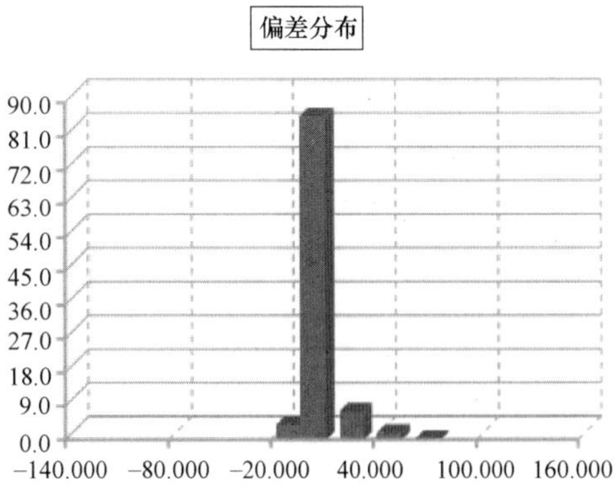

偏差分布

图 4.1-11　偏差分析图表

QUALIFY®

日期: 11/10/2020, 9:04 pm

Geomagic Qualify 报告

检测日期: 11/10/2020
生成日期: 11/10/2020, 9:04 pm

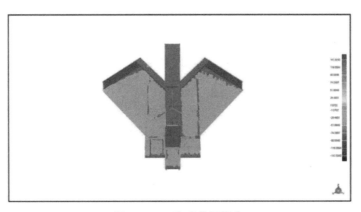

图 4.1-12　生成分析报告

相邻树形结构的间距仅为 6m，构件吊装时吊车的站位及大臂与复杂结构的碰撞分析难度较大（图 4.1-14）。

2. 薄板工况下汽车式起重机工况分析

计算 80t 汽车式起重机在工作状态下以吊车的极限状态来计算单个支腿可能承受的最大荷载。根据吊车的受力情况，得出吊车计算模型如图 4.1-15 所示。

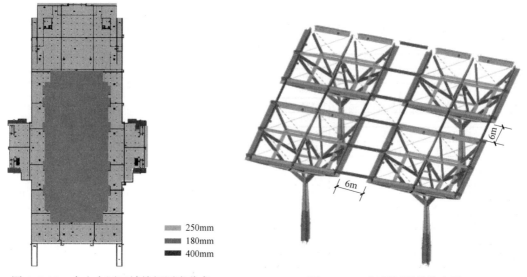

图 4.1-13　中央大厅区域楼板厚度分布　　　　　图 4.1-14　相邻树形结构布置

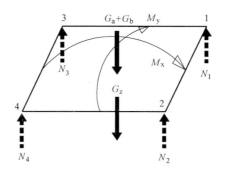

图 4.1-15　吊车计算模型

　　吊车在行走状态下，由《建筑结构静力计算手册》计算出纵向行走的最不利情况为 3 排轮胎落于同一跨内；横向行走的最不利状态为单个轮胎落于跨中。因此在中央区域主梁中部下方采用 $\phi 203 \times 6$ 的圆钢管回顶支撑，建立模型如图 4.1-16 所示。

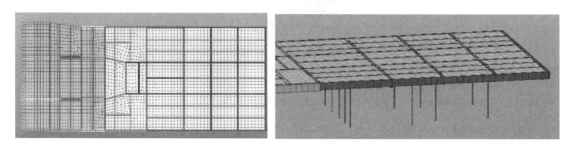

图 4.1-16　180mm 楼板加设圆管回顶支撑模型

　　恒荷载分别按横、纵向的最不利情况进行施加，活荷载按靠近梁边及靠近梁跨中两种工况，对梁和楼板的位移及变形进行力学分析，其结果见表 4.1-5。

梁、楼板位移及变形分析 表 4.1-5

说明	图示
梁位移云图： 最大位移 $d = 7.6$mm 梁跨度 $L = 11.05$m $\dfrac{d}{L} \approx \dfrac{1}{1454} \leqslant \dfrac{1}{400}$ 满足变形要求	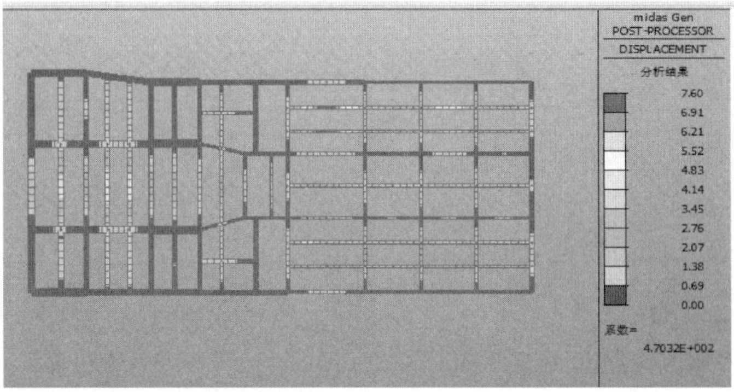
梁弯矩云图： 梁最大弯矩 $M_1 = 1216.5$kN·m	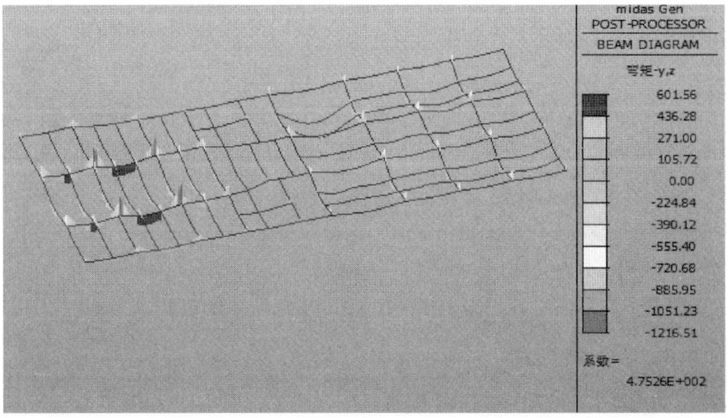
梁剪力云图： 梁最大剪力 $V_1 = 694.24$kN	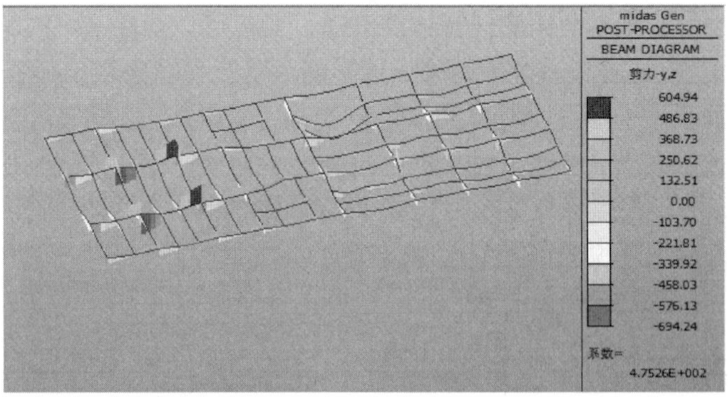
楼板位移云图： 最大位移 $d = 8.71$mm 楼板跨度 $L = 3.4$m $\dfrac{d}{L} \approx \dfrac{1}{390} \leqslant \dfrac{1}{200}$ 满足限值要求	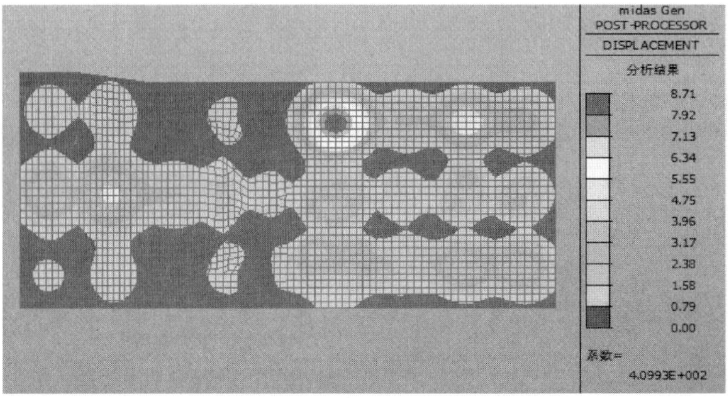

说明	图示
楼板弯矩云图： 板底： $M_{xx}=31.87$kN·m $M_{yy}=41.34$kN·m 板顶： $M_{xx}=72.82$kN·m $M_{yy}=60.16$kN·m	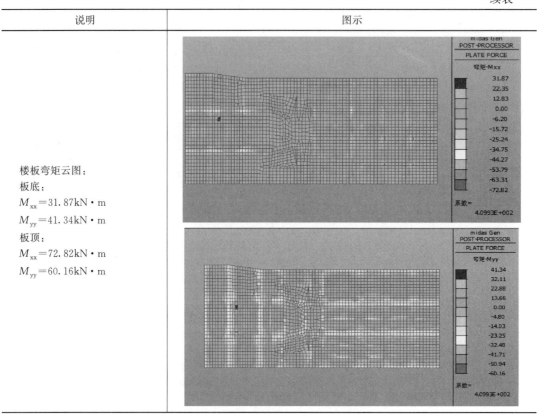

由混凝土结构的计算结果可知，梁板可以承受 80t 汽车式起重机行走的荷载，但中部区域 180mm 板厚范围的梁板皆不能承受工作状态的支腿荷载，因此需采取加固措施，具体如下：

在进行吊装施工时，提前规划布局，尽量使支腿落在混凝土梁、柱的位置。在梁下方、跨中位置设置 $\phi203\times6$ 的钢管回顶支撑，回顶支撑下部撑至基础底板，上部撑至混凝土梁。回顶圆钢管节点如图 4.1-17 所示。

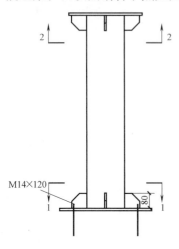
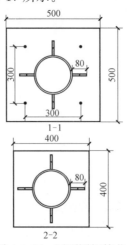

图 4.1-17　回顶圆钢管节点

3. 空间悬挑树形结构工况模拟

树形结构构件均为空间悬挑，吊装机械与悬挑构件之间工况分析较为复杂，使用BIM模拟技术，对吊装过程进行三维模拟，确保汽车式起重机工况满足要求（图4.1-18）。

图4.1-18 树形结构狭窄空间吊车模拟分析

4.1.3 伞结构无支撑多级自平衡施工技术

1. 伞结构概况

中央大厅空间折线大悬挑结构屋盖由32个伞结构组成，单个伞结构顶部尺寸30m×30m，最大悬挑15m，结构标高+32.80m，底板混凝土楼板厚度主要有180mm、250mm、400mm，且180mm厚的楼板在中央大厅区域的中间位置，无法满足大型机械的施工需求（图4.1-19）。

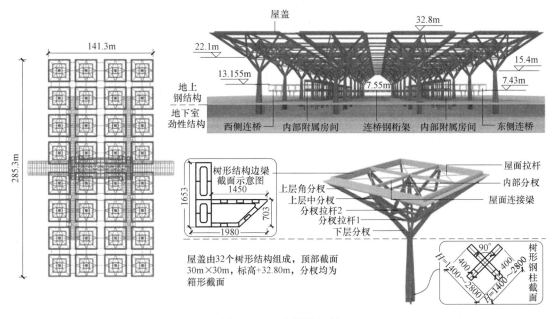

图4.1-19 伞结构概况

2. 施工思路

依据现场工况及结构特点，伞结构采用分段加工、分段运输、地面拼装、分段吊装的安装方法，选定无支撑多级自平衡施工技术进行安装。鉴于基础底板承载力的原因，最大机械只能使用80t汽车式起重机。

通过多级平衡体系的建立，利用结构自身数理几何稳定原理，在不采用格构柱支撑的情况下，将结构拆分为三级平衡的稳定体系，在对称安装构件间设置有效的连接，实现无支撑多级自平衡施工（图4.1-20）。

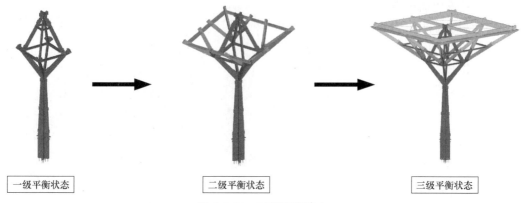

一级平衡状态　　　二级平衡状态　　　三级平衡状态

图 4.1-20　三级平衡建立

3. 伞结构无支撑多级自平衡安装

1）构件分段

伞结构下方变截面组合箱形十字柱高度 21.4m，变截面范围 $H=1400\sim2800$mm；上部空间折线大悬挑伞形分枝屋盖主要由下层分杈、分杈拉杆、上层中分杈、上层角分杈、内部分杈、伞形结构边梁、内部分杈连杆、屋面拉杆组成。内部呈现"钻石心"结构，外部呈现空间折线伞形分枝结构。十字柱及伞冠分段见图 4.1-21。

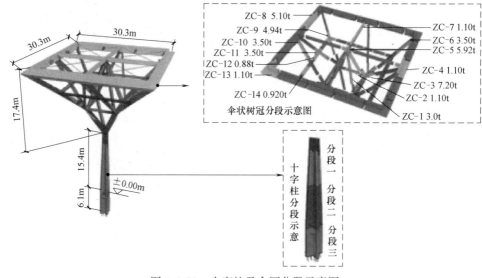

图 4.1-21　十字柱及伞冠分段示意图

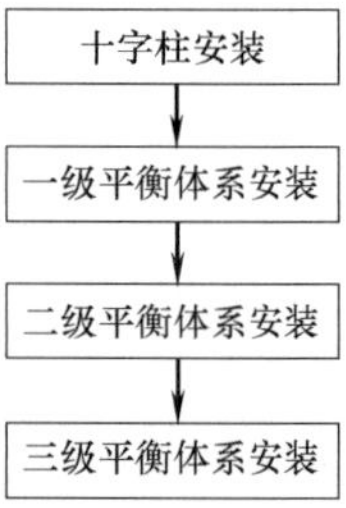

2）总体施工流程

伞结构总体安装流程见图 4.1-22。

3）十字柱安装

十字柱地下 6.8m，地上 15m，分段加工，现场安装主要采用汽车式起重机分段吊装（图 4.1-23）。

4）一级平衡体系安装

（1）安装流程（表 4.1-6）

十字柱安装

↓

一级平衡体系安装

↓

二级平衡体系安装

↓

三级平衡体系安装

图 4.1-22　伞结构
总体安装流程

图 4.1-23 十字柱现场安装

一级平衡体系安装流程　　　　　　　　　　　表 4.1-6

①安装伞座和下层分杈组合构件,下层分杈之间用 H 型钢临时固定	②安装剩余下层分杈,下层分杈间用 H 型钢临时固定

③安装下层分杈间杆件	④安装上部分杈节点

| ⑤安装上部节点间杆件 | ⑥安装相连内部分杈连杆 |

（2）一级平衡体系控制措施

将结构伞座与对称的两个分杈在地面拼装成一体，中间用 H200×200 型钢拼接成一体，形成稳定的三角形结构。如图 4.1-24 所示，吊装就位后安装剩余下层分杈，同样采

图 4.1-24　一级平衡体系建立

用 H 型钢临时固定，地面拼装中心节点与下部分权，吊装就位后安装剩余杆件，形成安装过程中的一级平衡体系。

5）二级平衡体系安装

（1）安装流程（表 4.1-7）

二级平衡体系安装流程　　　　　　　　　　　表 4.1-7

①对称安装上层分权杆，在上层中分权和钻石心之间，使用柔性连接进行固定	②对称安装上层剩余分权杆，在上层中分权和钻石心之间，使用柔性连接进行固定

（2）二级平衡体系控制措施

在上层分枝构件安装的过程中，利用柔性可调的稳定连接（倒链）将上部分权构件与安装完成的内部分权节点进行连接，保证分枝杆件的角度正确，按对称的原则依次安装剩余上层分权，同步安装分权拉杆，使上层分权和内部及中部分权拉杆形成稳定的三角形，保证安装构件的稳定性，从而形成伞形结构安装过程中的二级平衡体系（图 4.1-25、图 4.1-26）。

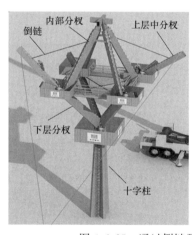

图 4.1-25　通过倒链及拉杆构建二级平衡体系

6）三级平衡体系安装

（1）安装流程（表 4.1-8）

（2）三级平衡体系控制措施

图 4.1-26　二级平衡体系建立

三级平衡体系安装流程　　　　　　　　　　　　　　　　　　表 4.1-8

①对称安装上层角部分权节点及杆件	②对称安装顶部圈梁中段

③对称安装顶部圈梁嵌补段	④对称安装屋面拉杆

　　在上层分权构件安装过程完成后，进行伞形结构边梁节点的安装，将角部节点焊接完成后进行边梁的安装，及时安装顶部拉杆使结构处于整体稳定的三级平衡状态（图 4.1-27）。

图 4.1-27 通过连梁及钢拉杆构建三级平衡体系

4.2 柔性斜腹杆四弦空间桁架预应力大跨度桁架施工技术

4.2.1 变截面多肋箱形铰接人字柱施工技术

1. 变截面多肋箱形铰接人字柱概述

本工程屋面桁架支撑柱采用了变截面多肋箱形铰接人字柱，地上柱体 6.65m×17.10m，基础柱长度 2.14m，宽 2.4m，单重 36t，柱脚按连接形式分为 A 类铸钢铰接，B 类刚接。柱体内部分布横 9 纵 6 肋，加工制作焊接流程、焊接变形控制、柱体加工及铸钢销轴节点的精度控制难度大（图 4.2-1）。

2. 截面超宽超长人字箱形柱的分段

本工程中大截面人字柱属于超长超宽构件，为满足运输条件，需进行分段加工、分段运输、现场拼装的方式进行安装（图 4.2-2）。

将人字柱分为以下四部分：左肢段、右肢段、中肢段、柱脚分段。肢段

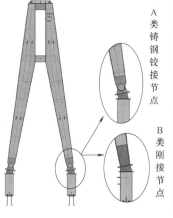

(a) 变截面多肋人字柱示意图　(b) 现场实施图

图 4.2-1 人字柱效果图和实际完工图

断口从柱顶向下 1000mm 处，中肢段因为超宽，需要与柱体断开；因柱脚施工与柱体施工阶段不同，柱脚需在基础阶段安装，所以需将柱脚与柱体断开。

3. 大截面超宽超长箱形人字柱加工精度控制

人字柱体型大、重量大、内部肋板横 9 纵 6，为保证柱体加工精度，设置专用的拼装平台、定位夹具，精确定位装配控制线，通过焊接工艺评定确定内部肋板焊接流程，控制焊接变形量，最终保证人字柱加工精度（图 4.2-3）。

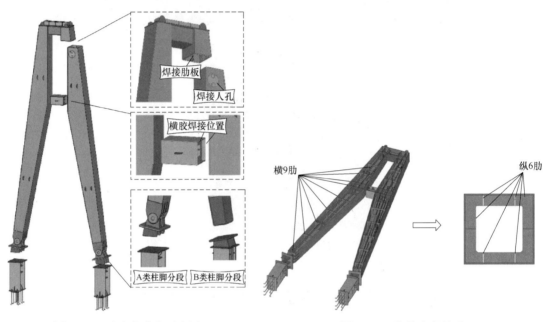

图 4.2-2　人字柱分段示意图　　　　图 4.2-3　柱体内部构造

纵向加劲板均采用双面角焊缝焊于横向加劲肋和柱体，横向环形肋按柱体长度均匀布置（图 4.2-4）。

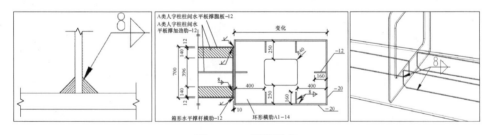

图 4.2-4　焊缝形式

柱体内部肋板数量多，纵横交错，焊接作业之前进行焊接工艺评定，确定焊接顺序，焊接变形（图 4.2-5）。有针对性地制定组装流程：内部肋板先横后纵，其中纵向肋板通过退焊、跳焊、间断焊控制焊接变形。

设计专门的制作平台，设置腹板夹具、翼缘定位卡板，控制翼板、腹板之间的垂直度，通过在柱体标记肋板装配线，控制肋板定位精度（图 4.2-6）。

图 4.2-5　柱体焊接试验

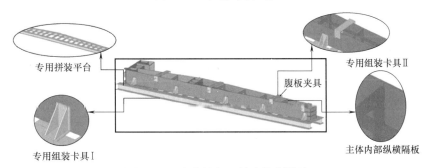

图 4.2-6　人字柱加工精度控制措施

4. A 类人字柱铸钢销轴节点加工精度控制

铸焊节点的装配在加工厂进行，铸钢节点与箱形人字柱共同承担着上部桁架荷载，异种材质的焊接、装配、精度尤为重要。以国家会展中心（天津）项目为例，其铸钢材质为 G20Mn5QT，节点由铸钢件、销轴、盖板、加劲板、柱体封头板、肋板等组成，最大焊接板厚 50mm。为保证铸焊接头的焊接质量和节点的装配精度，组焊之前，进行焊接工艺评定，装配顺序试验，选择合适的焊接方法、坡口形式及焊接工艺参数，控制装配精度（图 4.2-7、图 4.2-8）。

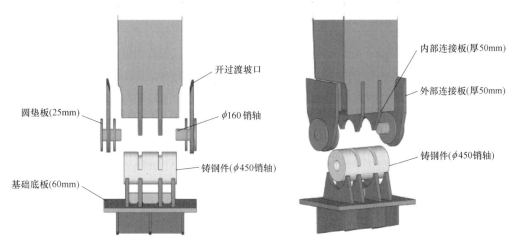

图 4.2-7　铸钢节点各部件示意图

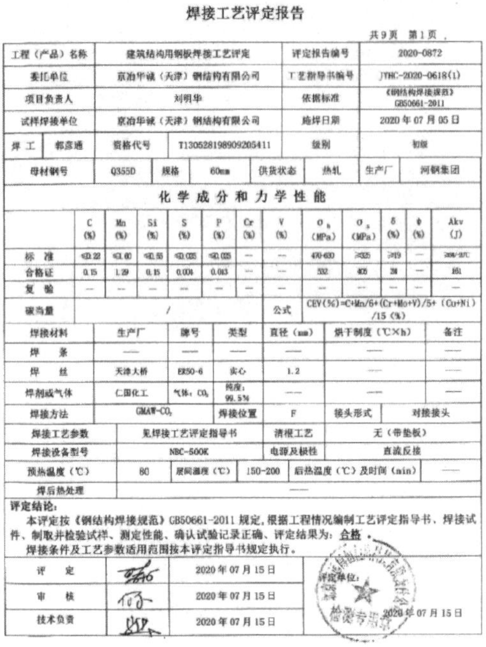

图 4.2-8　焊接工艺评定报告

（1）焊接工艺参数的选取

为保证铸钢节点与柱体装配焊缝的质量，依据焊接工艺评定，采用 ER50-6 焊丝，焊接过程中采用 SMAW 进行打底，GMAW 进行填充盖面。焊接工艺参数如表 4.2-1 所示。

焊接工艺参数　　　　　　　　　　表 4.2-1

	道次	焊接方法	焊条或焊丝		焊剂或保护气	保护气流（L/min）	电流（A）	电压（V）	焊接速度（cm/min）	热输入（kJ/cm）	备注
			牌号	ϕ(mm)							
焊接工艺参数	1～2	GMAW-CO₂	ER50-6	1.2	CO₂	20～30	160～190	26～28	25～30	—	打底
	3～13	GMAW-CO₂	ER50-6	1.2	CO₂	20～30	180～210	28～30	25～30	—	填充
	14～17	GMAW-CO₂	ER50-6	1.2	CO₂	20～30	180～210	28～30	25～30	—	盖面

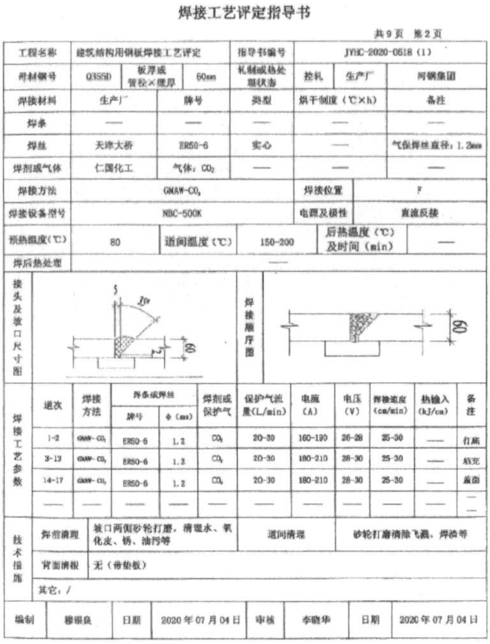

（2）预热和后热

铸钢件与其他材质的钢材进行装配焊接前需进行焊前预热，用烘枪进行火焰预热，预热温度为 180℃，预热范围为焊缝两侧 200mm，待温度降至 150℃时方可进行正式焊接。焊接过程中使用接触式测温仪进行层间温度测量监控，要求层间温度控制在 200～250℃，每条焊缝应连续施焊一次完成。焊接结束后，用烘枪对焊缝进行后热处理。后热温度为 200℃，之后采用 50mm 的保温棉对焊缝后热处理部分进行包裹，缓冷至室温，进行 UT 检测，确保焊接质量（图 4.2-9）。

（3）内部连接板与销轴开槽装配精度控制

销轴与人字柱内连接板的装配精度要求高，装配间隙仅为 2mm（插板 50mm，销轴槽 52mm），异种材质厚板焊接变形控制难度大。

图 4.2-9　现场实施

内部连接板采用机械切割下料、机械打磨，与销轴开槽刨平顶紧，装配后采用前后同焊，打底、填充、盖面层间焊缝一次成型，减少焊接应力，保证焊缝质量（图 4.2-10）。

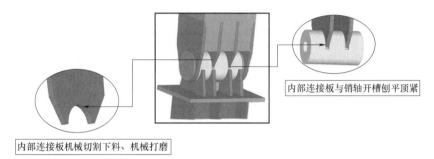

内部连接板与销轴开槽刨平顶紧

内部连接板机械切割下料、机械打磨

图 4.2-10　销轴三维模型图

防止运输过程中销轴发生轻微转动，在节点内侧设置固定条板进行临时固定，待安装完毕后将固定条板切除（图 4.2-11）。

图 4.2-11　加工制作完成图

5. 埋入式基础柱快速定位校正装置

人字柱与基础柱因施工顺序的先后，需分开安装，基础柱采用埋入式柱脚，单根基础柱重 3～4t，为满足土建施工工序，确保基础柱吊装精度，经过受力分析，发明了一种新型埋入式钢柱定位装置和一种适用于反顶构件吊装装置，解决了埋入式柱脚吊装、校正效率低的问题（图 4.2-12、图 4.2-13）。

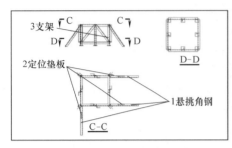
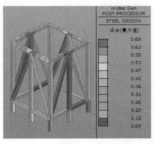
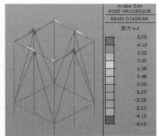

图 4.2-12　定位装置简图及受力分析图

图 4.2-13　实际应用效果

4.2.2　柔性斜腹杆四弦空间桁架施工技术

1. 柔性斜腹杆四弦空间桁架施工技术概述

国家会展中心（天津）展厅屋面柔性斜腹杆四弦空间桁架单跨 84m，重量为 248t，通过多方案对比及带管沟混凝土基础上吊车底板的模拟计算，分段拼装分段吊装最切合实际，最经济。

2. 带管沟混凝土基础分析技术

1）基础计算模型

分别建立两种类型底板的混凝土结构局部计算模型。板的厚度、混凝土强度等级、配筋皆按图纸设置，并按 0.5m×0.5m 尺寸进行网格划分。桩基承台以 0.8m×0.8m 的柱头连接来模拟，管沟处建剪力墙。

混凝土体系的自重由软件自动计算，取 1.1 倍的自重放大系数。

履带式起重机工作期间，其所在及相邻板跨上不应有其他荷载存在，例如堆场、密集人群、其他机械等。在计算模型中，以只受压弹性支撑来模拟地基土对底板的支撑作用。

2）加固方式及荷载选取

在履带式起重机刚进场时，行走工况下不带配重。加固方式为在每侧履带下方横向铺设一列小路基箱。路基箱采用 $5m \times 1.8m \times 0.2m$ 规格，单重 4t。

两侧履带反力分别按 500t 与 350t 履带式起重机的最大值，每侧均匀分布：$F_a = 146kN/m$，$F_b = 74kN/m$，路基箱承压宽度为 $a = 5m$。

3）计算结果

裂缝验算中，荷载标准组合下，楼板的最大计算裂缝为 $d = 0.20mm <$ 0.30mm，满足要求（图 4.2-14）。

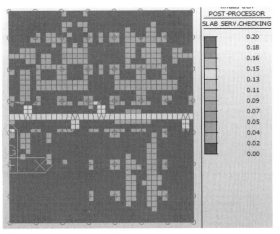

图 4.2-14 楼板裂缝计算结果云图（X 方向）

3. 柔性斜腹杆四弦空间桁架结构分段技术

考虑运输问题，需要将腹杆、弦杆进行分段，分段位置综合考虑运输、构件受力、焊接难易等因素，经过有限元分析以及设计确认，最终腹杆分段处设在下部腹杆向上 1.9m 处，弦杆自腹杆中心向前后延伸 0.9m 断开（图 4.2-15）。

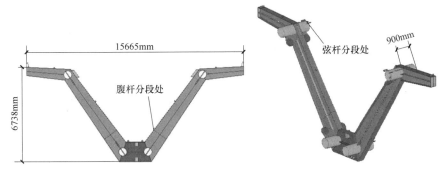

图 4.2-15 V 形腹杆外形尺寸及分段位置

桁架跨度 84m，考虑地基承载力限制，通过施工模拟分析，采用 350t 履带满足承载力要求，根据吊装半径和履带式起重机吊重性能，将每跨桁架分为三个吊装单元段，具体分段形式见图 4.2-16。

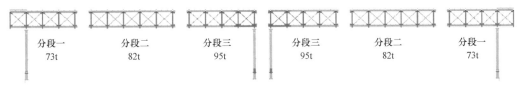

图 4.2-16 主桁架分段示意图

桁架分段重量最大为 95t，长度为 34m，过程中采用间隔 12m 的四点吊装，设置在分段两端第二节处。经计算后知：桁架最大相对变形为 16mm，最大应力为 72.3MPa，GLG650 钢拉杆最大应力为 9.29MPa，最大轴向位移为 13.5mm，满足规范及安装要求（图 4.2-17）。

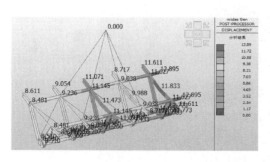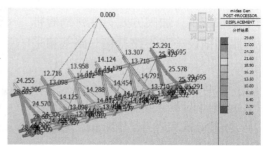

图 4.2-17　桁架分段变形分析

4. 槽式定型周转性拼装胎架

依据桁架结构外形尺寸、分段位置，现场设计了槽式定型周转性拼装胎架，胎架主要采用型钢 HW400×400×13×21、HW250×250×9×14、HW200×200×8×12，上部设置吊装转移时活动钢梁两道，抵抗吊装过程中的变形（图 4.2-18）。

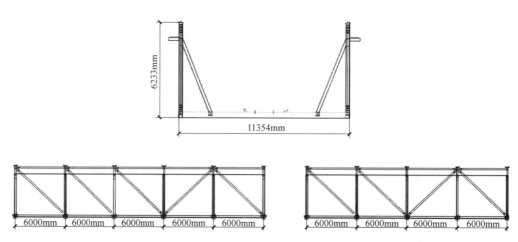

图 4.2-18　槽式定型胎架示意图

采用 MIDAS Gen 对胎架进行地面拼装和桁架拼装全过程的有限元分析，如图 4.2-19、图 4.2-20 所示。

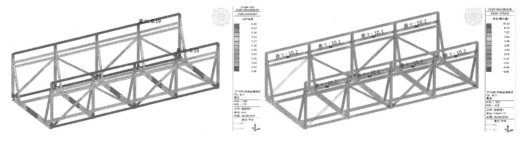

图 4.2-19　定型胎架自身稳定性计算

从计算结果得知，地面拼装阶段最大应力为 10.54MPa，远远小于 Q235 钢材的强度值，拼装阶段胎架最大位移为 0.27mm，说明拼装过程及平台位移是安全可靠的。

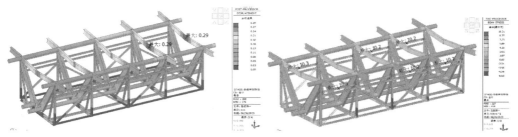

图 4.2-20 拼装过程中定型胎架的自身稳定性计算

5. 自稳定标准化格构式可拆卸支撑技术

设计采用自稳定标准化格构式可拆卸支撑，标准节间、顶部及底部连接均为栓接，经有限元分析及 BIM 模拟，支撑体系可实现自稳，且周转效率大大提高（表 4.2-2、图 4.2-21）。

格构支撑杆件规格 表 4.2-2

序号	项目	规格	材质
1	主杆件	$\phi 159 \times 8$	Q345B
2	斜撑杆	$\phi 89 \times 5$	Q345B
3	横撑杆	$\phi 60 \times 5$	Q345B

1）施工过程中结构稳定性控制

临时支撑布设在分段单元正下方，支撑下部放置规格为 $0.2m \times 1.8m \times 5m$ 的路基箱。路基箱布设在基础结构面层，临时支撑通过底座与路基箱进行固定，路基箱与底座通过角码相连，角码一端通过焊接的方式与路基箱相连，另一端通过螺栓与底座相连，通过验算，需要两组格构支撑并列使用，组合成一组支撑（图 4.2-22）。

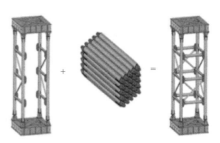

图 4.2-21 标准化构件拼装

图 4.2-22 双组并用临时支撑应用

格构支撑外部尺寸为 $1.5m \times 1.5m$ 的标准节形式，通过拼装形成格构支撑。底部路基箱搁置在混凝土底板上。路基箱为两块并排铺设，规格为 $5.4m \times 1.8m \times 0.2m$。安装过程中需对桁架分段进行微调，由此或其他因素产生一定的水平力，安装金属支撑模板存在倾覆风险，对临时支撑进行抗倾覆验算：根据施工模拟验算，支撑金属模板最不利荷载如图 4.2-23 所示。

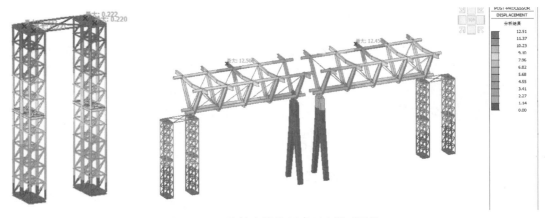

图 4.2-23　格构支撑使用过程有限元计算

　　通过分析采用桁架最大压力作为支撑金属模板的传递力，进行了抗倾覆验算、稳定性验算。计算结果显示，安装金属支撑模板在垂直桁架方向满足抗倾覆验算要求，主肢圆钢管的稳定性也满足要求。

　　2）现场实施

　　支撑现场拼装及实施如图 4.2-24、图 4.2-25 所示。

图 4.2-24　标准化格构支撑的拼装

图 4.2-25　临时支撑实施

6. 柔性斜腹杆四弦空间桁架预起拱技术

桁架在深化时，参考设计要求，同时进行了施工模拟，获取起拱值，将起拱值在深化图中表述，深化时按图纸要求考虑预起拱的加工、安装要求（图4.2-26）。

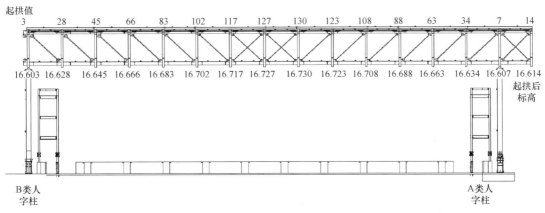

图 4.2-26 单跨桁架起拱要求

1）地面分级垫板起拱

现场采用胎架平台梁设置不同高度的垫板来满足起拱要求，采用垫板形式进行起拱值控制，简便实用，节约时间，方便快捷，具体见图4.2-27。

图 4.2-27 分级起拱措施板

2）标准化格构支撑顶部起拱

支撑顶部设置可调整标高的支撑装置，该装置底部支撑为型钢 HW400×400×13×21，调整标高的支撑为型钢 HW250×250×9×12，该装置制作方便、周转性好，重量轻（图4.2-28）。

图 4.2-28 临时支撑顶部标高调节装置应用

7. 柔性斜腹杆四弦空间桁架安装

本工程展厅桁架采用履带式起重机分段吊装的施工方法，通过有限元分析、受力计算，对超长构件合理分段并在加工厂整体预拼装合格后，运至现场进行拼装，完成拼装单元后整体吊装，安装流程如表4.2-3所示。

四弦凹形桁架安装流程 表 4. 2-3

施工步骤	施工内容	图示
1	人字柱基础节安装	
2	人字柱进场、拼装	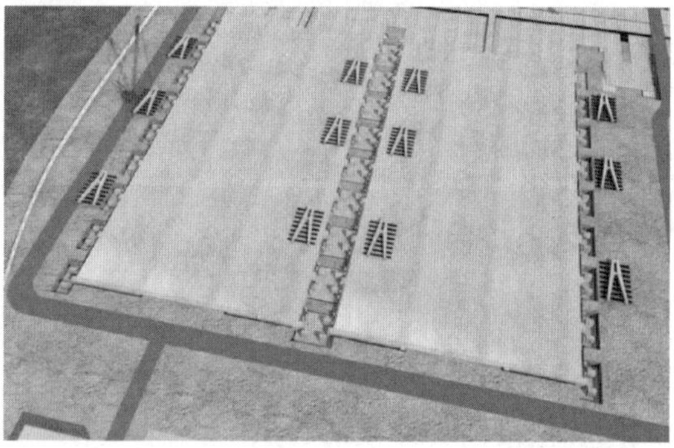
3	桁架拼装、格构柱布设、人字柱吊装	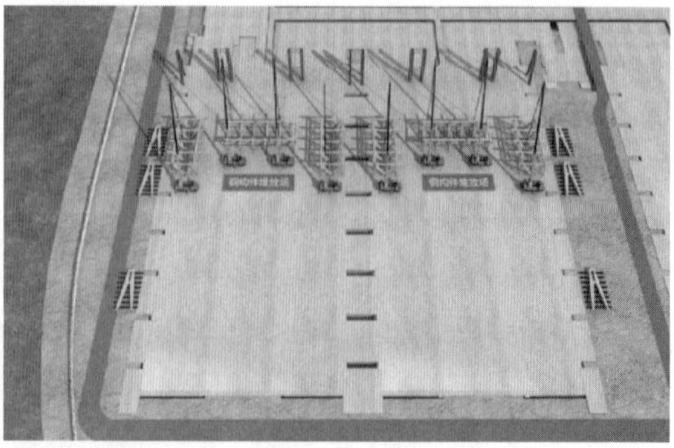

施工步骤	施工内容	图示
4	首段桁架单元吊装	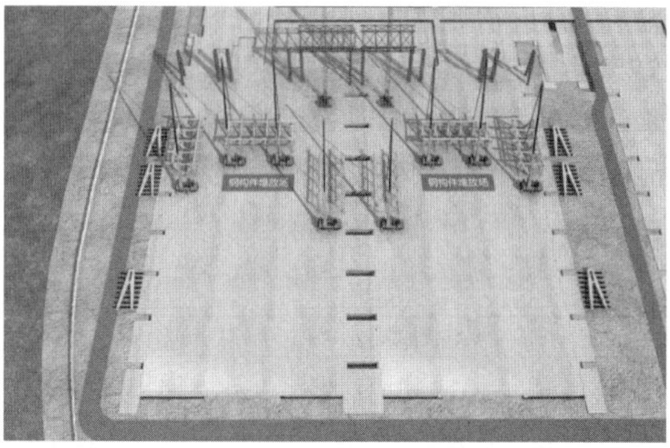
5	继续吊装其他分段单元、拼装桁架	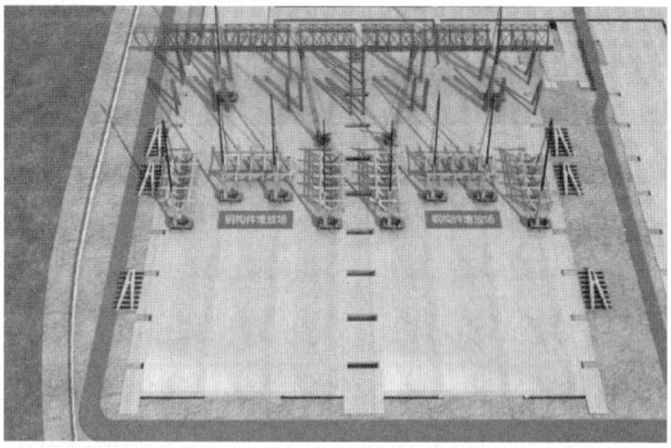
6	形成流水施工,向外侧依次吊装桁架单元;第四榀桁架吊装完毕,相关构件嵌补完毕后可卸载前三榀	
7	吊装后续桁架单元段,第九榀吊装完毕,相关嵌补杆件安装完毕,卸载,单个展厅吊装完成;流水至下一展厅	

8. 桁架卸载技术

采用 MIDAS 对施工过程进行全过程模拟计算，采用分轴分步卸载、单轴同步卸载的方式，大大减少措施投入，提高了施工效率，施工完成后采用三维激光扫描仪整体验收。

1）大跨度四弦凹形桁架卸载顺序

为了保证卸载时相邻支撑胎架的受力不会产生过大的变化，同时保证结构体系的杆件内力不超出规定的容许应力，避免支撑胎架内力或结构体系的杆件内力过大而出现破坏现象，保证结构体系可靠、稳步形成，卸载必须遵循如表 4.2-4 所示的原则。

卸载原则

表 4.2-4

序号	卸载原则	具体描述
1	应满足的条件	卸载时相邻支撑受力不产生过大的变化； 结构体系的杆件变形不超出规定的允许范围,避免临时支撑内力或结构体系杆件变形过大而出现破坏现象； 结构体系受力转换可靠、稳步形成
2	以计算分析为依据	卸载前必须按预定的卸载方案进行模拟计算分析,确保卸载方案的合理性、可行性
3	以变形控制为核心	由于结构体系各部位的强度和刚度均不相同,卸载过程中的各部位变形也各不相同,确保卸载过程中结构本身和临时支撑的受力以及结构最终的变形控制
4	以测量控制为手段	卸载过程是一个循序渐进的过程,卸载过程中必须进行严格的过程监测,以确保卸载按预定的目标进行,防止因操作失误或其他因素出现局部变形过大,导致发生意外
5	以平稳过渡为目标	卸载过程也是结构体系形成过程,所以在卸载方案的选择上,必须以平稳过渡为目标,确保结构受力体系转换平稳过渡

经计算，展厅待三榀桁架安装完成，相连连杆及连梁安装焊接完成，交监理验收合格后，方可拆除临时支撑。

单个屋盖结构共九榀桁架，每三榀桁架设为一个区，由第一榀向第九榀进行卸载，如图 4.2-29 所示。

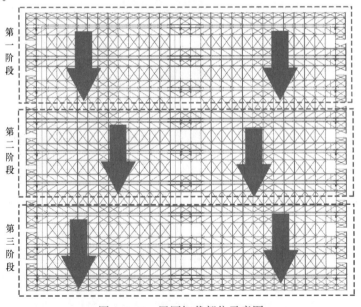

图 4.2-29 展厅卸载部位示意图

2）卸载方式

具备卸载条件后，用割枪对支撑型钢进行切割，一次切割量控制在 10mm，切割后静止 10min，保证桁架应力释放，同时对桁架监测点进行位移和应力监测，并对安装金属模板支撑进行应力监测，确保桁架变形缓慢，变形量小于分析值，应力没有突变，并小于模拟分析值。

3）卸载模拟分析（表 4.2-5）

卸载模拟分析

表 4.2-5

步骤	图示
第一步：安装第四榀桁架，前三榀桁架安装完成并形成稳定结构，从中部向两侧同时对支撑型钢进行多次切割	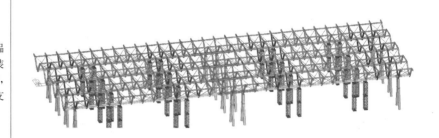
变形：第 1 榀桁架跨中 $d=16.09$mm，跨度 $L=28$m，$\dfrac{d}{L}\approx\dfrac{1}{1740}\leqslant\dfrac{1}{400}$ 满足要求	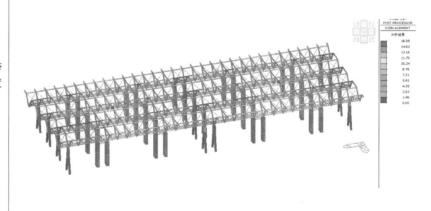
应力：第 2 榀桁架下的支撑金属模板顶支座：$\sigma_1=116.8$MPa，桁架腹杆构件：$\sigma_2=30.4$MPa，皆小于 295MPa，满足要求	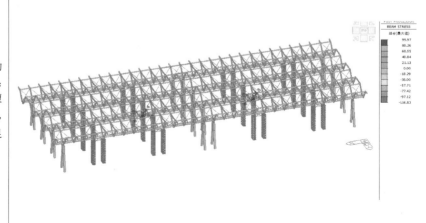

步骤	图示
第二步:拆除第一榀桁架下的支撑金属模板支撑	
变形:第 1 榀桁架跨中 $d = 94.96$mm,跨度 $L = 84$m,$\dfrac{d}{L} \approx \dfrac{1}{884} \leqslant \dfrac{1}{400}$ 满足要求	
应力:第 2 榀桁架下的支撑金属模板顶支座:$\sigma_1 = 154.9$MPa,桁架腹杆构件:$\sigma_2 = 66.6$MPa,皆小于 295MPa,满足要求	

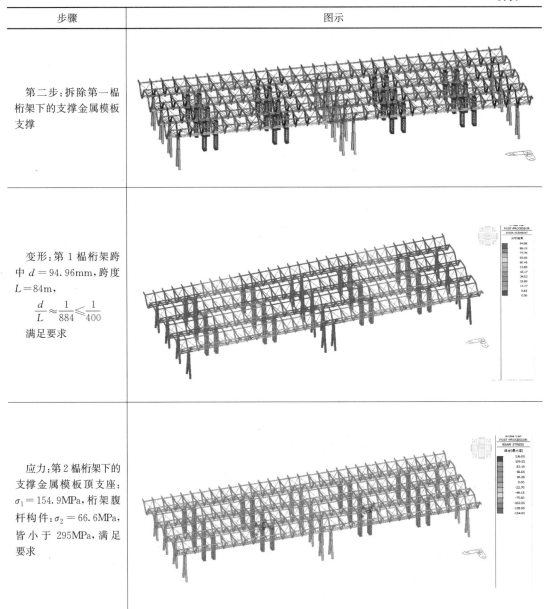

按照上述步骤,继续周转安装,直至屋盖全部完成

4.2.3　大直径预应力无调节套筒钢拉杆施工技术

1. 无调节套筒钢拉杆概述

对于大量采用了实心式预应力无调节套筒钢拉杆的工程,因为杆体无张拉着力点,普通的张拉方式无法达到设计要求的张拉力值,交叉型钢拉杆安装时必须保证角度准确,施工中杆体内应力波动范围大,监测难度大。针对上述钢拉杆的张拉施工,研制了钢拉杆安装角度控制装置、张拉装置,通过应力监测有效保证了设计张拉力值(图 4.2-30)。

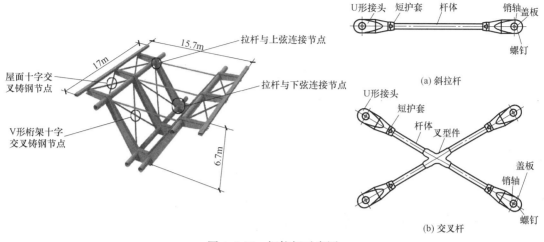

图 4.2-30　钢拉杆示意图

2. 交叉型钢拉杆高效安装施工技术

一组交叉型钢拉杆一般由中部叉型件、杆体、U形锁头组成，在施工时需要先将四个杆体通过中部叉型件组合成整体，再与结构进行安装，杆体与叉型件组装时需要保证拼装角度，为快速找准施拧角度，采用角度控制装置，方便快捷完成拼装（图 4.2-31）。

测量叉型件自身的角度，预先将固定板按测量好的角度焊接在装置底座上，拼装时杆体直接放置在焊接好的固定板内侧，因为固定板依据锁头角度定位，也就保证了杆体与锁头的安装角度，快速精确地完成拼装作业。

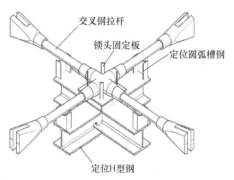

图 4.2-31　交叉型钢拉杆拼装角度控制装置

3. 大直径无调节套筒钢拉杆张拉技术

大直径无调节套筒钢拉杆的张拉，需要解决钢拉杆张拉无着力点的问题以及张拉完成后保证张拉力值满足设计要求。

针对上述问题，设计并制作出无调节套筒钢拉杆专用的张拉装置，施工操作方便，张拉力值得到有效保证，通过应力值监测，验证张拉技术的可行性。

该张拉装置包括反力支撑部分、张拉部分、连接部分及钢绞线部分，通过将钢绞线部分支撑在钢结构构件上，反力支撑部分通过连接部分进行连接，通过穿心千斤顶的张拉，实现钢拉杆的张拉（图 4.2-32、图 4.2-33）。

1）张拉装置的有限元分析

采用通用有限元软件 ANSYS 对张拉装置建立模型，进行受力分析，模拟实际施工中遇到的各种情况，通过模拟分析，装置满足实际需求（图 4.2-34）。

2）张拉力值的转换

液压张拉装置的主要动力来源于液压油泵，通过标定将设计张拉力值转化为油表读数，控制实际张拉值。以大型会展项目钢拉杆张拉施工为例，不同直径钢拉杆油表读数如表 4.2-6 所示。

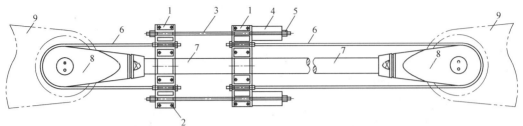

图 4.2-32　无调节套筒张拉装置

1—反力支撑架；2—高强度螺栓；3—精轧螺纹钢筋；4—穿心千斤顶；5—螺母；

6—钢绞线；7—钢拉杆；8—钢拉杆锁头；9—钢结构

　(a) 液压千斤顶　　　　　　　　(b) 液压油泵　　　　　　　　(c) 反力支撑架

图 4.2-33　液压张拉装置主要部件

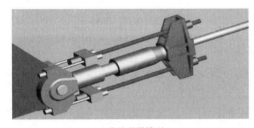 

　　(a) 张拉装置模型　　　　　　　　　　　(b) 有限元分析

图 4.2-34　张拉装置有限元分析

不同直径钢拉杆油表读数　　　　　　　　　　　　　　表 4.2-6

序号	规格(mm)	设计力值(kN)	油表读数(MPa)	实际油表读数(MPa)
1	ϕ75 交叉	60	4.5	4.9
2	ϕ75 单根	60	4.5	4.8
3	ϕ85 单根	75	5.6	6.0
4	ϕ95 单根	80	6.1	6.5
5	ϕ105 单根	85	6.3	6.7
6	ϕ105 交叉	85	6.3	6.8
7	ϕ115 单根	90	6.6	7.0
8	ϕ125 单根	100	7.5	7.9

3）张拉过程

张拉时宜从结构的中间向两侧对称张拉，第一次张拉至设计值95%，检查钢拉杆受力情况，无异常情况后二次张拉至105%（弥补预应力损失需超张5%）。

具体操作：钢拉杆安装完毕并施加预紧力→将钢绞线规定于U形锁头处→安装反力支撑架→启动油泵开始加压→压力达到钢拉杆设计拉力→超张拉5%左右→停止加压。张拉过程中需控制给油速度，给油时间不应低于0.5min。

张拉过程中预应力会因拉杆体松弛、拉杆体锚具回缩变形、油压损失、节点摩擦等造成损失，所以为保证张拉力达到设计要求，且根据大量工程经验，实际张拉过程中采取超张拉的方法，每次超张理论计算张拉力的5%，弥补预应力损失（图4.2-35、图4.2-36）。

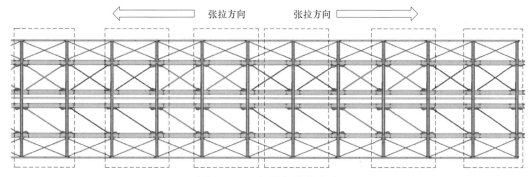

图4.2-35 钢拉杆张拉方向

（a）地面拼装、调整、预紧 （b）安装钢拉杆到桁架单元段 （c）张拉装置的安装、张拉

图4.2-36 张拉流程

4. 钢拉杆张拉过程监测

张拉过程中通过液压千斤顶油压表读数实时控制张拉力值，施工中由于分段单元吊装、嵌补段张拉、卸载等的影响，杆件内部应力发生变换，需监测卸载后杆件内部应力是否在设计允许范围内，本项目采用了工具式应变器对钢拉杆进行内力监测，保证了卸载后的张拉力值满足设计要求。

1) 工具式频率应变器监测内力

原理：通过拾振器获取钢拉杆在人工激振作用下的振动过程，进而对振动时程信号进

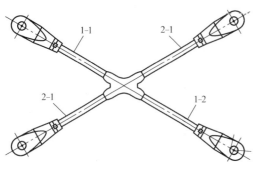

行时振分析（滤波、放大、频谱分析等）后得到钢拉杆的振动频率。由于钢拉杆振动频率和内力存在特定的关系，可以根据两者之间的关系间接获取钢拉杆内力。

2) 监测点的布设

监测点应每榀布设，布设个数根据钢拉杆规格均匀布置，对于桁架结构，可在每榀的端部、中部的水平拉杆和倾拉杆处装设应变器，应变传感器装设在每个拉杆 1/3 处（图 4.2-37、图 4.2-38）。

图 4.2-37 监测点在钢拉杆中的位置

(a) 监测应变器

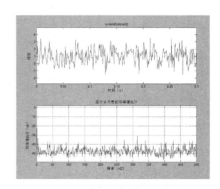

(b) 现场监测频率波谱

图 4.2-38 监测实况及频率波谱

4.3 大直径桁架钢圆管快速施工技术

大跨度空间桁架结构的安装多是通过构件在加工厂分段制作，现场拼装后整体安装，针对大直径钢圆管的施工，包括圆管拼装、圆管外形校正、整体拼装焊接等工序，依靠常规的施工技术无法保证安装精度，通过管道中心同轴度测量技术、圆管拼装快速校正装置、拼装后圆管全位置自动焊接技术实现了大直径桁架钢圆管的快速施工。

4.3.1 大直径钢圆管拼装轴向定位测量技术

桁架圆管类的弦杆在现场拼装中，需保证轴向统一，若单独在管壁设测量点容易出现偏差，采用同轴度测量装置，可以解决现场拼装时轴向定位的测量困难，保证测量准确度，该装置包括方钢管、螺母、螺杆、钢板、反光片、胶套。装置示意图如图 4.3-1 所示。

该装置端部 M6 的螺杆可以自由调节，根据圆管直径计算出端部螺杆需要调节预留的长度，将同轴测量装置放入圆管内，调节螺杆使其顶紧管壁，测量人员通过全站仪测量同轴装置中心的反射贴，获取弦杆的中心位置数据，记录数据，根据起拱要求调整弦杆位置，保证弦杆对接精度（图 4.3-2）。

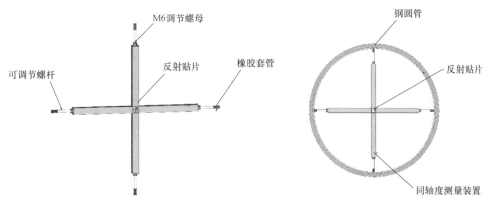

图 4.3-1 同轴度测量装置示意图

图 4.3-2 同轴度测量

4.3.2 大直径钢圆管现场圆度校正技术

薄壁圆管构件在运输和加工过程中，容易出现椭圆度偏差，导致管口对接出现错边现象，对于数量多、精度要求高的圆管焊接工程，必须保证椭圆度，避免质量问题的出现。采用焊接圆管校正装置，对于壁厚在 30mm 以下的钢圆管，可以有效地校正椭圆度。该装置主要包括圆管校正上部定圆部分、下部定圆部分、连接销轴、连接普通螺栓和液压千斤顶（图 4.3-3）。

将正下方千斤顶的位置正对桁架椭圆突出位置，利用上下两个定圆装置，通过螺栓进行连接，由此将千斤顶固定；对液压千斤顶加压，改变圆管的椭圆度，加压过程中进行检测，圆管突出部分校正完成后，停止千斤顶加压，完成焊接圆管的校正。

4.3.3 大直径钢圆管的自动焊接技术

对于大体量规则钢圆管的现场焊接，人工焊存在效率低、焊接质量参差不齐、受环境影响大等问题，通过分析施工现场大型钢圆管焊接工艺参数，研发出圆管轨道式自动焊接机器设备，本设备主要由控制程序、弧形轨道、磁力控制车、焊接摇摆器等组成，如图 4.3-4 所示。

该装置适用于环形焊缝的焊接，实际操作性强，提高了焊缝质量，缩短了施工周期，减少了人工投入，节省了施工成本，该自动焊接设备为封闭式圆弧形焊接作业提供了经验与数据支撑，为类似工程的焊接作业提供了参考。

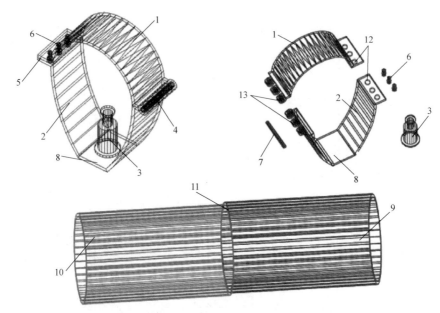

图 4.3-3 圆管校正装置示意图

1—上部定圆部分；2—下部定圆部分；3—液压千斤顶；4—销轴部分；5—连接板；6—安装螺栓；7—销轴棒；
8—底座；9—钢圆管1；10—钢圆管2；11—对接焊缝；12—螺栓孔；13—螺栓

1）大直径圆形轨道焊接机器人的设计与制作

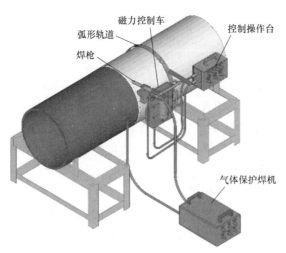

图 4.3-4 圆管轨道式自动焊接机器示意图

圆形轨道焊接机器人由磁吸行走小车、圆形轨道、控制操作台、二保焊机设备及连接缆线等组成。磁吸行走小车可自动吸附在圆钢管上，由轨道规定其行走轨迹，防止小车脱离焊接位置，小车上水平、竖向位移调整装置可根据焊缝的宽度和高度进行调整，整个焊接过程均由控制系统进行规划、行走、焊接，能满足不同焊缝的形式。

2）自动焊接工艺及参数的确定

以壁厚 $10\sim50$mm 的钢圆管为研究对象，焊接过程中采用 1.2mm CO_2 气体保护药芯焊丝，根据钢圆管厚度不同确定不同数量的分层，并根据焊接坡口及宽度确定同一层焊接宽度，形成多层多焊道的焊接，通过多次试验试焊，确定焊接工艺参数如表 4.3-1 所示。

圆形轨道自动焊接工艺参数   表 4.3-1

焊枪摆动幅度	摆动速度	可调偏差范围	焊接速度	快进速度	工作电压
$5\sim30$mm	$5\sim40$mm/s	±25mm	$10\sim30$m/h	$30\sim50$m/h	220V,50Hz

(a) 磁吸行走小车

(b) 圆形轨道

(c) 控制操作台

(d) 二保焊机

图 4.3-5 圆形轨道焊接机器人主要装置构成

3）圆管多层多焊道自动焊接技术

在圆管的焊接作业中，因焊接工艺、构件制作尺寸偏差、预起拱等影响，往往出现环形焊缝宽度不一，为克服这些因素的影响，同时满足圆管水平全位置坡口焊接不同焊接宽度的需求，联合焊接人员研发了不同宽度焊缝均匀自动焊接程序，通过调节焊接水平摆动实现焊道宽度的调整，同时辅以焊接速度进行调整，实现均匀同厚度的焊接。

4）圆形轨道自动焊接技术对比试验

对不同壁厚的圆管对接焊进行了全位置自动焊接和人工焊接的焊接质量工艺比对，圆形轨道自动焊接机器人的焊缝外观无咬边、飞溅、气泡等缺陷，符合规范中的要求（图4.3-6）。对焊缝进行了 UT 探伤，一次合格率为 100%，符合《钢结构焊接规范》GB 50661—2011 中一级焊缝的要求。在力学性能试验方面，通过对比焊接工艺评定中自动机器人焊接的相同材质的 Q355B 试板，弹塑性及韧性均符合规范标准。

(a) 人工焊接

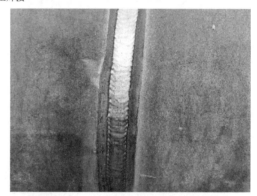

(b) 焊接机器人焊接实施

图 4.3-6 焊接对比

4.4 创新设计

针对空间折线大悬挑伞形分枝结构及柔性斜腹杆四弦空间桁架预应力大跨度桁架的施工，创新性地对结构进行合理的分段，优化了加工组装工艺，保证了构件加工精度，通过三维扫描技术的应用，复核校验了加工及施工质量，满足设计要求；通过结构形态的受力分析，研发了多级自平衡施工技术，节约了机械成本，巧妙地利用结构自身平衡状态，完成伞结构的自平衡施工；对无调节套筒钢拉杆的施工及张拉，创造性地研发角度精确控制装置及张拉装置，完成了数以万计的实腹式钢拉杆张拉施工；对钢圆管的施工，创新性地发明了轴度对正装置、真圆校正装置，保证了拼装精度，采用智能焊接技术完成大批量同步施工全位置焊接任务。

第 **5** 章

大型会展建筑专项设计方法

5.1 地基专项设计

5.1.1 软土地基基础设计方法

1. 软土地基高桩承台水平荷载控制设计法

我国东部沿海地区建设场区浅部大量分布全新统海相层，分布厚度较大的淤泥质土，属软土地基。超大型会展中心的展厅往往跨度大，为控制风荷载和地震作用下不产生过大的变形，柱脚多采用刚接设计。因此，在单柱竖向荷载非常大时，柱底水平荷载也相当大。与此同时，部分展厅没有地下室，基础设计时往往是高桩承台，上部淤泥质软土层的约束作用弱，水平荷载成为此类基础设计的控制因素。针对这些特点，本节提出了适用于超大型会展中心展厅主体基础设计的软土地基高桩承台水平荷载控制设计法，并在国家会展中心（天津）的主体基础设计中得到了有效应用，确保了大跨度展厅上部结构的安全。

国家会展中心（天津）位于天津市津南区咸水沽镇，场地内遍布约 3m 深的鱼塘。场地一、二期之间为现有海沽道，其下为地铁 1 号线北洋村站，场地东北侧为海河，拟建地下人防边界与海河西岸最小距离约为 230m。天津市处于燕山山地向滨海平原的过渡带，总地势为北高南低，西北高东南低，从北部山区向东南部滨海平原逐级下降，地貌形态呈簸箕状。根据地貌基本形态和成因类型，可将天津市地貌划分为山地丘陵区（包括构造侵蚀中低山、构造侵蚀低山丘陵、剥蚀堆积山间盆地）、堆积平原区（山前冲积-洪积倾斜平原、洪积-冲积平原、冲积平原、海积-冲积低平原、海积低平原）、海岸潮间带区三个大的形态类型和八个次级成因形态类型。拟建场地所处津南区地势低平，属于海积-冲积低平原，本地区堆积物成分以粉质黏土、粉土、粉砂等细颗粒物质为主，地貌形成年代新。

根据地质勘查报告，场地内从上至下依次分布全新统中组浅海相沉积层（Q_4^2m）、全新统下组沼泽相沉积层（Q_4^1h）及全新统下组陆相冲积层（Q_4^1al）。全新统中组浅海相沉积层（Q_4^2m）底板埋深一般为 13.00～16.00m，标高一般介于 −13.50～−16.00m。本层土第一亚层淤泥质黏土（地层编号⑥$_2$）土质软、强度低，呈灰色，流塑状态，属于高压缩性土，厚度一般为 4.50～11.60m。

综上所述，本工程场地属于典型沿海软土地区场地。建筑场地位置示意图见图 5.1-1，典型地质剖面图见图 5.1-2。

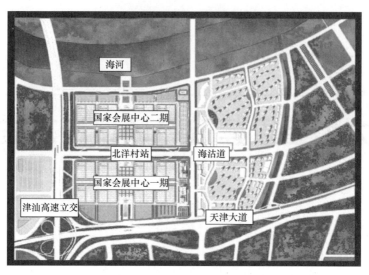

图 5.1-1　建筑场地位置示意图

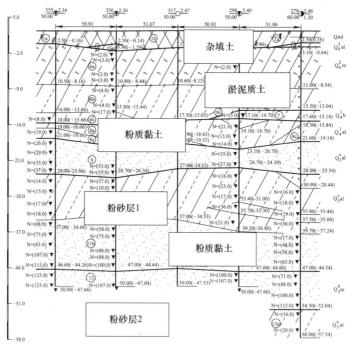

图 5.1-2　典型地质剖面图

　　一期和二期各设置 16 个大型甲等展厅，总布展面积 40 万 m²。单个展厅跨度 84m，长度 160m。展厅为一层钢结构，层高 24m，结构体系上每两个展厅为一组。屋面结构的所有重力荷载通过高度为 5.5m 的 9 榀梯形四弦桁架，传递到人字柱，最后传到基础。人字柱在整个展览大厅建筑中，作为主要的结构构件，承受所有的重力荷载与水平力，其基础设计尤为重要。同时，大跨度的钢结构对沉降非常敏感。结合场地地质情况，选择钻孔灌注桩基础作为展厅主体结构的基础形式，桩径 800mm，桩长约 38m，桩端持力层为粉砂层⑪$_b$。根据沉降控制和典型地质剖面图,选择粉砂层2(⑪$_b$)作为桩端持力层。

本工程展厅主体结构的沉降量控制要求为50mm。结合工程实践,钻孔灌注桩采用后注浆工艺是提高单桩承载力、减小桩基沉降的有效措施。因此,在本工程的钻孔灌注桩的设计中,采用了桩端后注浆工艺。该工艺通过桩端压入水泥浆,消除桩端沉渣,提高桩端阻力及下部土层侧摩阻力。根据《建筑桩基技术规范》JGJ 94—2008,结合《天津市岩土工程技术规范》DB/T 29—20—2017,钻孔灌注桩后压浆工艺侧阻力、端阻力增强系数可以按照表5.1-1取值。

注浆侧阻力、端阻力增强系数　　　　　　　　　　　表5.1-1

岩性	增强系数	取值
黏性土或粉土	β_{si}	1.5
	β_p	2.3
粉砂	β_{si}	1.8
	β_p	2.6

对于泥浆护壁成孔灌注桩,当为单一桩端后注浆时,竖向增强段为桩端以上12m;当为桩端、桩侧复式注浆时,竖向增强段为桩端以上12m与各桩侧注浆断面以上12m之和,重叠部分应扣除。本工程单桩总注浆量约为1.6t。

除竖向承载力和沉降控制外,展厅桩基设计要点有以下方面:

(1)本场区浅部全新统中组第一海相层(Q$_4^2$m)分布厚度较大的淤泥质土,属软土层,根据《软土地区岩土工程勘察规程》JGJ 83—2011第6.3.4条、《天津市岩土工程勘察规范》DB/T 29—247—2017等,结合天津地区设计经验,地基土最大震陷量可达150mm。软土震陷会造成地面沉降,对桩基础产生负摩阻力等影响。本场地原为大量鱼塘,水塘之间为土埂,局部为荒地,场地回填土厚度较大,一般为2～3m;另外,场地分布累计厚度较大的淤泥质土,为欠固结土,应考虑欠固结土固结等对桩产生的负摩阻力影响。综合上述因素,负摩阻力需加以考虑。

(2)场地抗震设防烈度为8度,软土厚度总计大于10m,桩身配筋宜适当加强,以增强桩身的受弯及受剪承载力。

(3)展厅跨度大,单柱承受较大的水平荷载;展厅无地下室,桩基均为高桩承台,加之上部淤泥质土层较厚,对承台和桩的水平约束作用较弱。因此,设计时应考虑水平荷载对展厅桩基的影响。展厅主体结构桩基础单桩水平承载力按以下方式进行计算:

① 计算条件

拟建场地大部分区域原为鱼塘,地势低,拟建场地设计室外地坪标高约为3.20m,需回填、平整至设计标高,回填土按经分层碾压处理后考虑。计算时按桩径0.80m、混凝土强度等级C35、桩身配筋率约0.65%、桩顶标高2.00m、桩长40.0m考虑,桩身参数计算条件见表5.1-2。

桩身参数计算条件　　　　　　　　　　　表5.1-2

桩径 (m)	桩长 (m)	保护层厚度 (m)	纵筋配筋率	混凝土强度 等级	混凝土弹性模量 (MPa)	钢筋弹性模量 (MPa)
0.80	40	0.10	0.65%	C35	31500	200000

② 计算公式

根据《建筑桩基技术规范》JGJ 94—2008 第 5.7.2 条第 6 款桩身配筋率不小于 0.65% 的灌注桩单桩水平承载力特征值，估算如下：

$$R_{ha} = \frac{0.75\alpha^3 EI\chi_{oa}}{V_x}$$

式中　R_{ha}——单桩水平承载力特征值；

　　　α——桩水平变形系数，按《建筑桩基技术规范》JGJ 94—2008 第 5.7.5 条确定；

　　　EI——桩身抗弯刚度，按《建筑桩基技术规范》JGJ 94—2008 第 5.7.2 条确定；

　　　χ_{oa}——桩顶允许水平位移；

　　　V_x——水平位移系数。

③ 计算结果

计算结果　　　　　　　　　　　　　　　　　　　表 5.1-3

桩顶允许水平位移 $\chi_{oa}=6mm$	综合比例系数 m	7.50
水平承载力 R_{ha}(kN)	桩顶固接	231.7
	桩顶铰接	89.2
桩顶允许水平位移 $\chi_{oa}=10mm$	综合比例系数 m	5.50
水平承载力 R_{ha}(kN)	桩顶固接	320.6
	桩顶铰接	123.5

展厅结构三维效果图见图 5.1-3，展厅人字柱布置见图 5.1-4，展厅边柱和中柱桩基布置见图 5.1-5。

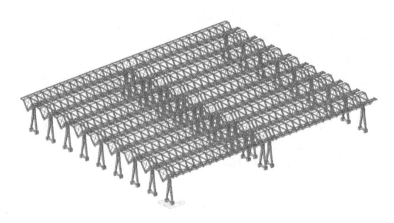

图 5.1-3　展厅结构三维效果图

2. 软土地基重工业展厅地坪沉降控制设计法

如上所述，我国东部沿海地区建设场区浅部大量分布全新统海相层，分布厚度较大的淤泥质土，属软土地基。超大型会展中心，尤其是重工业展厅，地面荷载要求高，通常会达到 5~10t/m² 。地坪沉降控制标准过低会影响布展和参观及展厅高大幕墙的稳定，破坏出室外的机电管线。针对上述问题，本节提出适用于超大型会展中心重荷载展厅室内地坪

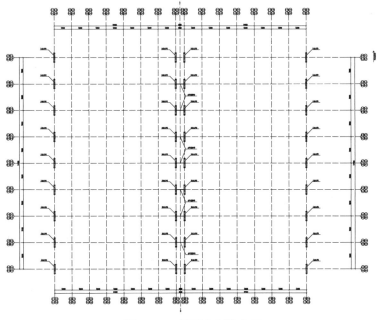

图 5.1-4 展厅人字柱布置

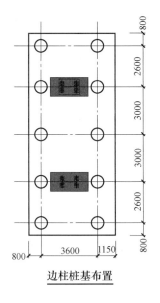

边柱桩基布置

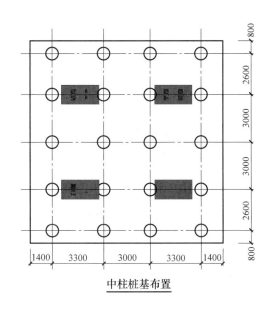

中柱桩基布置

图 5.1-5 展厅边柱和中柱桩基布置

设计的软土地基重工业展厅地坪沉降控制设计法，在国家会展中心（天津）的室内地坪设计中得到应用，有效控制了地坪沉降。

国家会展中心（天津）定位为大型重工业展览，展厅地面荷载应达到 50kN/m² 以上（其中，一期 12 个展厅地面荷载 50kN/m²，4 个展厅地面荷载 80kN/m²；二期 16 个展厅地面荷载均为 50kN/m²），控制总沉降量不超过 50mm。展厅内场地土表层为 2～3m 的近期新填土，工程性质差，填土下存在厚度 10m 左右的淤泥质土，属欠固结高压缩性土。本工程比较了多种地基处理方案以及预应力管桩基础加零层板的结构方案。

（1）水泥土搅拌桩复合地基处理。水泥土搅拌桩在淤泥质土层和欠固结土层中成桩可靠性较差，施工前需提前进行现场试验确定其在淤泥质土中的适用性和处理效果，方案不可行。

（2）真空预压联合堆载预压地基处理。工期约 10 个月，时间较长，不满足项目开发周期要求，方案被否决。

（3）CFG 桩复合地基处理加构造配筋地面与预应力管桩加零层板方案的对比分析，技术、经济比较如表 5.1-4 所示。

两种方案技术、经济比较　　　　　　　　　　　表 5.1-4

荷载要求	处理方法	桩长（m）	桩径（mm）	桩间距（m）	沉降量（mm）	造价（元）
50kPa	CFG	24	420	1.8×1.8	27.9	830
80kPa	CFG	24	420	1.6×1.6	28.1	1000
50kPa	管桩	24	400	3.0×3.5	19.0	760
80kPa	管桩	24	400	3.0×2.5	20.0	1150

由比较可见，CFG 桩复合地基处理加构造配筋地面的造价和预应力管桩加零层板方案相差不大。桩间有可能发生不均匀沉降，使室内地坪出现起鼓、塌陷、开裂等问题，影响使用。经比较，最终采用预应力管桩桩基础＋零层结构板方案。管桩选用直径 400mm、壁厚 95mm 的 AB 型 C80 预应力混凝土管桩，桩端持力层选择在第一个粉砂层（⑨₂层），桩长约 23m。该方案具有以下优势：①地面长期沉降小，提高了长期使用的可靠性；②高大的幕墙、砌体墙等可直接落在结构板上，不需要再单独做基础。

场地抗震设防烈度为 8 度，软土厚度总计大于 10.0m。因此，采用复合配筋的预应力混凝土空心管桩，提高单桩的受弯及受剪承载力。同时，为避免软土地区的挤土效应造成桩顶位移与隆起，采用开口桩尖的形式，施工时采取合适的施工顺序，以减小挤土效应的影响。

3. 软土地基室外地坪经济平衡控制设计法

如上所述，我国东部沿海地区建设场区浅部大量分布全新统海相层，分布厚度较大的淤泥质土，属软土地基。超大型会展中心，尤其是重工业展览中心，除了室内展厅以外，还有地面荷载要求更高的室外展场以及运送重型展览装备的大型货车行驶道路。场区面积巨大，室外地面沉降控制标准参照室内展厅造价大；绝对沉降量控制适当放宽，控制好均匀沉降，保证安全性的同时可以省成本，局部不均匀沉降可通过后期修复。综上，本工程提出适用于超大型重工业会展中心室外地坪设计的软土地基室外地坪经济平衡控制设计法，在国家会展中心（天津）的室外地坪设计中得到应用，取得明显经济效益。

国家会展中心（天津）室外区域面积大、功能复杂、地质条件差。根据运营方提供的使用荷载要求以及场地内的交通流线组织，结合主体结构的基础布置和机电专业的管线走向，必须对室外区域进行必要的地基处理，才能满足使用要求，保证结构主体安全以及避免机电管线的破坏。地基处理的目标主要是通过合理的地基处理技术措施控制过大的沉降及不均匀沉降。沉降控制标准没有非常准确的规范依据，参照《公路路基设计规范》JTG D30—2015 的有关内容，并考虑本工程的社会影响以及工程造价，综合确定室外区域的沉降控制标准和地基处理方案。

承载能力要求：室外展场 $100kN/m^2$，其他区域 $50kN/m^2$；沉降控制要求：100mm（后降低要求为300mm）。

1）方案一：真空预压联合堆载预压

先采用真空预压联合堆载预压方法进行处理，使处理后的地基承载力达到100kPa，处理后的淤泥层固结度达到 85％。预压完成后，路面再按市政道路做法。真空预压及堆载预压设计参数如下：

（1）砂垫层

砂垫层厚度不小于800mm，必要时厚度可增加至1000mm；材料采用中粗砂，含泥量不得大于5％，渗透系数大于 $1×10^{-2}$ cm/s。

（2）塑料排水板

塑料排水板正三角形布置，间距1.0m；插板深度到达淤泥层底部。塑料排水板上端高出砂垫层20cm，填土前将该20cm的塑料排水板沿水平方向摆放并埋入砂垫层中。塑料排水板型号为SPD-100B。

（3）真空预压

真空预压覆盖膜采用3布2膜，即最上一层为编织土工布，其下为短丝无纺土工布，中间为2层PE或PVC密封膜，最下一层为长丝无纺土工布。膜下管道采用直径 $\phi75mm$ PVC管，与离心泵和射流箱连接。真空预压的真空度需达到610mmHg以上。编织土工布采用 $60～90g/m^2$；短丝无纺土工布选用 $250g/m^2$，断裂延伸率≥40％，断裂强度≥8.0kN/m，CBR顶破强度≥1.2kN；长丝无纺土工布选用 $250g/m^2$，断裂延伸率≥50％，断裂强度≥12.5kN/m，CBR顶破强度≥2.2kN。

（4）堆载

堆载材料可以选择土料或其他散装固体材料，按堆载材料的重度和最大荷载为30kPa计算堆载高度。按土料重度 $18kN/m^3$，需加载高度为1.70m，分两次进行加载。第一次堆载高度为1.0m，第二次堆载高度为0.70m。

该处理方案工期：约10个月，时间允许，为最经济的方案。

2）方案二：CFG桩复合地基处理方案

桩径：420mm；处理深度：处理至粉砂9层，对应桩长24m；桩间距：2.4m×2.4m（2.1m×2.1m）；褥垫层厚度500mm；桩帽尺寸 1.2m×1.2m，200mm厚构造配筋地面。该方案技术经济指标见表5.1-5，图5.1-6为CFG桩复合地基处理示意图。

CFG桩复合地基处理方案技术经济指标　　　　　表 5.1-5

荷载要求（kPa）	处理方法	桩长（m）	桩径（mm）	桩间距（m）	沉降量（mm）	造价（元）
50	CFG	24	420	2.4×2.4	98	650
100	CFG	24	420	2.1×2.1	108	780

由于场区面积超大，该方案总体造价仍不菲，业主方最终决定将沉降控制标准由

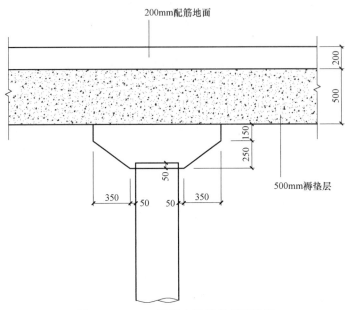

图 5.1-6　CFG 桩复合地基处理示意图

100mm 降为 300mm，经多轮讨论后，确定采用下述浅层地基处理方案，后续使用过程中对局部不均匀沉降区域进行修复。

3）方案三：浅层地基处理方案

对所有室外区域，参照天津市高速公路做法，采用浅层地基处理，具体做法如下：

（1）对现状表层土下挖豉灰处理，豉灰整平压实后顶面压实度应达到 90% 以上（重型标准）。

（2）路床填筑厚度 800～1200mm，压实度应大于 94%～96%（重型标准），路床顶回弹模量不小于 50MPa。

（3）路面结构采用（从上至下）：

300mm 水泥混凝土（配钢筋网片）；

180mm×2 两层水稳基层；

200mm 12% 石灰土底基层。

（4）水泥混凝土面层抗折强度不小于 5MPa，按照《公路水泥混凝土路面设计规范》JTG D40—2011 要求进行分块和细部设计。图 5.1-7 为浅层地基处理方案剖面示意图。

5.1.2　基坑支护与地铁保护技术

2021 年国家发布的"十四五"规划中提出要建设"韧性城市"，提高城市应对风险的能力，而高效合理的地下空间开发利用正是"韧性城市"建设的重要组成部分。因此在未来几年，地下空间的开发利用规模会进一步扩大，并呈现出更大、更深、更立体的发展趋向。在地下空间开发利用过程中，因城市轨道交通的高密度分布，导致出现了大量紧邻地铁的深基坑工程，而地铁盾构隧道对周边环境变化十分敏感，施工不当会影响地铁设施的结构安全和正常运营。目前，邻近地铁深基坑变形控制技术已成为岩土工程领域的热点课

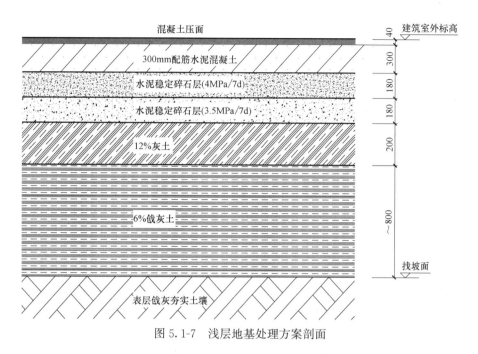

图 5.1-7　浅层地基处理方案剖面

题，国内外学者对此进行了大量研究并已取得了一些研究成果。

根据基坑与地铁设施的相对位置关系，可将基坑分为上方基坑和旁侧基坑两类，旁侧基坑又包括单侧基坑和双侧基坑。目前已有的研究成果主要是针对单一的地铁上方基坑或侧方基坑，对于邻近地铁盾构隧道双侧深基坑的设计技术研究相对较少。此外，对于地铁盾构隧道影响区内同时存在双侧基坑和上方基坑开挖情况的相关研究，更是鲜有报道。

本节以杭州大会展中心一期基坑支护工程为背景，建立了三维有限元分析模型，对地铁盾构隧道附近同时存在双侧和上方基坑开挖情况进行研究，并提出了有效控制盾构隧道变形的技术措施。本项目侧方基坑与上方基坑分布位置详见图 5.1-8。

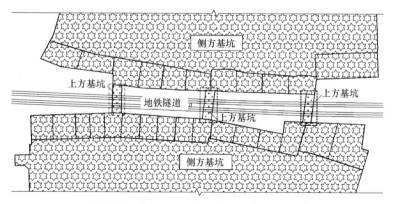

图 5.1-8　侧方基坑与上方基坑的平面位置

1. 项目概况

拟建杭州大会展中心一期工程总建筑面积约 60 万 m²，其中地上建筑面积约 40 万 m²，

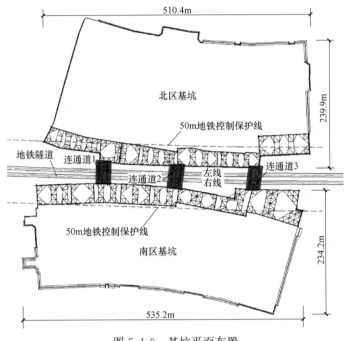

图 5.1-9　基坑平面布置

地下建筑面积约 20 万 m^2。图 5.1-9 为基坑平面布置，以地铁盾构隧道为界，分为南区、北区两个侧方基坑，两基坑最小间距约 40.8m；同时隧道上方设有 3 个连通道基坑。南区基坑开挖面积约 9.6 万 m^2，北区基坑开挖面积约 11.0 万 m^2，邻地铁侧开挖深度约 4.9m；连通道基坑开挖面积约 492.4～570.7m^2，开挖深度约 4.7m。

邻近地铁盾构隧道顶埋深约 10.9～12.2m，与北区基坑围护桩净距约 9.6～46.8m，与南区基坑围护桩净距 6.6～27.9m，隧道与基坑的剖面关系详见图 5.1-10。连通道基坑上跨地铁盾构隧道，坑底距离隧道顶约 6.0～7.4m；连通道基坑加固土底距隧道顶约 3.0～4.4m，见图 5.1-11。

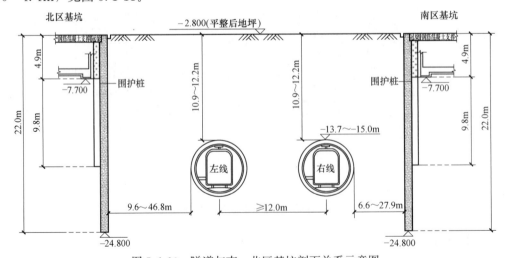

图 5.1-10　隧道与南、北区基坑剖面关系示意图

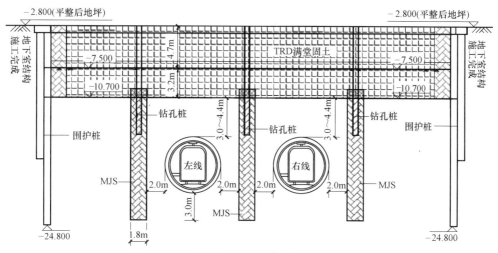

图 5.1-11　隧道与连通道基坑剖面关系示意图

2. 工程地质和水文条件

根据钻探结果，本项目基坑影响范围内浅表分布约 1.0～2.5m 厚的①$_{0-1}$ 杂填土、①$_{0-2}$ 素填土层，其下主要为①$_{1-1}$、①$_{1-2}$、②$_1$、②$_2$ 层渗透性能良好的砂质粉土层，厚度约为 31.0m，典型地质剖面见图 5.1-12。基坑底部均位于①$_{1-2}$ 砂质粉土层；邻近的地铁隧道基本位于②$_1$ 和②$_2$ 层土中。

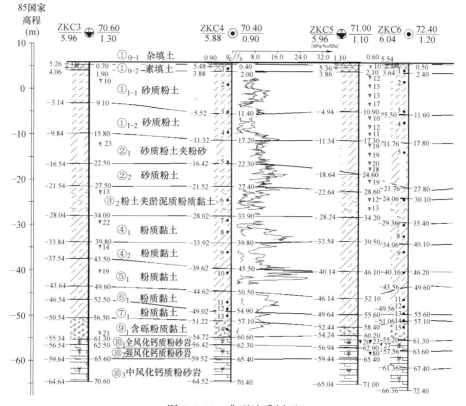

图 5.1-12　典型地质剖面

拟建场地地下水主要为填土中的孔隙潜水，地下潜水位埋深在现状地表下 1.5～3.2m。本项目基坑开挖深度较小，仅浅层潜水对基坑开挖过程有影响。综合分析场地水文地质条件、周边环境、基坑形状及面积，本基坑工程主要存在以下重点与难点：

（1）开挖影响范围内为深厚的富水砂性地层。基坑开挖范围内主要为杂填土、素填土以及近 31.0m 的深厚砂质粉土，渗透系数大，在基坑开挖期间易出现管涌，影响支护结构稳定性。

（2）隧道两侧基坑面积大，沿隧道边长。隧道两侧基坑开挖面积约 20.6 万 m^2，基坑沿隧道侧长度达到 510.4～535.2m，土方卸载量大，空间效应弱。

（3）连通道基坑土方卸载量大。连通道基坑开挖深度约 4.7m，根据浙江省工程建设标准《城市轨道交通结构安全保护技术规程》DB33/T 1139—2017，连通道卸荷比达到 0.6，远超规程中 0.2 控制值。大量卸荷会导致下设地铁盾构隧道产生较大的竖向隆起变形。

（4）施工工况复杂。双侧基坑体量大，为确保工程进度，两侧基坑需同时施工。地铁盾构隧道双侧大体量卸载，会对中间隧道产生叠加影响。

（5）邻近盾构隧道的变形控制要求高。隧道两侧基坑距离地铁隧道近，净距小于 10.0m；同时三个连通道基坑上跨既有隧道。地铁设施已投入运营，隧道水平径向收敛基本处于 10.0～15.0mm 之间，局部位置存在裂缝、渗水等病害，变形控制要求高，对基坑支护变形控制要求严格。根据浙江省工程建设标准《城市轨道交通结构安全保护技术规程》DB33/T 1139—2017 和《建筑基坑工程技术规程》DB33/T 1096—2014，基坑安全等级、支护结构侧向变形及隧道变形控制标准见表 5.1-6。

基坑安全等级、支护结构侧向变形及隧道变形控制标准　　表 5.1-6

基坑区域	支护结构侧向变形控制值（mm）	隧道变形控制值（mm）			基坑安全等级
		竖向位移	水平位移	水平收敛	
南区基坑	20.0				
北区基坑	20.0	8.0	5.0	5.0	一级
连通道基坑	15.0				

3. 基坑支护方案

综合考虑上述重点与难点，本基坑工程采用以下支护方案。

1）南、北区基坑支护方案

（1）南、北区基坑地铁保护线 50m 范围内，外围一周采用 $\phi900@1100$mm 的钻孔灌注桩＋一道钢筋混凝土支撑的支护形式，通过大刚度的围护体系来减少围护结构侧向变形，典型剖面见图 5.1-13。地铁保护线范围外主要采用钢板桩止水帷幕结合大放坡的支护形式。

（2）基坑开挖范围内土层渗透性高，为确保止水帷幕的可靠性并且控制帷幕施工对周边环境的扰动，采用了渠式切割水泥土连续墙（TRD）作止水帷幕；同时在围护桩桩间增设了高压旋喷桩，形成双道止水帷幕。TRD 具有施工速度快、微扰动及止水效果好等优点，在邻地铁边基坑工程中应用较为广泛。

（3）浙江省工程建设标准《城市轨道交通结构安全保护技术规程》DB33/T 1139—

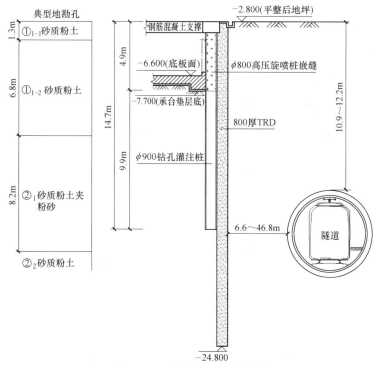

图 5.1-13　隧道两侧基坑剖面

2017 对邻近地铁的旁侧基坑的单体尺寸均有严格要求。为确保单体基坑面积满足规程要求，本工程支护方案创新性地采用 $\phi600@900mm$ 钻孔灌注桩"硬分坑"结合三轴水泥搅拌桩重力式挡墙"软分坑"的组合形式，将邻近地铁 50m 范围内的基坑分为 27 个小基坑，既确保了单体基坑面积满足规程要求，又减少了钻孔灌注桩分隔桩的数量，也使得基坑分区施工更加灵活，见图 5.1-14。

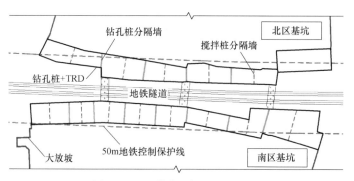

图 5.1-14　隧道两侧基坑平面图

（4）为确保工程进度，邻近地铁隧道的超大体量双侧基坑需同时进行开挖施工。大体量的双侧基坑同步开挖过程中，不同的土方分区、分块开挖顺序对邻近隧道变形影响程度不同。现有的研究结果及部分工程实际实施情况表明，双侧基坑对称开挖相较非对称开挖对隧道水平的位移控制效果好，而非对称开挖则对隧道竖向位移的控制更为有利。多位学者根据对现场实测位移场研究，提出基坑开挖引起的土体水平向影响范围约为 1~2 倍基

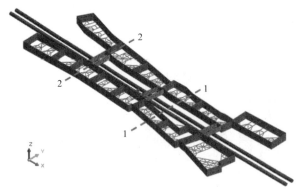

图 5.1-15　三维计算模型

坑深度。本项目大部分单体基坑与隧道的距离大于 2 倍基坑开挖深度，因此基坑开挖引起的隧道变形以竖向变形为主。

为进一步研究双侧基坑非对称开挖（方案一）和对称开挖（方案二）两种施工顺序对本项目邻近地铁盾构隧道的变形影响，建立了三维模型进行计算，并选取两个典型断面的计算结果进行对比分析，三维计算模型见图 5.1-15。

表 5.1-7 为断面 1 的隧道变形计算结果，由表中数据可知，本项目双侧基坑施工引起的隧道变形以竖向沉降和水平收敛变形为主。方案一各施工阶段单次卸荷量较小，在隧道竖向位移、水平收敛控制方面优于方案二，方案一引起的隧道竖向位移和水平收敛分别约为方案二的 68% 和 55%；方案一在水平位移控制上较差，但总量相对较小。

双侧基坑不同开挖顺序下隧道阶段变形（断面 1）　　　　　表 5.1-7

双侧基坑开挖方案	双侧基坑施工完成后盾构隧道变形		
	水平位移(mm)	竖向位移(mm)	水平收敛(mm)
方案一	2.86	−2.97	2.19
方案二	1.93	−4.38	3.96

表 5.1-8 为断面 2 的隧道变形计算结果，连通道影响范围的地铁盾构隧道，在双侧基坑开挖期间，隧道竖向位移主要表现为沉降。在上方基坑开挖施工期间，因大量卸荷导致隧道产生较大的向上隆起，通道施工的阶段隆起量超过 10.0mm。方案二在侧方基坑及上方基坑叠加施工的情况下，对隧道的竖向隆起控制优于方案一，最终的累计隆起量较方案一可减少 26%。

双侧基坑不同开挖顺序下隧道阶段变形（断面 2）　　　　　表 5.1-8

双侧基坑开挖方案	连通道基坑施工完成后盾构隧道变形		
	水平位移(mm)	竖向位移(mm)	水平收敛(mm)
方案一	3.73	8.02	1.35
方案二	2.76	5.96	2.07

基于上述分析计算结果，为减少基坑施工期间引起的隧道变形，对本项目双侧基坑开挖顺序作了如下规定：非连通道范围采用非对称开挖的形式，连通道对应位置采用双侧对称开挖的形式。连通道基坑影响范围，通过协调双侧基坑和连通道基坑施工期间引起的盾构隧道竖向位移，以达到控制盾构隧道最终累计竖向变形的目的，也能够较好地控制盾构隧道的水平位移。

2）连通道基坑支护方案

（1）连通道基坑与地铁隧道正交，如图 5.1-16 所示。由于连通道基坑下卧地铁盾构隧道，因此围护桩桩长受到限制，影响支护结构的稳定性。为提高支护结构稳定性，围护桩采用双排TRD工法桩＋一道钢筋混凝土支撑的围护形式。

（2）为进一步提高支护结构稳定性，同时避免坑内降水引起坑外地下水渗流，对坑内和坑外约8.0m范围内土体进行加固，加固深度范围为自然地面至坑底以下3.2m。目前，隧道上方土体加固通常采用全方位高压喷射工法（MJS），但MJS施工速度慢且对现场施工控制要求较高，因MJS大面积施工过程中参数控制不当而引起的邻近地铁盾构隧道变形突增的事故屡见不鲜。本项目创新性地采用了TRD进行加固，加固施工速度快，参数控制精准；同时对TRD的施工工序、荷载控制进行了详细的规定。

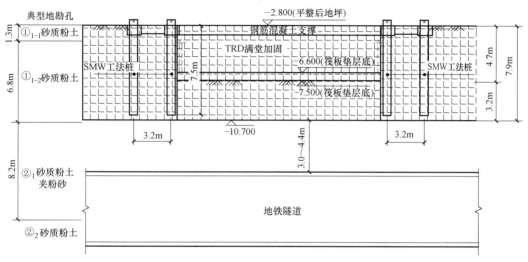

图5.1-16 隧道上方连通道基坑剖面

（3）在地铁盾构隧道两侧及中间设置了$\phi1800@1300$mm的MJS加固，同时MJS内设置了钻孔灌注抗拔桩。MJS、TRD加固和钻孔灌注抗拔桩共同形成"门式加固"，可有效控制基坑开挖过程中的盾构隧道隆起变形。

（4）基坑底设置200mm厚加筋垫层，并要求开挖到底后立即放置混凝土配重块进行反压，根据盾构隧道实时变形监测数据，动态调整反压技术措施。

（5）精细化规定土方的分层分块开挖。严格控制分层厚度、分块的尺寸和开挖顺序。土方开挖过程根据盾构隧道监测数据做到信息化施工。

4. 基坑及隧道变形分析

1）三维有限元数值计算模型

为验证本基坑工程施工顺序安排的适用性，通过MIDAS GTS NX软件建立三维有限元数值计算模型，分析研究了本基坑施工对邻近地铁隧道的影响（图5.1-17）。考虑到模型边界效应，模型边与基坑边距离取50.0m，模型边与隧道中心的距离取50.0m，竖直方向自地表向下取45.0m，即模型的尺寸为700.0m（长）×300.0m（宽）×45.0m（高）；盾构隧道衬砌外径6.2m，壁厚0.35m。土体本构模型采用小应变土体硬化模型（HSS模型），地层参数根据地质勘察报告选取。计算模型采用十节点四面体单元模拟，围护桩、隧道衬砌、地下室结构采用板壳单元模拟，支撑、立柱采用梁单元模拟。模型边界采用标准约束形式，在侧向边界面施加水平方向约束（$U_X=0$，$U_Y=0$），在模型底面施加竖直方向约束（$U_Z=0$）。

图 5.1-17　三维有限元数值计算模型

2）三维有限元数值计算结果

根据数值分析计算结果（图5.1-18）显示，本项目基坑施工完成后引起盾构隧道产生累计最大水平位移为－4.56mm，累计最大竖向隆起为5.96mm，累计最大收敛为2.53mm。非连通道影响范围双侧基坑采取大刚度支护体系及非对称开挖措施，连通道影响范围采取"门式加固""信息化配重反压"以及对称开挖措施后，可有效地控制邻近地铁盾构隧道变形，盾构隧道变形均满足表5.1-7中的控制要求。

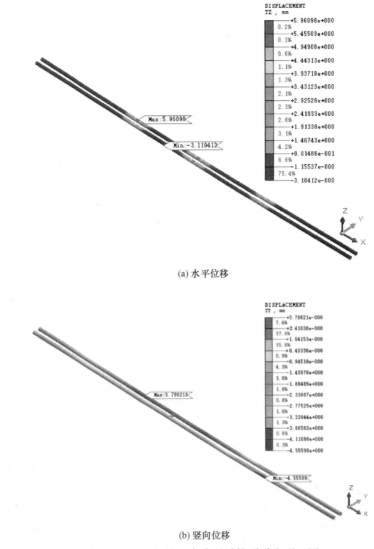

(a) 水平位移

(b) 竖向位移

图 5.1-18　基坑施工完成后盾构隧道变形云图

5. 结论

基于杭州大会展中心一期工程紧邻既有地铁盾构隧道的特点，从支护体系、施工工序、支护结构工艺等方面进行了针对性的设计。同时建立了三维有限元数值计算模型，分析了双侧基坑不同开挖顺序情况下对邻近地铁盾构隧道的变形影响，主要得到了以下结论：

（1）地铁盾构隧道侧方基坑采用钻孔灌注桩"硬分坑"结合三轴水泥搅拌桩重力式挡墙"软分坑"的组合形式来限制单体基坑面积，控制单次土方卸载量，可达到充分利用基坑时空效应的效果，进而有效减少围护结构及邻近地铁盾构隧道变形，确保隧道变形满足地铁保护要求。

（2）邻近地铁盾构隧道边超长基坑，当距离隧道大于 1～2 倍开挖深度时，基坑开挖对盾构隧道的影响主要以竖向沉降和水平收敛变形为主，两侧基坑采用非对称开挖效果优于对称开挖。

（3）对于大体量的地铁盾构隧道上方基坑开挖，采用"门式加固""信息化配重反压"以及"精细化分区开挖"措施，可有效控制基坑施工过程中隧道的隆起变形。

（4）对于同时存在邻地铁盾构隧道侧方基坑和上方基坑的情况，可适当考虑地基加固、旁侧基坑开挖等施工作业引起的沉降对后期上方基坑开挖期间隧道隆起变形控制的积极作用。

5.2 消防专项设计

本节对大型会展建筑群由于空间特点以及场馆内使用功能需求存在的消防设计难点进行介绍。针对双层展厅消防救援、室外有盖空间的消防设计定性，大型会场、展厅等的防火分区消防设计难点，开展大型会展建筑群消防安全保障技术研究，采用消防安全工程学原理和方法，制定基于安全目标和性能要求的消防安全策略。进行火灾数值模拟分析，以论证本工程消防安全水平不低于当前规范的要求。提出消防设计优化解决方案，为大跨度、大空间、功能特殊等类型的会展建筑群消防设计提供参考。

5.2.1 大型双层展厅消防救援及人员疏散保障技术

大型双层展厅建筑二层展厅周边设置了货运平台，首层扑救场地无法直接对二层展厅进行扑救。同时，二层展厅所需的室内楼梯疏散宽度较大，实际往往难以满足需求。本方案分析了双层展厅消防救援及人员疏散的可行性，在一、二层展厅分别设置消防救援车道，消防车利用货运平台对二层展厅进行平层救援；研究提升双层展厅之间的楼板及平台耐火极限至 3.0h 的方法；研究二层展厅人员平层疏散形式，二层展厅人员经疏散门至室外货运平台，并通过平台楼梯疏散至地面；同时，模拟分析平台容纳能力和疏散能力，保证疏散人员的同时，不对消防救援操作产生影响，进而保证双层展厅防火、救援和疏散的独立性。

1. 设计难点

以杭州大会展中心项目为例，两个双层展厅高度 41.7m。二层展厅周边设置高架平台，首层扑救场地无法直接对二层展厅进行扑救。现行规范对此类会展建筑消防救援及安全疏散规定并不明确。

本项目设置大盖板将一、二层展厅完全分隔。在首层设置环形消防车道的同时，在二层平台沿两长边设置消防车道，作为二层的消防救援场地，使两层展厅分别具备独立的疏散及消防救援条件。

2. 消防设计策略

双层展厅在一、二层分别设置消防车道，首层设置环形消防车道，在二层室外平台沿两长边设置消防车道，分别作为两层的消防救援场地。同时，设置3.0h耐火极限大盖板将一、二层展厅完全分隔，两侧展厅发生火灾时不至于相互影响，各自具备独立的疏散及消防救援条件。

1）结构防火设计

（1）双层展厅之间楼板及19m标高平台的耐火时间为3.0h。支撑盖板的柱、梁的耐火极限均应不低于3.0h。

（2）盖板展厅建筑主体6m范围内严禁开设连通洞口。

（3）建筑内的穿越19m标高平台及楼板的楼梯设置防烟楼梯间，电梯为消防电梯，电缆井、管道井应设置防火隔墙分隔，检修门为甲级防火门，其他穿越盖板排水管应为金属管且采用防火材料封堵（图5.2-1）。

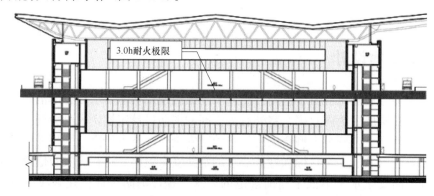

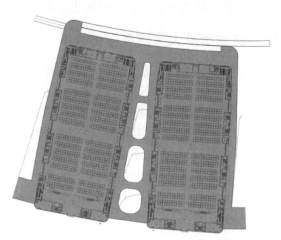

图 5.2-1　双层展厅剖面及19m平台平面

楼板的加强耐火时间做法参考英国标准《混凝土的结构应用　第1部分：设计和建造实用规范》BS 8110—1—1997，具体要求如表5.2-1所示。

耐火时间

表 5.2-1

耐火时间 （h）	最小梁宽 （mm）	腹板宽 （mm）	最小板厚 （mm）	柱宽（mm）			最小墙厚（mm）		
				全部暴露	50%暴露	一个表面暴露	$\rho<0.4\%$	$0.4\%<\rho<1\%$	$\rho>1\%$
0.5	200	125	75	150	125	100	150	100	75
1.0	200	125	95	200	160	120	150	120	75
1.5	200	125	110	250	200	140	175	140	100
2.0	200	125	125	300	200	160		160	100
3.0	240	150	150	400	300	200		200	150
4.0	250	175	170	450	350	240		240	180

注：1. 表中的最小尺寸和保护层相关。

2. ρ 为混凝土截面的配筋率。

2）平台消防车道设置

在平台沿两个长边设置消防车道，作为二层的消防救援场地，其设置要求如下：

（1）北侧设置两个坡道连接平台，坡度小于8％（图5.2-2）；

（2）平台承重荷载按不应小于40t设计，平台增设室外消火栓及水泵接合器（图5.2-3），采用消防水池供水；

（3）消防车道的净宽度和净空高度不小于4m；

（4）转弯半径大于12m，尽端回车场面积18m×18m；

（5）车道靠建筑外墙一侧的边缘距离小于5m时，外墙4m高度范围设置实体墙、甲级防火门。

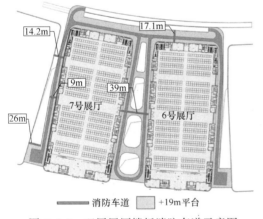

图 5.2-2　双层展厅楼板消防车道示意图

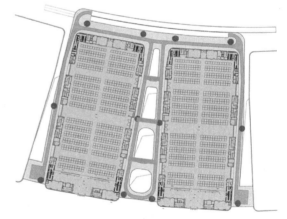

图 5.2-3　双层展厅19m平台室外消火栓设置

3）二层展厅人员疏散设计

（1）二层展厅人员以平层疏散至19m标高平台，平台设置封闭楼梯，并采用耐火极限不低于2.0h的防火隔墙和乙级防火门将平台的连通部位完全分隔，同时应设置明显的标志（图5.2-4）。

（2）二层展厅疏散至19m标高平台宽度指标进行加强，按1m/百人设计。

4）平台疏散设计原则

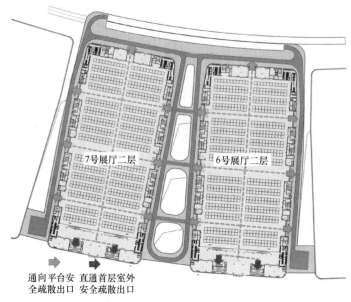

图 5.2-4　双层展厅疏散出口设置

（1）平台至地面疏散宽度不小于二层展厅疏散至平台总宽度的 50％。

（2）平台任意一点至通向地面的疏散出口最大距离以 60m 为标准控制（图 5.2-5）。

（3）平台应增设疏散指示及应急照明，作为平台疏散的加强措施。

（4）分析二层展厅向平台人员疏散情况，分析人员疏散与消防车救援的时间关系，人员疏散区域与消防车道之间的关系。

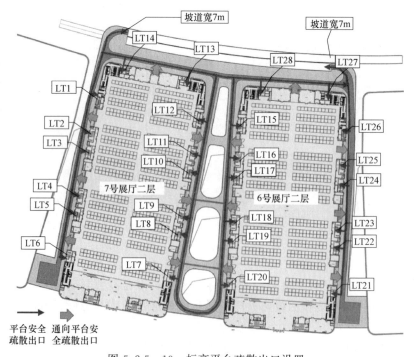

图 5.2-5　19m 标高平台疏散出口设置

3. 双层展厅平台人员疏散与消防救援分析

本节将针对消防车辆救援与人员疏散之间的影响进行分析。

1）分析模型

采用 STEPS（Simulation of Transient Evac-uation and Pedestrian Movements）疏散模拟软件对人员疏散行动情况进行动态分析，STEPS 5.3 版是一种 PC-based 计算机模型（图 5.2-6），专门用于分析建筑物中人员在正常及紧急状态下的人员疏散状况，适用建筑物包括大型综合商场、会展、办公大楼、体育馆、地铁站等。

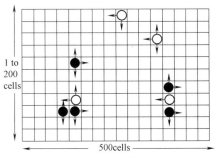

图 5.2-6　STEPS 网格系统模型

2）假设性前提及限制

此人员疏散模型有以下的假设及限制：

（1）建筑物内疏散通道和疏散出口是通畅的，而火灾区附近的疏散通道或出口则可能被封堵。

（2）模型只模拟有行动能力的人，残疾人士则假设由其他方式逃离，例如经消防队员帮助逃离。

（3）使用者可自行设定人员行走速度及出口流量，进行有序情况下人员疏散模拟。模型本身并不会因拥挤状况而调整设定，但在拥挤情况下，模型中人员会因被前面的人挡住去路而无法继续前进，因此行走速度会间接改变。

（4）在出口处，现实生活中可能发生的人与主流反向而行的情况不作考虑。

（5）模型采用 0.25～0.09m^2 的网格系统。其网格的大小与模型的运作时间有一定的关系，采用更加细小的网格系统将使模型的运作时间相对延长。

（6）模型中人员只能以 45°角向 8 面移动。

（7）此计算机模型只分析人员所需行走时间，不包含火灾探测时间及人员行动前准备时间。现实生活中，完整的人员疏散时间则需加上疏散开始时间。即：

$$人员疏散时间 = 行走时间(计算机模拟) + 疏散开始时间$$

模型中所模拟的时间因人员所处位置、人员特性和人员选择出口/人员疏散方向的决定方式带有随机性，因此每次模拟得出的人员疏散时间会有所差别。最大偏差值为±3%。

3）主要参数

（1）人员类型

根据人员身体尺寸和步行速度，将人员分类简化为成年男性、成年女性、儿童及长者。

各人员分类的比例是基于 Simulex 软件[①]所建议的数值，同时考虑到该建筑功能主要为展览及文艺演出，因此本项目的人员种类及组成如表 5.2-2 所示。

人员种类及组成　　　　　　　　　　　　　　　　　　　表 5.2-2

人员种类	成年男性（%）	成年女性（%）	儿童（%）	长者（%）
公共区域	35	40	15	10
办公区域	50	50	0	0

---

① Simulex 是一种逃生模型软件，由苏格兰爱丁堡大学研发。该软件常用于消防工程逃生分析。

（2）人员行走速度及人流流量

各人员种类的平面最高行走速度参考 SFPE Handbook 及 Simulex 的建议，同时根据我国人员特点进行一定折减，确定数值如表 5.2-3 所示。

人员速度和形体特性　　　　　　　　　　　　　　表 5.2-3

人员种类	平均速度（m/s）	速度分布	楼梯间或看台内速度（m/s）	形体尺寸（m）（肩宽×背厚×身高）
成年男性	1.3	正态	0.7	0.5×0.3×1.7
成年女性	1.1	正态	0.6	0.4×0.25×1.6
儿童	0.9	平均	0.5	0.3×0.2×1.3
长者	0.8	平均	0.5	0.4×0.25×1.6

人员在楼梯间的行走速度是基于 Fruin 建议的安全流量取得。Fruin 建议，在有限的空间情况下，楼梯间的人员密度应设计为 1.1～2.7 人/m²，以确保安全。基于图 5.2-7 SFPE Handbook 中的逃生行走速度与人员密度关系，取得参考平均楼梯间行走速度。

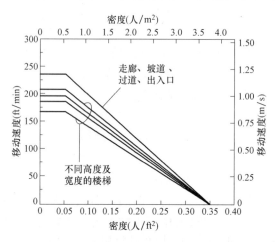

图 5.2-7　逃生行走速度与人员密度关系
（移动速度是按沿平面的速度分量计算）

除在楼梯间的行走速度外，也要考虑出口和楼梯间的人流流量。有效流出系数和步行速度与人员密度紧密相关，常用数据资料如表 5.2-4 所示。

有效流出系数和步行速度与人员密度关系　　　　　　　　　　表 5.2-4

疏散设施	拥挤状态	《SFPE 消防工程手册》			日本避难安全检证法	
		密度	速度	流出系数	速度	流出系数
		人/m²	m/min	人/（min·m）	m/min	人/（min·m）
楼梯	最小	0.5	45.7	16.4	27（上） 36（下）	60（楼梯有足够容量时，其他情况应通过计算获得）
	中等	1.1	36.6	45.9		
	最优	2.0	29.0	59.1		
	大	3.2	12.2	39.4		

续表

| 疏散设施 | 拥挤状态 | 《SFPE 消防工程手册》 | | | 日本避难安全检证法 | |
| | | 密度 | 速度 | 流出系数 | 速度 | 流出系数 |
		人/m²	m/min	人/(min·m)	m/min	人/(min·m)
走廊	最小	0.5	76.2	39.4	60（一般）	80（走廊有足够容量时，其他情况应通过计算获得）
	中等	1.1	61.0	68.6		
	最优	2.2	36.6	78.7		
	大	3.2	18.3	59.1		
对外出口	—	—	—	—	60（一般）	90

根据表 5.2-4 资料，结合本项目情况，选定如表 5.2-5 所示参数进行疏散分析（水力模型）。

单位宽度人流流量　　　　　　　　　　　　　表 5.2-5

区域	连通通道、楼梯	展厅水平走廊、出入口	对室外门
最大单位人流流量（人/m·min）	60	80	90

注：此处取得的宽度为有效宽度。

有效宽度为出口或楼梯间的净宽度减去边界层宽度。边界层的宽度参考 SFPE 手册中的建议数值，如表 5.2-6 所示。

不同出入通道的边界层宽度　　　　　　　　　表 5.2-6

出入通道	边界层宽度（mm）
楼梯墙壁间	15
扶手中线间	9
音乐厅座椅，体育馆长凳	0
走廊，坡道	20
障碍物	10
广阔走廊，行人通道	46
大门，拱门	15

人员疏散行动模拟中各个出口及楼梯间的疏散人流量为单位宽度人流量乘以各出口及楼梯间的有效宽度。

（3）疏散人数

6 号、7 号二层展厅向 19m 平台疏散人数均为 11905 人，共计 23810 人。考虑最不利疏散原则，7 号二层展厅发生火灾时，6 号、7 号二层展厅人员同时向平台疏散。平台疏散总宽度 108m。其中楼梯 94m；坡道 7×2=14m。

（4）STEPS 疏散模型

人员疏散模型建立依据设计图纸，并进行必要简化与组合，将 DXF 格式的文件导入 STEPS 软件，生成立体图形，STEPS 模型如图 5.2-8 所示。

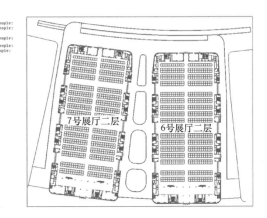

图 5.2-8　双层展厅平台疏散 STEPS 模型

（5）疏散模拟分析

由模拟结果可知，疏散开始时，随着展厅人员向平台疏散，平台总人数逐步增加，具体情况如图 5.2-9 所示。

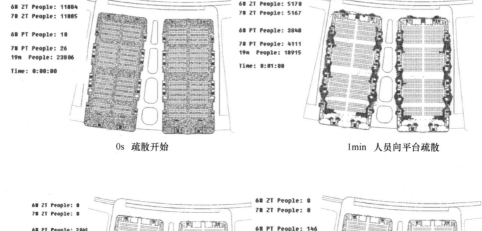

0s 疏散开始　　　　　　　　　　　　　　1min 人员向平台疏散

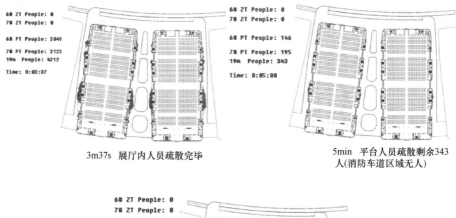

3m37s 展厅内人员疏散完毕　　　　　　5min 平台人员疏散剩余343人(消防车道区域无人)

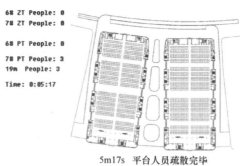

5m17s 平台人员疏散完毕

图 5.2-9　19m 平台人员疏散过程模拟

（6）模拟结果分析

由以上模拟结果可知，人员疏散情况如下（图 5.2-10）：

① 1min57s 时，平台总人数达到最大值，为 9945 人；

② 3min37s 时，展厅内人员全部疏散至室外平台；

③ 5min 时，平台剩余总人数为 343 人；

④ 5min17s 时，平台人员全部疏散完毕。

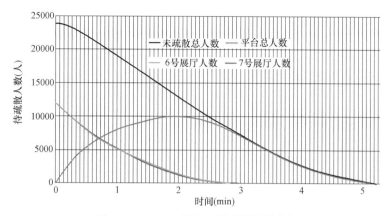

图 5.2-10　19m平台人员疏散统计分析

（7）消防队救援分析

距本项目最近的消防站至本项目路程约 6.3km。

根据《城市消防规划规范》GB 51080—2015 第 4.1.3 条，消防时间分配为：发现起火 4min、报警和指挥中心处警 2.5min、接到指令出动 1min、行车到场 4min、开始出水扑救 3.5min，消防队接到火警开始至到达现场时间为 2.5＋1＋4＝7.5min。

（8）分析结果

根据模拟结果，5min 时，19m 标高平台消防车道范围无疏散人员阻挡消防车辆；5min17s 时，19m 平台人员全部疏散完毕；消防车 7.5min 到达现场时，不会影响双层展厅消防救援。

4. 小结

为保证双层展厅消防救援的可操作性，在展厅首层设置环形消防车道，沿平台两长边设置"U"形消防车道，双层展厅均可被消防车辆平层救援。

为保证双层展厅发生火灾时的安全性，将双层展厅之间楼板和平台的耐火极限提升至 3.0h，二层展厅人员通过平台疏散至地面，保证双层展厅防火和疏散的独立性。同时对二层展厅人员疏散设计与平台疏散设计原则进行明确，保证平台人员安全疏散。

5.2.2　室外有盖空间消防安全设计方法

会展建筑群设计中，金属屋面造型及高架平台等形成的大量室外有盖空间为非完全开敞室外空间。现行消防规范未涵盖其关于消防车道及大量室内人员疏散空间的设防要求。根据展厅建筑群盖下空间特点，提出盖下所采用的装修材料及火灾荷载控制要求，以减小空间本身的火灾危险性；提出盖板顶部或侧部开敞条件设置要求，以满足火灾时快速排出火灾烟气；研究与相邻展厅的空间防火分隔措施；分析给出空间应急照明及疏散指示标志设置要求，以辅助人员疏散至露天安全区；对火灾及人员疏散模拟分析进行验证，研究不利工况下火灾烟气温度场、能见度场对人员疏散及结构安全的影响；保证盖下区域火灾时人员疏散及消防救援人员的安全性。

1. 设计难点

以杭州大会展中心为例，建筑金属屋面造型和二层展厅周边设置高架平台，形成大量的室外有盖空间，包括单层展厅之间、单层展厅与双层展厅之间、双层展厅之间及中央廊道等有盖区域（图 5.2-11、表 5.2-7）。上述区域设置金属屋面或室外平台，为非完全开敞室外空间。该室外空间设有消防车道，国内现行规范规定了车道的宽度和高度，并未涵盖室外有顶区域的消防安全设计要求（图 5.2-12、图 5.2-13）。

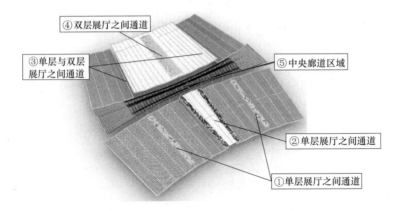

图 5.2-11　室外空间上方屋盖设置情况

各盖下空间特点分析　　　　　　　　　　　　　　　　表 5.2-7

名称	类型	空间特点	高度（m）	屋盖宽度（m）
①	单层展厅之间通道	空间高大，两端完全开敞，顶面均匀开洞，大于地面面积25％	25.8	13.0～29.0
②	单层展厅之间通道	空间高大，两端完全开敞，顶部侧面开敞，大于地面面积25％	35.5	29.9～49.3
③	单层与双层展厅之间通道	空间高大，两端完全开敞，顶部侧面开敞，大于地面面积25％	25.8	14.2～29.0
④	双层展厅之间通道	双层空间高大，两端完全开敞，设置车道平台，平台均匀开洞，屋盖顶部均匀开洞，大于地面面积25％	平台：19.0 屋盖：43.1	28.8～49.3
⑤	中央廊道区域	空间高大，侧向开敞，距离室外见天区近，大于地面面积25％	36.3～38.7	40.0～60.0

2. 盖下消防设计策略

1）设置原则

为保证消防车道及疏散安全区的安全性，有盖区域应符合以下消防设计要求：

（1）有盖区域两端完全开敞，顶部屋盖有效开敞面积大于空间投影面积的 30％，双层展厅之间平台开洞率大于 37％，开口应均匀布置。

（2）空间内任意一点至开敞区域边缘距离小于空间净高。

（3）展厅通道侧室外排烟口设置在通道顶部，单层展厅火灾烟气通过通道局部吊顶区域直接排出室外，避免对通道内展厅疏散人员造成影响，双层展厅排烟口在通道顶部向上开口，屋顶对应位置设置百叶（图 5.2-14）。

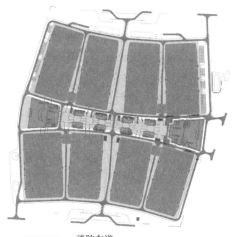

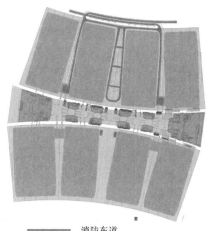

图 5.2-12 首层消防车道上方覆盖情况

图 5.2-13 平台消防车道上方覆盖情况

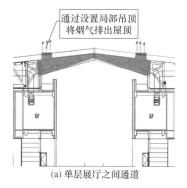

(a) 单层展厅之间通道

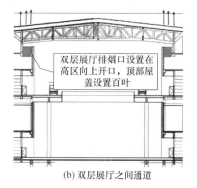

(b) 双层展厅之间通道

图 5.2-14 通道内展厅排烟口设置情况

（4）消防车道区域设置室外消火栓，如图 5.2-15 所示。

（5）平台边缘设置高度不小于 1.5m 实体板，辅助烟气竖向蔓延，如图 5.2-16 所示。

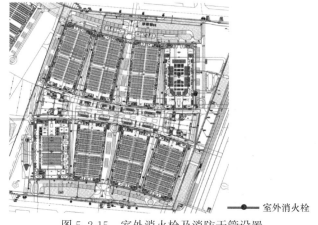

图 5.2-15 室外消火栓及消防干管设置

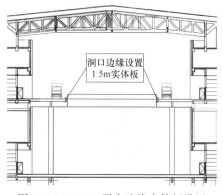

图 5.2-16 19m 平台边缘实体板设置

（6）盖下空间增置疏散指示系统，平台疏散出口增置应急疏散照明，保证地面照度不低于5.0Lx。

（7）盖下消防车道区域严禁设置车辆人员通行外其他功能，采用不燃材料装修，禁止堆放任何固定可燃物。

（8）所有平台下或有顶盖的消防登高操作场地应保证消防车辆救援展开。

室外有盖空间在满足以上消防措施的条件下，将室外有盖空间定性为疏散安全区。

2）开口率设置

（1）单、双层展厅之间

单、双层展厅之间通道如图5.2-17～图5.2-19所示，盖下空间开口设置见表5.2-8。

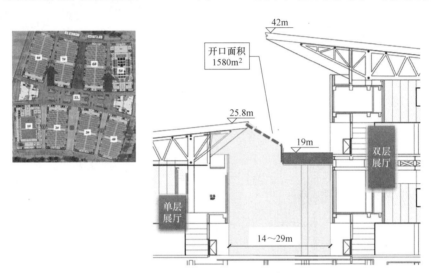

图5.2-17　5号、6号和7号、8号展厅之间通道

盖下空间开口设置　　　　表5.2-8

编号	屋盖及平台区域	通道投影面积（m²）	顶部有效开口面积（m²）	通道两端开口面积（m²）	屋顶开口率（%）	总开口率（%）	设计定性
③	单、双层展厅之间通道	3124	1580	530	50.58	67.54	疏散安全区

图5.2-18　7号、8号展厅之间通道（首层）

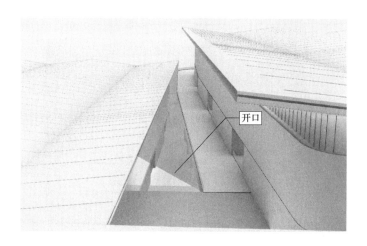

图 5.2-19　7 号、8 号展厅之间通道（19m 平台）

（2）双层展厅之间

双层展厅之间通道如图 5.2-20～图 5.2-23 所示，盖下空间开口设置见表 5.2-9。

盖下空间开口设置　表 5.2-9

编号	屋盖及平台区域	通道投影面积（m²）	顶部有效开口面积（m²）	通道两端开口面积（m²）	屋顶开口率（%）	总开口率（%）	设计定性
④	双层展厅之间通道	8522	2471	3336	29.00	68.14	疏散安全区
	双层展厅之间平台	7927	2930	—	36.96	—	

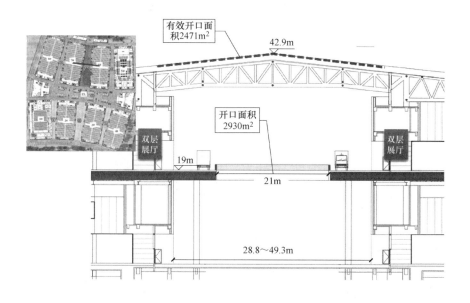

图 5.2-20　6 号、7 号展厅之间通道

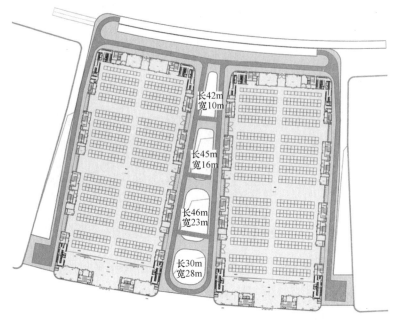

长42m
宽10m

长45m
宽16m

长46m
宽23m

长30m
宽28m

图 5.2-21　6 号、7 号展厅平台开洞示意

图 5.2-22　6 号、7 号展厅之间通道二层

图 5.2-23　6 号、7 号展厅之间通道剖面

（3）单层展厅之间

单层展厅之间通道如图 5.2-24～图 5.2-27 所示，盖下空间开口设置见表 5.2-10。

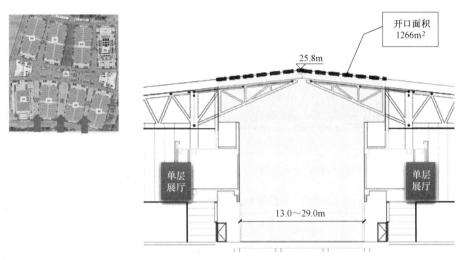

图 5.2-24　1 号、2 号和 3 号、4 号展厅之间通道

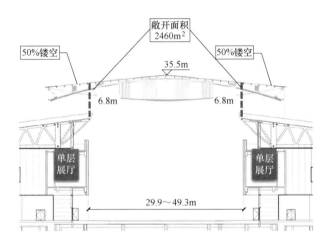

图 5.2-25　2 号、3 号展厅之间通道

图 5.2-26　1 号、2 号和 3 号、4 号展厅之间通道

图 5.2-27　2 号、3 号展厅之间通道

盖下空间开口设置　　　　　　　　　　　　　　　　表 5.2-10

编号	屋盖及平台区域	通道投影面积（m²）	顶部有效开口面积（m²）	通道两端开口面积（m²）	屋顶开口率（%）	总开口率（%）	设计定性
①	单层展厅之间通道	4214	1266	966	30.04	52.97	疏散安全区
②	单层展厅之间通道	8066	2460	2684	30.50	63.77	

（4）中央廊道区域

中央廊道区域盖下空间如图 5.2-28、图 5.2-29 所示，盖下空间开口设置见表 5.2-11。

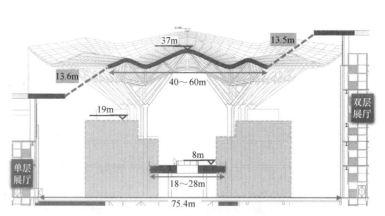

图 5.2-28　中央廊道盖下空间剖面

图 5.2-29　中央廊道盖下空间示意图

盖下空间开口设置 表 5.2-11

编号	屋盖及平台区域	通道投影面积（m²）	顶部有效开口面积（m²）	通道两端开口面积（m²）	屋顶开口率（%）	总开口率（%）	设计定性
⑤	中央廊道区域屋盖	25840	8824	2814	34.15	45.04	疏散安全区
	中央廊道区域平台	10292	7352	—	71.43	71.43	

盖下空间开口汇总见表 5.2-12。

盖下空间开口汇总 表 5.2-12

编号	屋盖及平台区域	通道投影面积（m²）	顶部有效开口面积（m²）	通道两端开口面积（m²）	屋顶开口率（%）	总开口率（%）	设计定性
①	单层展厅之间通道	4214	1266	966	30.04	52.97	疏散安全区
②	单层展厅之间通道	8066	2460	2684	30.50	63.77	
③	单双层展厅之间通道	3124	1580	530	50.58	67.54	
④	双层展厅之间通道	8522	2471	3336	29.00	68.14	
	双层展厅之间平台	7927	2930	—	36.96	—	
⑤	中央廊道区域屋盖	25840	8824	2814	34.15	45.04	
	中央廊道区域平台	25840	10989	—	42.53	—	

3. 盖下空间消防车辆救援可操作性分析

本项目单层展厅、双层展厅、登录厅设置的消防车道部分位于盖下空间，本节对消防车型的额定工作高度和最大工作幅度进行分析，表 5.2-13 所示车型均可满足东登录厅消防救援条件。

消防救援车技术参数 表 5.2-13

消防车型号	额定工作高度（m）	最大工作幅度（m）
CDZ32 型登高平台消防车	32	17
CDZ40C 型登高平台消防车	40.5	18.5
CDZ50 型登高平台消防车	50	19

现以 CDZ40C 型登高平台消防车为例进行分析。东登录厅室内最高消防救援窗设置高度为 21.2m，消防车停靠在距登录厅外墙 10m 范围，最大工作幅度、救援高度均在消防车辆额定救援范围之内，消防车可延伸至救援窗进行救援（图 5.2-30）。

4. 室外有盖空间消防安全性研究

室外有盖空间作为消防车道及各建筑的疏散区域，其安全性至关重要，故本节通过分析设计火灾场景、烟气模拟来评估室外有盖空间的安全性。

1) 火灾场景

针对室外有盖空间的消防安全，分别选取一层架空通道、架空广场以及二层檐廊覆盖区的火灾场景，设计如表 5.2-14 所示。火源位置示意如图 5.2-31～图 5.2-36 所示。

室外有盖空间火灾场景设计 表 5.2-14

场景编号	建筑	火源位置	火灾类型	火灾规模（MW）	排烟方式
TD1	6 号、7 号展厅之间	双层展厅之间通道平台货车火灾	快速 t^2	20.0	自然排烟
TD2	7 号、8 号展厅之间	双层与单层展厅之间通道首层货车火灾	快速 t^2	20.0	
TD3	1 号、2 号展厅之间	单层展厅之间通道货车火灾	快速 t^2	20.0	
TD4	2 号、3 号展厅之间	单层展厅之间通道货车火灾	快速 t^2	20.0	
ZL1-1	中央廊道	中央廊道首层商业火灾	快速 t^2	10.0	
ZL1-2	中央廊道	中央廊道首层商业火灾	快速 t^2	10.0	自然排烟＋室外风环境

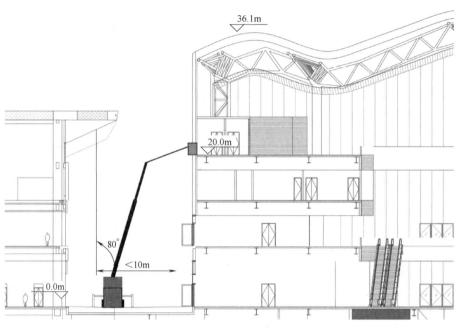

图 5.2-30　东登录厅消防车救援示意图

图 5.2-31　首层有盖空间火源位置示意图

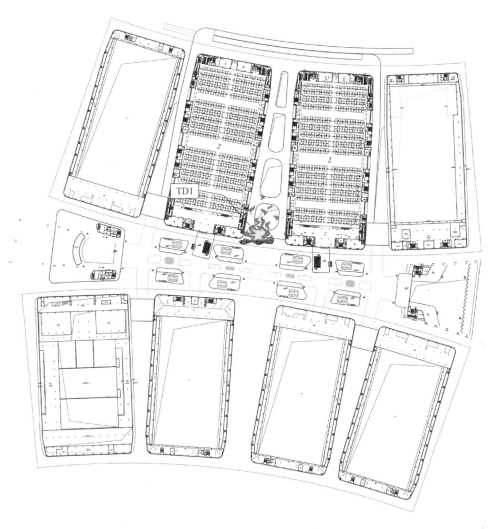

图 5.2-32 19m平台层有盖空间火源位置示意图

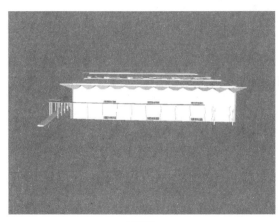

侧视图

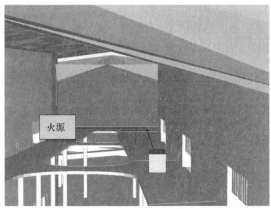

火源位置

图 5.2-33 双层展厅之间通道模型

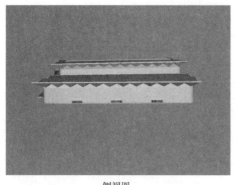
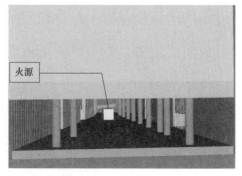

侧视图   火源位置

图 5.2-34　单、双层展厅之间通道模型

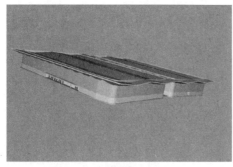
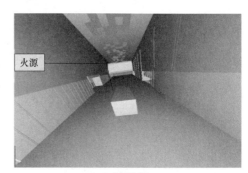

侧视图   火源位置

侧视图   火源位置

图 5.2-35　单层展厅之间通道模型

2）盖下空间火灾安全性分析

建筑群盖下空间分为单层展厅之间通道、单层展厅与双层展厅之间通道、双层展厅之间通道及中央廊道盖下空间。其共同特点为空间高大，顶部或侧部开敞，顶部有效开敞面积均占地面面积的 25% 以上，总开敞面积在 45% 以上，内部主要为车辆和人员通行的通道，采用不燃材料装修，无固定火灾荷载，发生火灾的可能性很小，保守考虑展厅布展时期通道货车火灾，取 20MW，中央廊道考虑店铺喷淋失效火灾，取 10MW。下面对其盖下空间温度场、能见度场、烟气毒性及热辐射进行分析。

20MW 火灾火焰限制高度为 7.56m，假设货车高度为 3m，10MW 火焰限制高度为

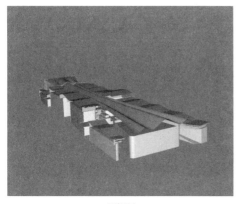

侧视图   火源位置

图 5.2-36 中央廊道店铺火灾通道模型

5.73m。根据对称羽流火灾计算可知：

双层通道首层火灾 19m 平台板下（净高 17m）最高温度为 196℃，平均温度为 104℃；平台发生火灾，金属屋顶（净高 16.9m）梁下最高温度为 198℃，平均温度为 104℃。

南部两侧单层通道火灾金属屋顶（净高 23m）最高温度为 117℃，平均温度为 70℃。

南部中间单层通道火灾金属屋顶（净高 28.2m）最高温度为 86℃，平均温度为 55℃。

商铺火灾（3 层铺面距屋顶 14m）最高温度为 145℃，平均温度为 82℃。

各区域模拟分析情况如下。

（1）双层通道

根据模拟结果（图 5.2-37、图 5.2-38），双层展厅之间通道及单双层展厅之间通道均未发生烟气积聚及沉降现象。火源周围、正上方区域受烟气影响，能见度降低，温度升高，随火灾的延续，烟气蓄积在通道顶部，并通过顶部开口排出室外。整个火灾过程烟气未发生沉降，仅火源周边区域能见度低于 10m，其他人员活动区域能见度均大于 30m，温度低于 30℃，有害气体浓度均未超过人体耐受极限，人员可安全疏散。通道火源附近热辐射大于 2.5kW/m^2，人员可向远离火源两侧开口疏散。

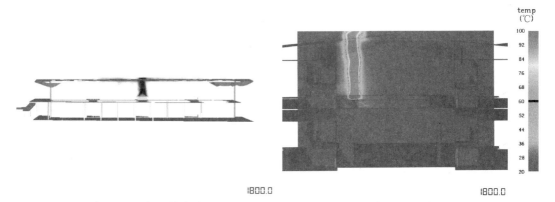

(a) 1800s时双层展厅之间通道烟气蔓延   (b) 1800s时双层展厅之间通道温度场

图 5.2-37 双层展厅之间通道火灾模拟分析（一）

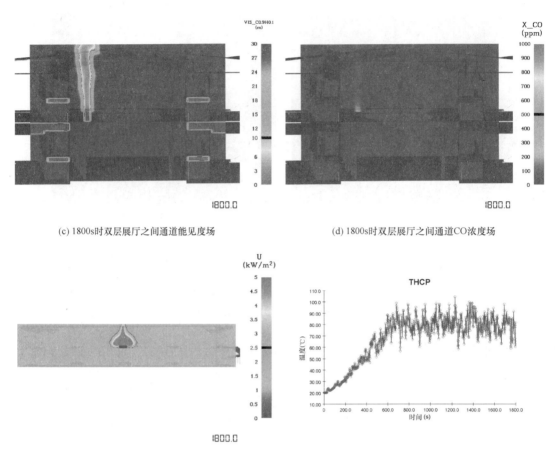

(c) 1800s时双层展厅之间通道能见度场

(d) 1800s时双层展厅之间通道CO浓度场

(e) 1800s时双层展厅之间通道热辐射场

(f) 双层展厅火源上方屋盖温度测量

图 5.2-37　双层展厅之间通道火灾模拟分析（二）

　　从模拟结果来看，双层通道发生极端火灾时，19m 平台板及顶部金属屋面最高温度均在 200℃以下，其最高平均温度在 100℃左右，不会对涂刷防火涂料的钢结构产生威胁。

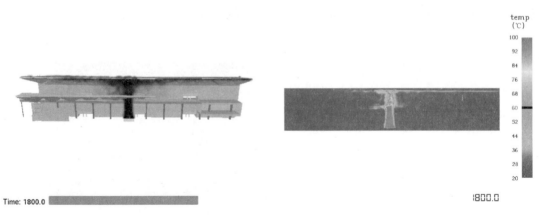

(a) 1800s时单双层展厅之间通道烟气蔓延

(b) 1800s时单双层展厅之间通道温度场

图 5.2-38　单双层展厅之间通道火灾模拟分析（一）

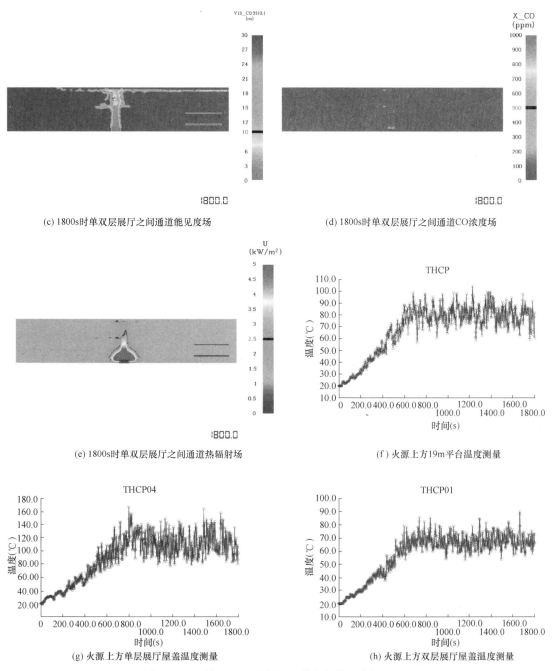

(c) 1800s时单双层展厅之间通道能见度场

(d) 1800s时单双层展厅之间通道CO浓度场

(e) 1800s时单双层展厅之间通道热辐射场

(f) 火源上方19m平台温度测量

(g) 火源上方单层展厅屋盖温度测量

(h) 火源上方双层展厅屋盖温度测量

图 5.2-38　单双层展厅之间通道火灾模拟分析（二）

（2）单层展厅通道

根据模拟结果（图 5.2-39、图 5.2-40），单层展厅之间通道未发生烟气积聚及沉降现象，火源周围、正上方区域受烟气影响，能见度降低，温度升高，随火灾的延续，烟气蓄积在通道顶部，并通过顶部开口排出室外。整个火灾过程烟气未发生沉降，仅火源周边区域能见度低于 10m，其他人员活动区域能见度均大于 30m，温度低于 30℃，有害气体浓度均未超过人体耐受极限，人员可安全疏散。通道火源附近热辐射大于 2.5kW/m²，人员可向远离火源两侧开口疏散。

单层通道发生极端火灾时，顶部金属屋面最高温度均在120℃以下，其最高平均温度在70℃左右，不会对涂刷防火涂料的钢结构产生威胁。

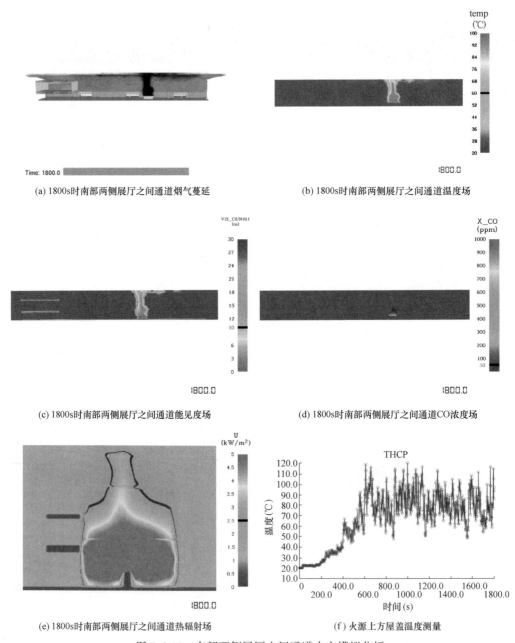

(a) 1800s时南部两侧展厅之间通道烟气蔓延

(b) 1800s时南部两侧展厅之间通道温度场

(c) 1800s时南部两侧展厅之间通道能见度场

(d) 1800s时南部两侧展厅之间通道CO浓度场

(e) 1800s时南部两侧展厅之间通道热辐射场

(f) 火源上方屋盖温度测量

图5.2-39　南部两侧展厅之间通道火灾模拟分析

（3）中央廊道

模拟结果显示（图5.2-41、图5.2-42），中央廊道火灾时，烟气从店铺门窗洞口向上溢出，部分烟气直接排出，受顶盖影响发生顶棚射流，在屋顶积聚，最终从屋顶边缘溢出。着火店铺周围、正上方区域受烟气影响，能见度降低，温度升高，整个火灾过程烟气

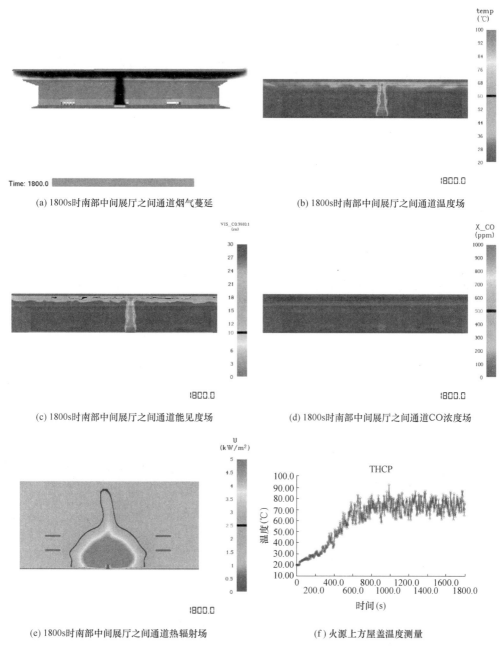

(a) 1800s时南部中间展厅之间通道烟气蔓延　　　　(b) 1800s时南部中间展厅之间通道温度场

(c) 1800s时南部中间展厅之间通道能见度场　　　　(d) 1800s时南部中间展厅之间通道CO浓度场

(e) 1800s时南部中间展厅之间通道热辐射场　　　　(f) 火源上方屋盖温度测量

图 5.2-40　1800s 时南部中间展厅之间通道火灾模拟分析

未发生沉降，仅火源店铺内能见度低于 10m，其他人员活动区域能见度均大于 30m，温度低于 30℃，有害气体浓度均未超过人体耐受极限，人员可安全疏散。中廊区域店铺外火源附近热辐射小于 2.5kW/m²，人员疏散不受影响。室外风环境对中廊排烟无不利影响。

从模拟结果来看，中央廊道发生极端火灾时，顶部金属屋面最高温度均在 30℃ 以下，不会对钢结构产生威胁。

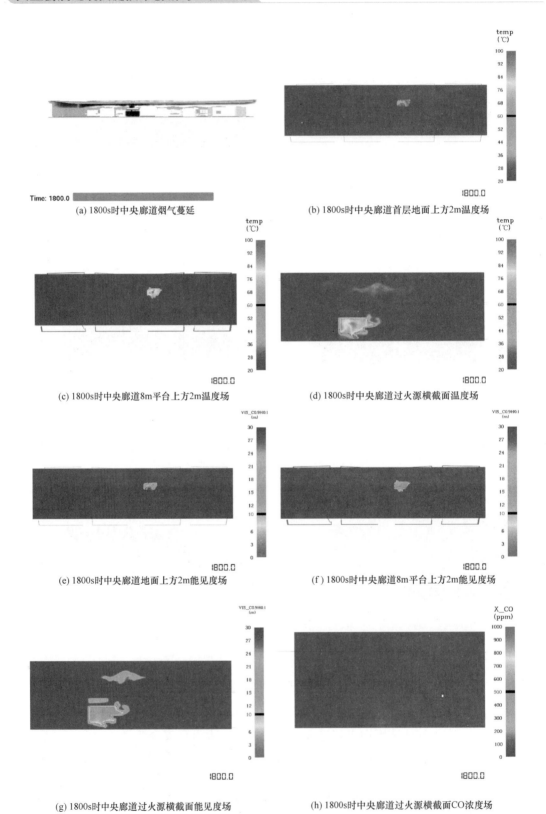

(a) 1800s时中央廊道烟气蔓延

(b) 1800s时中央廊道首层地面上方2m温度场

(c) 1800s时中央廊道8m平台上方2m温度场

(d) 1800s时中央廊道过火源横截面温度场

(e) 1800s时中央廊道地面上方2m能见度场

(f) 1800s时中央廊道8m平台上方2m能见度场

(g) 1800s时中央廊道过火源横截面能见度场

(h) 1800s时中央廊道过火源横截面CO浓度场

图 5.2-41　中央廊道商铺火灾模拟分析（无风）（一）

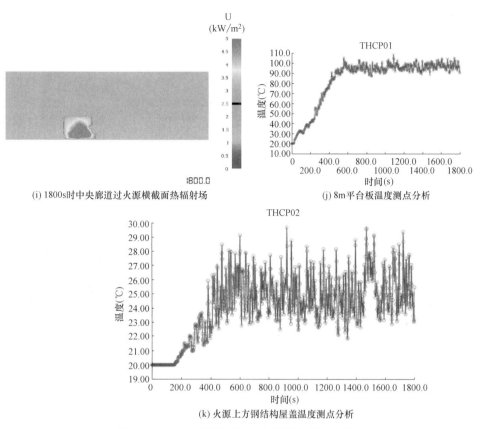

(i) 1800s时中央廊道过火源横截面热辐射场

(j) 8m平台板温度测点分析

(k) 火源上方钢结构屋盖温度测点分析

图 5.2-41　中央廊道商铺火灾模拟分析（无风）（二）

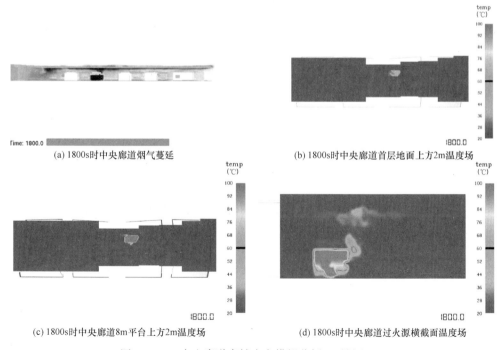

(a) 1800s时中央廊道烟气蔓延

(b) 1800s时中央廊道首层地面上方2m温度场

(c) 1800s时中央廊道8m平台上方2m温度场

(d) 1800s时中央廊道过火源横截面温度场

图 5.2-42　中央廊道商铺火灾模拟分析（无风）（一）

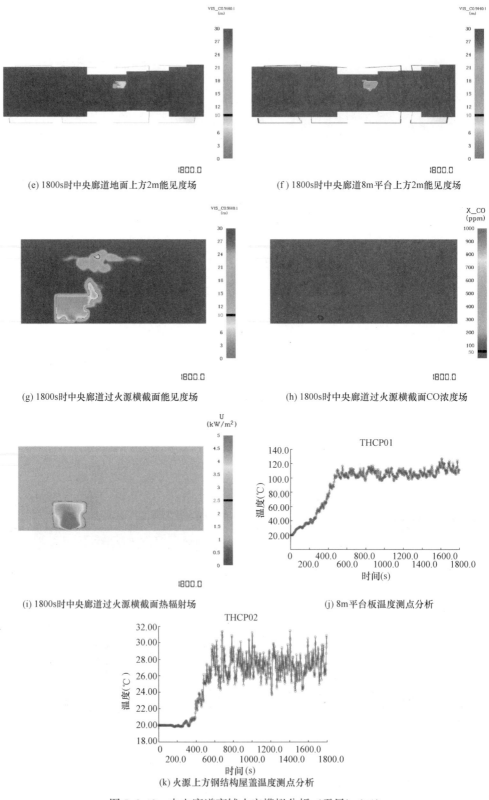

(e) 1800s时中央廊道地面上方2m能见度场　　　(f) 1800s时中央廊道8m平台上方2m能见度场

(g) 1800s时中央廊道过火源横截面能见度场　　　(h) 1800s时中央廊道过火源横截面CO浓度场

(i) 1800s时中央廊道过火源横截面热辐射场　　　(j) 8m平台板温度测点分析

(k) 火源上方钢结构屋盖温度测点分析

图 5.2-42　中央廊道商铺火灾模拟分析（无风）（二）

5. 小结

建筑群盖下空间分为单层展厅之间通道、单层展厅与双层展厅之间通道、双层展厅之间通道及中央廊道盖下空间，其共同特点为空间高大，顶部或侧部开敞，顶部有效开敞面积均在地面面积的30%以上，总开敞面积在45%以上，内部主要为车辆和人员通行的通道，采用不燃材料装修，无固定火灾荷载，发生火灾的可能性很小，同时考虑到展厅火灾时，展厅排烟影响通道区域安全性。对展厅室外排烟口进行调整，从而提高了该区域的安全性。因此，将该区域定义为室外疏散安全区。

同时，考虑到办展前有大型货车通过，对各开敞区域设置货车火灾的场景，火灾规模取20MW，分析盖下烟气排出情况和温度对19m平台、屋盖的影响。由分析结果可知，双层展厅、单层展厅、中央廊道区域盖下空间发生极端火灾时，平台板及顶部金属屋面最高温度均在200℃以下，不会对涂刷防火涂料的钢结构产生威胁。

5.2.3　超大展厅空间火灾蔓延控制及人员安全疏散技术

考虑展览工艺需求，超大展厅无法采用传统的防火墙和防火卷帘分隔。超大展厅往往存在防火分区面积大，人员疏散距离长的难点，国家现行规范并未涵盖此类建筑消防设计。因此，针对空间特点，研究大空间内集中火灾荷载房间加强分隔措施；根据展位布置特点，通过火灾动力学计算分析阻止大空间火灾蔓延的可燃荷载布置方案，结合设置防止烟气蔓延措施。同时，根据防烟分区布局，加强展厅排烟设计，延缓烟气沉降时间。设置视觉连续的疏散指示标志及加强的应急照明措施。同时，研究外门加宽对出口人员拥堵时间的影响，提高人员疏散时效。通过火灾及人员疏散模拟分析辅助验证分析。

1. 设计难点

以杭州大会展中心项目为例，其2号、3号、4号展厅大空间面积为15364m²，8号展厅大空间面积为17040m²，6号、7号双层展厅首层展厅大空间面积为17678m²，二层展厅大空间面积为18232m²，5号多功能展厅大空间面积15921m²，1号宴会厅防火分区面积为7165m²。

针对大型展厅、宴会厅防火分区扩大所造成的火灾蔓延范围扩大、人员数量大、人员疏散距离长等问题，结合防火隔离带设置控制大空间展厅火灾蔓延及烟气蔓延措施，同时结合防排烟系统、自动灭火系统加强措施将烟和热控制在一定范围，将人员疏散到隔离带之外作为临时安全的区域从而增加人员疏散的安全性。

2. 防火隔离带设置

展厅、宴会厅等大空间建筑因使用功能需求，难以采用防火卷帘、防火墙等形式进行防火分隔的区域，采用防火隔离带作为替代性措施，以达到防止火灾蔓延、控制火灾风险的效果。以单层展厅大空间为例进行分析。

根据美国《防排烟系统标准》NFPA 92—2018附录B可知，可燃物至火源的距离 R 与火源的热释放速率 Q、引燃可燃物的临界辐射强度 q 之间关系，可表述为如下公式：

$$R = \left(\frac{Q}{12\pi q}\right)^{1/2}$$

式中，R 为可燃物与火源之间的间距（m）；Q 为火灾的热释放速率（kW）；q 为临界辐射强度（kW/m²）。

安全起见，取引燃临近可燃物的最小辐射强度为 $10kW/m^2$。计算可知，本项目设置 9m 防火隔离带可防止 30MW 火灾通过热辐射蔓延，6m 防火隔离带对应火灾规模约 13MW（图 5.2-43）。

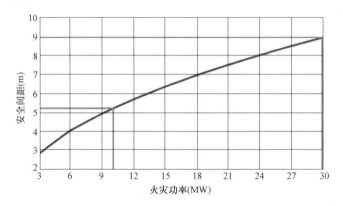

图 5.2-43　火灾规模和安全距离关系曲线

展厅大空间设置为一个防火分区，与周围采用防火墙、防火卷帘/甲级防火门等进行分隔，分区内设置防火隔离带分隔。

根据模拟结果（图 5.2-44、图 5.2-45）可知，展厅发生火灾规模为 10MW（考虑喷淋失效），靠近防火隔离带展位发生火灾时，达到引燃可燃物（$10kW/m^2$）范围未至隔离带对侧，隔离带对侧辐射强度为 $2.6kW/m^2$，达不到引燃可燃物强度。因此，设置的隔离带可以实现控制火灾蔓延范围的目的。

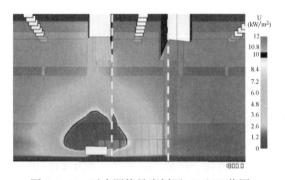

图 5.2-44　过火源能见度剖面（10kW 范围）

图 5.2-45　过火源能见度剖面（2.6kW）

1）大空间防火隔离带划分原则

（1）单层展厅采用防火隔离带，将大空间划分为不大于 $10000m^2$ 区域，内部通过设置 6m 宽度的走道将布展区域分隔为不大于 $5000m^2$ 的区域。

（2）双层展厅采用防火隔离带，将大空间划分为不大于 $4000m^2$ 区域，内部通过设置 6m 宽度的走道将布展区域分隔为不大于 $2000m^2$ 的区域。

（3）多功能展厅（展览功能时）、宴会厅采用防火隔离带将大空间划分为不大于 $5000m^2$ 区域。

2）防火隔离带设置

双层展厅防火隔离带设置如图 5.2-46 所示。

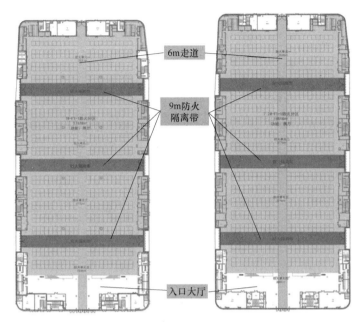

图 5.2-46 双层展厅防火隔离带设置示意

防火隔离带设置应满足以下要求：

（1）防火隔离带区域应设置明显标识，与周围地面相区分。

（2）防火隔离带范围内采用不燃材料装修，通道内不应布置可燃物。

（3）防火隔离带内设置排烟系统，两侧设置挡烟垂壁，其下降高度不低于净高的 20%。

（4）防火隔离带内由于设计需要难以设置自然排烟口，因此需增设独立机械系统，隔离带区域内部不再划分防烟分区。防火隔离带内设置独立探测器联动启动隔离带排烟系统，当烟气通过防火隔离带分隔的防火控制区经挡烟垂壁蔓延至隔离带时，启动隔离带内排烟系统。

3. 集中火灾荷载防火分隔措施

因功能使用需求，内部难以采取防火分隔，为控制大空间内火灾风险，将展厅防火分区内可燃物较多的功能房间设置为防火单元，设置要求如下：

（1）采用耐火极限不小于 2.0h 防火隔墙，耐火极限不小于 1.5h 的楼板及甲级防火门进行分隔；

（2）除建筑面积小于 50m² 的展品储藏室、洽谈室、卫生间、轻餐饮等小于 300m² 的设备用房可不设排烟设施外，其余房间均应采取将烟气直接排至室外的措施；

（3）按规范设置自动灭火系统、火灾自动报警、疏散指示及应急照明等系统。

4. 典型超大展厅防火分区消防设计

1）防火分隔

因展厅功能使用的需求，内部难以采取防火分隔，故作为一个扩大的防火分区进行特殊设计，采用防火墙、防火卷帘、甲级防火门的形式单独划分防火分区，如图 5.2-47、图 5.2-48 所示。防火分区面积统计见表 5.2-15。

<table>
<tr><td colspan="4" align="center">单层展厅大空间防火分区面积统计</td><td align="right">表 5.2-15</td></tr>
</table>

展厅防火分区	防火分区面积（m²）	展厅防火分区	防火分区面积（m²）
2 号-F1-1	15313	4 号-F1-1	15313
3 号-F1-1	15313	8 号-F1-1	17040

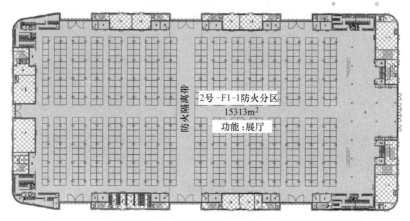

图 5.2-47　2 号展厅防火分区示意图（3 号、4 号展厅平面相同）

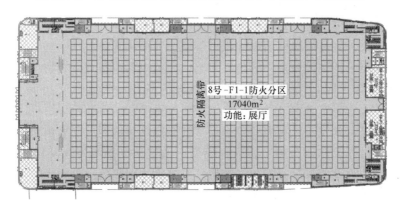

图 5.2-48　8 号展厅防火分区示意图

展厅与周边场所采用防火墙、防火门和防火卷帘分隔，并应符合《建筑设计防火规范》GB 50016—2014（2018 年版）要求。

（1）防火隔离带设置

单层展厅采用防火隔离带，将大空间划分为不大于 10000m² 的区域，内部通过设置 6m 宽度的走道将布展区域分隔为不大于 5000m² 的区域（图 5.2-49）。

（2）防火单元设置

为控制大空间内火灾风险，将展厅防火分区内可燃物较多的功能房间设置为防火单元。

2）人员疏散

（1）疏散距离

根据 BS 9999，展厅目前定性为 B3 类场所"人员清醒但对建筑不熟悉，并且是火灾发展速率快速的场所"。其中根据 6.5 章节，当场所内设置有效的自动灭火系统时，可提

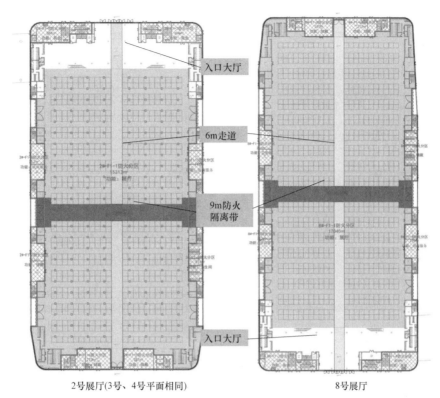

2号展厅(3号、4号平面相同)　　　　8号展厅

图 5.2-49　单层展厅防火隔离带设置示意图

升为 B2 类场所（表 5.2-16）。对于楼层高度大于 10m 的空间，疏散距离可增加 30%，即实际行走距离为 65m。本项目最大行走距离为 60m，满足要求（图 5.2-50、图 5.2-51）。

满足最小火灾保护措施的最大行走距离　　　　　　　　　表 5.2-16

风险预测	疏散距离（m）				
	双向疏散		单向疏散	
	直线距离	行走距离	直线距离	行走距离
A1	44	65	17	26
A2	37	55	15	22
A3	30	45	12	18
A4[C]	不适用	不适用	不适用	不适用
B1	40	60	16	24
B2	33	50	13	20
B3	27	40	11	16
B4[C]	不适用	不适用	不适用	不适用
C1	18	27	9	13
C2	12	18	6	9
C3[C]	9	14	5	7
C4[C]	不适用	不适用	不适用	不适用

注：1. 直线距离适用于布局未知的地方，行走距离适用于布局已知的地方。
　　2. 如处所有饮用含酒精饮料的设施，则应减少这部分区域 25% 的疏散距离。

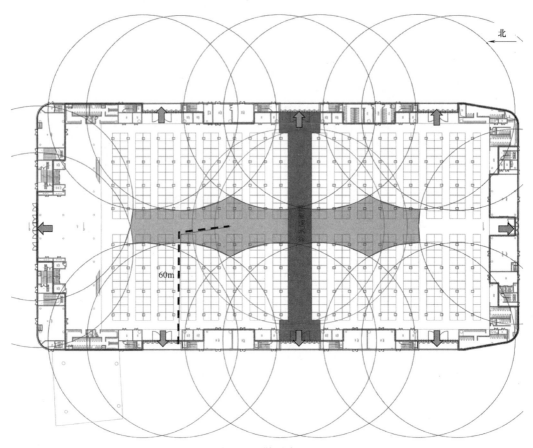

图 5.2-50　2 号展厅疏散示意图（37.5m 画圈）

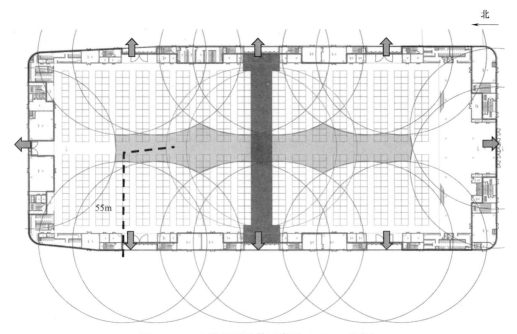

图 5.2-51　8 号展厅疏散示意图（37.5m 画圈）

（2）疏散宽度

单层展厅各区域人员密度按 0.75 人/m² 计算，百人疏散宽度指标为 0.65m。在疏散宽度均满足要求的基础上增加不少于 10% 作为加强措施，如表 5.2-17 所示。

单层展厅大空间防火分区疏散宽度计算 表 5.2-17

分区编号	防火分区面积（m²）	功能	使用面积（m²）	指标（人/m²）	分区人数（人）	宽度指标（m/百人）	计算宽度（m）	设计宽度（m）	满足率（%）
2 号-F1-1	15364	展厅	13878	0.75	10409	0.65	67.66	85.8	126.8
		入口门厅	1486	0.11	163	0.65	1.06		
3 号-F1-1	15364	展厅	13878	0.75	10409	0.65	67.66	85.8	126.8
		入口门厅	1486	0.11	163	0.65	1.06		
4 号-F1-1	15364	展厅	13878	0.75	10409	0.65	67.66	85.8	126.8
		入口门厅	1486	0.11	163	0.65	1.06		
8 号-F1-1	17042	展厅	15556	0.75	11667	0.65	75.84	85.8	113.1
		入口门厅	1486	0.1	149	0.65	0.97		

3）消防设施

（1）防排烟系统

建筑室内高度为 22m，净高为 17m，消防排烟采用机械排烟系统，防烟分区按照面积不大于 2000m²、最大边长不大于 60m 的原则设定。每个防烟分区设置独立排烟系统，展厅排烟量按照场所内的热释放速率计算确定，且不应小于《建筑防烟排烟系统技术标准》GB 51251—2017 表 4.6.3 中的数值。展厅单个防烟分区计算排烟量为 12.2 万 m³/h，单个防烟分区设置排烟系统设计排烟量为 15 万 m³/h，隔离带内排烟量为 15 万 m³/h，单层展厅总排烟量为 135 万 m³/h。2 号、3 号、4 号展厅体积为 27.8 万 m³，8 号展厅体积为 30.96 万 m³，系统总排烟量大于各展厅体积的 4 倍。单层展厅排烟系统设计如图 5.2-52 所示。

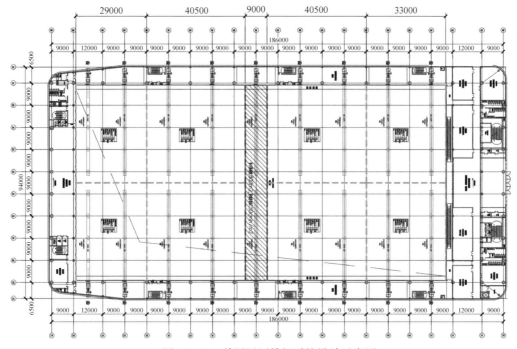

图 5.2-52 单层展厅排烟系统设计示意图

展厅补风利用入口大门自然补风。补风量按防火隔离带最大分隔区域总排烟量的50%计算（含隔离带排烟量）。展厅外门净面积约265m²，补风风速为0.3m/s。

（2）自动灭火系统

2号、3号、4号、8号单层展厅室内高度均为22m，净高为17m，采用带自动雾化功能的自动跟踪定位射流灭火装置（自动消防炮）。水炮最大同时开启个数为两个，满足两股水柱同时到达保护区域任一点要求；水炮布置时考虑地面布展时可能的遮挡，布置间距缩小，每个水炮的射水流量为20L/s，同一着火点有可能引起三组水炮扫描动作，故设计流量放大至60L/s。单层展厅自动灭火系统设计如图5.2-53所示。

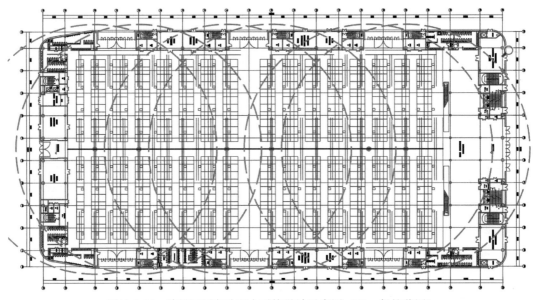

图5.2-53　单层展厅自动灭火系统设计示意图（50m保护范围）

（3）火灾自动报警系统

本项目展厅空间长约180m，宽90m，高22m，属于高大复杂空间建筑，常规的烟/温感探测方式不再有效。为保证在第一时间内准确地探测火灾信息，该区域采用光截面感烟火灾探测器与双波段图像探测器相结合的大空间火灾探测系统，全方位进行火灾探测。

单层展厅无柱高大空间，展厅内东西向净距为80m，无法按照规范的距任一点不大于30m要求设置。因此采取如下方案：在展厅内沿周围侧墙布置手动报警按钮，间距不大于30m；保证在任何布置情况下，厅内任一点至手动报警按钮的行走距离不大于45m。

（4）应急照明与疏散指示

① 应急照明照度由3lx加强为5lx；

② 展厅内主要疏散门上增加大型出口指示标志灯，经与厂家确定，设置长×高×宽为：800mm×300mm×26mm。参考新西兰《建筑应急照明和疏散指示标准》AS/NZS 2293.1—2018第5.6节，设置标准如下：出口标志上图形元素的最小尺寸由最大视觉距离决定；视觉距离不大于32m时，应根据表5.2-18设置。

最大视觉距离与字符最小尺寸对比　　　　　　　表 5.2-18

最大视觉距离（m）	字符最小尺寸（mm）
16	100
24	150
32	200

对于视觉距离大于 32m 的区域，应由下式计算得到：

$$最小字符高度＝最大视觉距离/160$$

③ 在展厅内的主疏散通道地面中心位置设置保持视觉连续的方向标志灯，如图 5.2-54 所示。

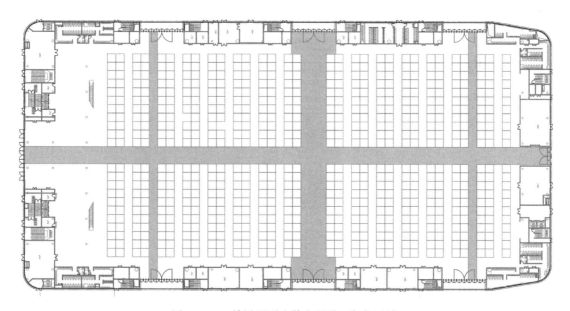

图 5.2-54　单层展厅疏散主通道（灰色区域）

未提及内容按国家现行规范进行执行。

5. 超大型展厅防火分区消防安全研究

1）火灾场景

结合室内会展、宴会、表演功能布置，设置 7 个火源位置，10 个火灾场景，如表 5.2-19、图 5.2-55～图 5.2-60 所示。具体如下：

（1）展厅区域的 ZT1、ZT2 火灾位置，参考自动灭火系统失效的展厅火灾，设为 10MW，分别考虑展厅区域机械排烟有效或机械排烟失效。

（2）会议中心区域的 YH1 火灾位置、宴会厅喷淋失效的火灾设为 8MW，前厅喷淋有效 2.5MW，分别考虑宴会厅区域机械排烟有效或机械排烟失效。

（3）多功能厅区域的 DGN1、DGN2、DGN3 火灾位置，参考自动灭火系统有效时，火灾规模 3MW，失效设为 10MW，前厅考虑喷淋有效火灾场景设为 2.5MW，分别考虑展厅区域机械排烟有效或机械排烟失效。

火灾场景设置 表 5.2-19

场景编号	着火建筑	火源位置	火灾类型	火灾规模（MW）	排烟系统	灭火系统
ZT1-1	2 号展厅	单层展厅	快速 t^2	10.0	机械排烟	失效
ZT1-2			快速 t^2	10.0	失效	失效
ZT2-1	6 号展厅二层展厅	双层展厅二层	快速 t^2	10.0	机械排烟	失效
ZT2-2			快速 t^2	10.0	失效	失效
YH1-1	1 号会议中心	宴会厅火灾	快速 t^2	8.0	机械排烟	失效
YH1-2			快速 t^2	8.0	失效	失效
YH2-1		宴会前厅	快速 t^2	2.5	机械排烟	有效
DGN1	5 号多功能展厅	多功能厅首层舞台	快速 t^2	10.0	机械排烟	失效
DGN2		二层观众座椅火灾	快速 t^2	3.0	机械排烟	有效
DGN3		前厅火灾	快速 t^2	2.5	机械排烟	有效

图 5.2-55　首层展厅火源位置示意图

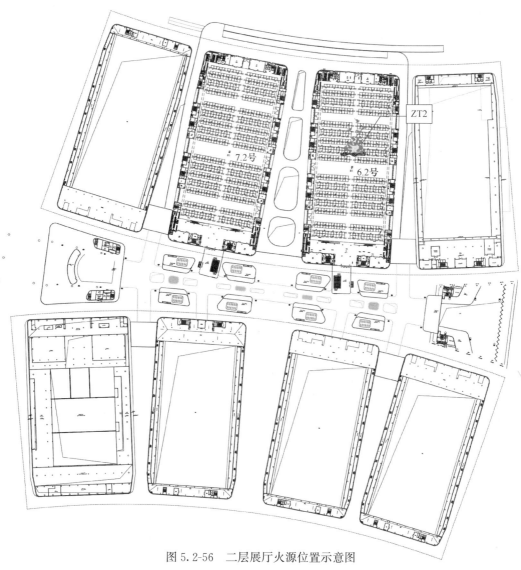

图 5.2-56　二层展厅火源位置示意图

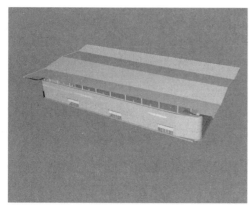

(a) 侧视图

(b) 火源位置

图 5.2-57　单层展厅模型

(a) 侧视图   (b) 火源位置

图 5.2-58　双层展厅模型

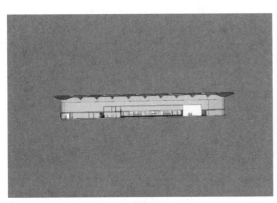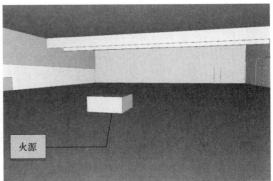

(a) 侧视图   (b) 火源位置

图 5.2-59　宴会厅模型

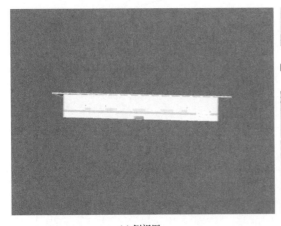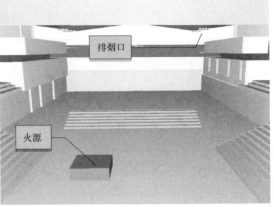

(a) 侧视图   (b) 火源位置

图 5.2-60　多功能厅模型

2）火灾模拟分析

利用火灾动力学软件 FDS（Fire Dynamics Simulator）对各火灾场景进行了火灾烟气流动模拟，模拟结果分析如下。

（1）单层展厅火灾场景 ZT1

① ZT1-1——10MW 排烟有效场景

单层展厅大空间展位发生 10MW 火灾，高温烟羽流上升至顶板，形成顶棚射流，沿顶板向四周蔓延至其他防烟分区，因防火隔离带阻挡，烟气在隔离带一侧积聚，各防烟分区排烟风机依次启动。

由模拟结果知，1800s 内，高温烟气始终在着火侧防火隔离带顶棚位置积聚且顶棚烟气最高温度不超过 60℃，高温烟气随机械排烟口排出室外。

1800s 内，整个火灾过程中仅火源周边区域能见度低于 10m，其他区域能见度、温度及有害气体浓度均未超过人体耐受极限，人员可安全疏散。

② ZT1-2——10MW 排烟失效场景

单层展厅大空间展位发生 10MW 火灾，高温烟羽流上升至顶板，形成顶棚射流，沿顶板向四周蔓延至其他防烟分区，由于防火隔离带阻挡，烟气在隔离带一侧积聚。

由模拟结果可知，机械排烟失效，火源周围、正上方区域受烟气影响，能见度降低，温度升高。随火灾的延续，大量烟气蓄积在顶部，由于空间高大，烟气沉降速度并不迅速。

1532s 时，人员活动地面开始出现能见度低于 10m 区域，整个火灾过程中仅火源周边区域能见度低于 10m，其他区域温度及有害气体浓度均未超过人体耐受极限，人员可安全疏散。因此宴会厅发生火灾排烟风机失效可提供 1532s 的可用安全疏散时间。

（2）双层展厅火灾场景 ZT2

① ZT2-1——10MW 排烟有效场景

双层展厅二层大空间地面发生 10MW 火灾，高温烟羽流上升至顶板，形成顶棚射流，沿顶板向四周蔓延至其他防烟分区，由于防火隔离带阻挡，火灾初期烟气在隔离带分隔区内积聚，各防烟分区排烟风机依次启动。

火源周围、正上方区域受烟气影响，能见度降低，温度升高，随火灾的延续，大量烟气蓄积在大空间顶部，并被设于顶部的排烟口排出室外。1800s 内，整个火灾过程中仅火源周边区域能见度低于 10m，其他区域能见度、温度及有害气体浓度均未超过人体耐受极限，人员可安全疏散。

② ZT2-2——10MW 排烟失效场景

双层展厅二层大空间地面发生 10MW 火灾，高温烟羽流上升至顶板，形成顶棚射流，沿顶板向四周蔓延至其他防烟分区，由于防火隔离带阻挡，烟气在隔离带一侧积聚。

由模拟结果可知，机械排烟失效，火源周围、正上方区域受烟气影响，能见度降低，温度升高，随火灾的延续，大量烟气蓄积在顶部，由于空间高大，烟气沉降速度并不迅速。

1678s 时，人员活动地面开始出现能见度低于 10m 区域，整个火灾过程中仅火源周边区域能见度低于 10m，其他区域温度及有害气体浓度均未超过人体耐受极限，人员可安全疏散。因此宴会厅发生火灾排烟风机失效可提供 1678s 可用安全疏散时间。

（3）1 号会议中心宴会厅火灾场景 YH1、YG2

① YH1-1——8MW 排烟有效场景

宴会厅大空间地面发生 8MW 火灾，高温烟羽流上升至顶板，形成顶棚射流，沿顶板向四周蔓延至其他防烟分区，由于防火隔离带阻挡，火灾初期烟气在隔离带分隔区内积聚，各防烟分区排烟风机依次启动。

火源周围、正上方区域受烟气影响，能见度降低，温度升高，随火灾的延续，大量烟气蓄积在大空间顶部，并被设于顶部的排烟口排出室外。1800s 内，整个火灾过程中仅火源周边区域能见度低于 10m，其他区域能见度、温度及有害气体浓度均未超过人体耐受极限，人员可安全疏散。

② YH1-2——8MW 排烟失效场景

宴会厅大空间地面发生 8MW 火灾，高温烟羽流上升至顶板，形成顶棚射流，沿顶板向四周蔓延至其他防烟分区，由于防火隔离带阻挡，烟气在隔离带一侧积聚。

由模拟结果可知，机械排烟失效，火源周围、正上方区域受烟气影响，能见度降低，温度升高，随火灾的延续，大量烟气蓄积在顶部，由于空间高大，烟气沉降速度并不迅速。

796s 时，人员活动地面开始出现能见度低于 10m 区域，整个火灾过程中仅火源周边区域能见度低于 10m，其他区域温度及有害气体浓度均未超过人体耐受极限，人员可安全疏散。因此宴会厅发生火灾排烟风机失效可提供 796s 可用安全疏散时间。

③ YH2-1——2.5MW 排烟有效场景

宴会厅前厅地面发生 2.5MW 火灾，高温烟羽流上升至顶板，形成顶棚射流，沿顶板向四周蔓延至其他防烟分区，由于挡烟垂壁阻挡，火灾初期烟气在防烟分区内积聚，防烟分区排烟风机启动。

火源周围、正上方区域受烟气影响，能见度降低，温度升高，随火灾的延续，大量烟气蓄积在大空间顶部，并被设于顶部的排烟口排出室外。1800s 内，整个火灾过程中仅火源周边区域能见度低于 10m，其他区域能见度、温度及有害气体浓度均未超过人体耐受极限，人员可安全疏散。

（4）5 号多功能厅火灾场景 DGN1、DGN2、DGN3

① DGN1——10MW 排烟有效场景

多功能厅大空间地面发生 10MW 火灾，高温烟羽流上升至顶板，形成顶棚射流，沿顶板向四周蔓延至其他防烟分区，由于防火隔离带阻挡，火灾初期烟气在隔离带分隔区内积聚，各防烟分区排烟风机依次启动。

火源周围、正上方区域受烟气影响，能见度降低，温度升高，随火灾的延续，大量烟气蓄积在大空间顶部，并被设于顶部的排烟口排出室外。1800s 内，整个火灾过程中仅火源周边区域能见度低于 10m，其他首层、8.0m 层、14m 层各区域能见度、温度及有害气体浓度均未超过人体耐受极限，人员可安全疏散。

② DGN2——3MW 排烟有效场景

多功能厅座椅区发生 3MW 座椅火灾，高温烟羽流上升至顶板，形成顶棚射流，沿顶板向四周蔓延至其他防烟分区，由于防火隔离带阻挡，烟气在隔离带一侧积聚，各防烟分区排烟风机依次启动。

火源周围、正上方区域受烟气影响，能见度降低，温度升高，随火灾的延续，大量烟气蓄积在大空间顶部，并被设于顶部的排烟口排出室外。1800s 内，整个火灾过程中仅火源周边区域能见度低于 10m，其他首层、8m 层、14m 层各区域能见度、温度及有害气体浓度均未超过人体耐受极限，人员可安全疏散。

③ DGN3——2.5MW 排烟有效场景

多功能厅前厅地面发生 2.5MW 火灾，高温烟羽流上升至顶板，形成顶棚射流，沿顶板向四周蔓延至其他防烟分区，由于挡烟垂壁阻挡，火灾初期烟气在防烟分区内积聚，防烟分区排烟风机启动。

火源周围、正上方区域受烟气影响，能见度降低，温度升高，随火灾的延续，大量烟气蓄积在大空间顶部，并被设于顶部的排烟口排出室外。982s 时，人员活动地面开始出现能见度低于 10m 区域，整个火灾过程中仅火源周边区域能见度低于 10m，其他区域温度及有害气体浓度均未超过人体耐受极限，人员可安全疏散。因此多功能厅前厅发生火灾可提供 982s 可用安全疏散时间。

（5）火灾烟气模拟结果小结

大型展厅、多功能厅、宴会厅及前厅各区域发生火灾时的烟气蔓延情况模拟得到的可用安全疏散时间。结果汇总如表 5.2-20 所示。

火灾场景模拟结果　　　　　　　　　　　　　　　　　　　　表 5.2-20

场景编号	着火建筑	火源位置	火灾规模（MW）	排烟系统	可用安全疏散时间 ASET（s）
ZT1-1	2 号展厅	单层展厅	10.0	机械排烟	≥1800
ZT1-2			10.0	失效	1532
ZT2-1	6 号展厅二层展厅	双层展厅二层	10.0	机械排烟	≥1800
ZT2-2			10.0	失效	1678
YH1-1	1 号会议中心	宴会厅火灾	8.0	机械排烟	≥1800
YH1-2			8.0	失效	796
YH2-1		宴会前厅	2.5	机械排烟	≥1800
DGN1	5 号多功能展厅	多功能厅首层舞台	10.0	机械排烟	≥1800
DGN2		二层观众座椅火灾	3.0	机械排烟	≥1800
DGN3		前厅火灾	2.5	机械排烟	982

3）人员疏散分析

采用 STEPS 软件对展厅进行人员疏散模拟分析，目的在于验证该区域人员疏散的安全性。人员疏散模型如图 5.2-61 所示。

结合本工程的主要问题，模拟对应火灾场景所在防火分区的人员疏散情况，在模拟计算中，单层展厅及双层展厅的首层疏散起点为防火分区内任意点，疏散终点为室外空间。

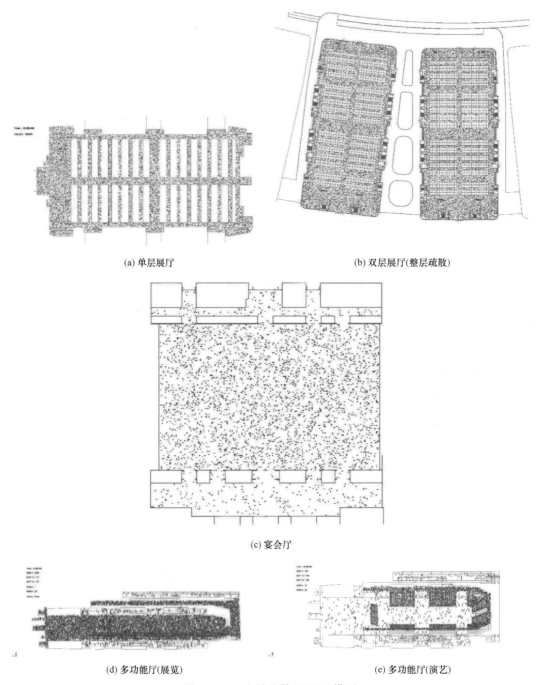

(a) 单层展厅　　　　　　　　　　　　　(b) 双层展厅(整层疏散)

(c) 宴会厅

(d) 多功能厅(展览)　　　　　　　　　(e) 多功能厅(演艺)

图 5.2-61　人员疏散 STEPS 模型

也模拟了双层展厅及平台整体的人员疏散情况，疏散终点为平台至地面的封闭楼梯间，考虑两个展厅同时疏散，以及各个防火分区疏散出口均可用的情况。

（1）疏散人数确定

根据人员密度、建筑面积等相关信息计算每个防火分区疏散人数，具体如表 5.2-21 所示。

各区域疏散人数统计 表 5.2-21

建筑	区域	分区编号	防火分区面积（m²）	功能	计算人数（人）	总人数（人）
1号活动中心	1号宴会厅前厅	1号-F1-2	2505	宴会厅前厅	201	252
				VIP休息	7	
				服务用房	34	
				设备机房	7	
				储藏	4	
	1号宴会厅	1号-F1-3	7165	宴会厅	3080	3080
	1号后勤走道	1号-F1-4	1962	后勤通道	110	161
				服务用房	23	
				储藏	26	
				设备机房	1	
2号展厅	2号单层展厅	2号-F1-1	15364	展厅	10409	10572
				入口门厅	163	
3号展厅	3号单层展厅	2号-F1-1	15364	展厅	10409	10572
				入口门厅	163	
4号展厅	4号单层展厅	2号-F1-1	15364	展厅	10409	10572
				入口门厅	163	
5号多功能展厅	5号多功能厅活动中心首层	5号-F1-1	9671	多功能展厅及活动中心	6538	6628
				门厅及走道	87	
				储藏	3	
	5号多功能厅前厅	5号-F1-4	1804	门厅	128	147
				设备、储藏	19	
	5号多功能厅前厅	5号-F1-5	1804	门厅	128	147
				设备、储藏	19	
	5号多功能厅活动中心二层	5号-F2-2	4593	展厅	2166	2174
				设备机房	8	
	5号多功能厅活动中心三层	5号-F3-2	1262	门厅/走道	49	366
				VIP包间	312	
				储藏、设备	5	
6号展厅	6号双层展厅首层展厅	6号-F1-1	17678	展厅	11026	11208
				入口门厅	165	
				办公	17	
	6号双层展厅二层展厅	6.2号-F1-1	18518	展厅	11304	11571
				办公	117	
				入口门厅	150	

续表

建筑	区域	分区编号	防火分区面积（m²）	功能		计算人数（人）	总人数（人）
7号展厅	7号双层展厅首层展厅	6号-F1-1	17678	展厅		11026	11208
				入口门厅		165	
				办公		17	
	7号双层展厅二层展厅	6.2号-F1-1	18518	展厅		11304	11571
				办公		117	
				入口门厅		150	
8号展厅	8号单层展厅	2号-F1-1	15364	展厅		10409	10572
				入口门厅		163	163

（2）疏散场景

疏散场景的设计总体原则为找出火灾发生后最不利于人员安全疏散的情况。针对本项目特点，人员疏散场景设置如下：

分别选取2号单层展厅、7号双层展厅和19m平台、1号会议中心、5号活动中心进行人员疏散计算，设置疏散场景如图5.2-62、图5.2-63及表5.2-22所示。

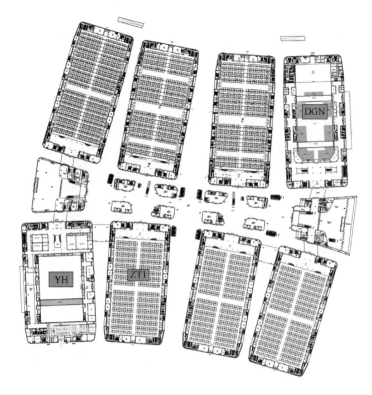

图5.2-62　首层展厅疏散场景示意图

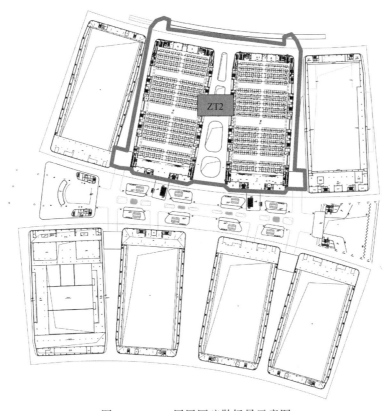

图 5.2-63　二层展厅疏散场景示意图

人员疏散场景设置　　　　　　　　　　　　　　　　　表 5.2-22

场　景	疏散区域	对应火灾场景	场景说明
ZT1	单层展厅	ZT1-1、ZT1-2	2 号单层展厅全楼疏散模拟
ZT2	二层展厅及平台	ZT2-1、ZT2-2	二层 6 号、7 号展厅及平台全楼疏散模拟
YH	会议中心宴会厅及前厅	YH1-1、YH1-2、YH2-1	1 号宴会厅及前厅全楼疏散模拟
DGN-1	多功能厅	DGN1、DGN2、DGN3	5 号多功能厅及前厅展览模式全楼疏散模拟
DGN-2	多功能厅	DGN1、DGN2、DGN3	5 号多功能厅及前厅演艺模式全楼疏散模拟

（3）疏散开始时间

$$t_{start}=(t_{det}+t_a)+t_{pre}$$

①探测与报警时间（$t_{det}+t_a$）：

对于大空间区域，设定火灾探测时间 $t_{det}=60s$，综上分析，保守考虑本工程火灾探测时间取为 90s。

报警时间 t_a 应根据建筑内所采用的火灾探测与报警装置的类型及其布置、火灾的发展速度及其规模、着火空间的高度等条件、火灾场景下建筑内人员的密度及人员的安全意识与清醒状态等因素综合确定。我国《民用建筑电气设计标准》GB 51348—2019 规定"系统应能在手动或警报信号触发的 10s 内，按疏散预案向相关广播区域播放警示信号（含警笛）、警报语音或实时指挥语音"，因此设定火灾报警时间 $t_a=10s$。

故探测与报警时间（觉察火灾时间）设定为100s。

② 人员的疏散预动时间 t_{pre}：

确认火情之后到疏散行动开始之前的这段时间为人员的疏散预动时间，又可分为识别时间 t_{rec}（表5.2-23）和反应时间 t_{res} 两个阶段。

$$t_{pre}=t_{rec}+t_{res}$$

不同用途建筑物采用不同报警系统时的人员识别时间　　　　表5.2-23

建筑物用途及特性	人员识别时间（min）		
	报警系统类型		
	W1	W2	W3
办公楼、工业厂房、学校（居民处于清醒状态，对建筑物、报警系统和疏散措施熟悉）	<1	3	>4
商店、展览馆、博物馆、休闲中心等（居民处于清醒状态，对建筑物、报警系统和疏散措施不熟悉）	<2	3	>6

注：W1为采用声音实况广播系统；W2为预录（非直播）声音系统和/或视觉信息警告播放系统；W3为采用警铃、警笛或其他类似报警装置的报警系统。

③ 反应时间 t_{res}：

从人员识别报警信号并开始做出反应至开始朝出口方向疏散之间的时间。与识别阶段类似，人员反应阶段时间长短也与建筑空间的环境状况有密切关系，从数秒钟到数分钟不等。本项目全楼都设置了应急广播、疏散指示及应急照明系统。本项目有条件通过严格有效的管理，及时组织人员进行疏散，反应时间设定为30s。

本项目为展览类公共设施，设置声音实况广播式应急广播系统，人员处于清醒状态，识别时间取120s。因此，设定本工程人员疏散预动时间 $t_{pre}=150s$。

综上分析，本工程的疏散开始时间为250s，见表5.2-24。

疏散开始时间　　　　表5.2-24

觉察时间（s）			疏散预动时间（s）			疏散开始时间（s）
探测时间	报警时间	合计	识别时间	反应时间	合计	总计
90	10	100	120	30	150	250

（4）人员疏散行动时间

各疏散场景人员疏散行动时间统计见表5.2-25。

各疏散场景人员疏散行动时间统计　　　　表5.2-25

疏散场景编号	对应火灾场景	位置	疏散行动时间（s）
ZT1	ZT1-1、ZT1-2	单层展厅大空间	120
ZT2	ZT1-1、ZT1-2	6号二层展厅大空间	207
		7号二层展厅大空间	217
		19m平台人员	317

续表

疏散场景编号	对应火灾场景	位置	疏散行动时间(s)
YH	YH1-1、YH1-2、YH2-1	宴会厅	60
		前厅	80
		后勤通道	80
		全体疏散完毕	80
DGN-1	DGN1、DGN2、DGN3	首层	97
		前厅-1	77
		前厅-2	90
		二层	118
		三层	30
		全体疏散完毕	118
DGN-2	DGN1、DGN2、DGN3	首层	71
		前厅-1	94
		前厅-2	92
		二层	117
		三层	23
		全体疏散完毕	117

（5）人员疏散所需时间汇总

各疏散场景人员疏散所需时间统计见表5.2-26。

各疏散场景人员疏散所需时间统计 表5.2-26

区域	疏散场景编号	位置	疏散开始时间 t_{start}(s)	疏散行动时间 t_{act}(s)	疏散行动时间×安全系数 $t_{act} \times a$ (s)	人员疏散所需时间 RSET (s)
2号单层展厅	ZT1	单层展厅大空间	250	120	240	490
6号、7号双层展厅	ZT2	6号二层展厅大空间	250	207	311	561
		7号二层展厅大空间		217	326	576
		19m平台人员		317	—	—
1号会议中心宴会厅及前厅	YH	宴会厅	250	60	120	370
		前厅		80	160	410
		后勤通道		80	160	410
		全体疏散完毕		80	160	410
5号多功能厅及前厅（展览模式）	DGN-1	首层	250	97	194	444
		前厅-1		77	154	404
		前厅-2		90	180	430
		二层		118	236	486
		三层		30	60	310
		全体疏散完毕		118	236	486

区域	疏散场景编号	位置	疏散开始时间 t_{start}(s)	疏散行动时间 t_{act}(s)	疏散行动时间×安全系数 $t_{act}×a$ (s)	人员疏散所需时间 RSET (s)
5号多功能厅（演艺模式）	DGN-2	首层	250	71	142	392
		前厅-1		94	188	438
		前厅-2		92	184	434
		二层		117	234	484
		三层		23	46	296
		全体疏散完毕		117	234	484

注：1. 考虑到6号、7号整体疏散时人员在平台出入口有一定拥堵等待情况，因此，保守考虑双层展厅行动时间取1.5倍安全系数，其他各单体展厅行动时间取2倍系数。

2. 人员疏散所需时间为疏散开始时间+疏散行动时间。

4) 分析结果

通过可信最不利的火灾场景与疏散场景的比对分析，人员疏散出火灾所在区域，最终到达室外安全环境或者次级安全区域所需的时间（RSET）应小于人员在该区域内的可耐受时间（ASET）。

根据烟气模拟及人员疏散模拟分析结果，结合人员安全疏散的判定标准，各展厅、宴会厅等大空间的人员疏散安全性分析总结如表5.2-27所示。

安全性判定 表5.2-27

场景编号	着火建筑	疏散区域	排烟系统	可用安全疏散时间 ASET(s)	人员疏散所需时间 RSET(s)	安全性判定
ZT1-1	2号展厅	单层展厅	机械排烟	≥1800	490	安全
ZT1-2			失效	1532	490	安全
ZT2-1	6号展厅二层展厅	双层展厅二层	机械排烟	≥1800	561	安全
ZT2-2			失效	1678	561	安全
YH1-1	1号会议中心	宴会厅火灾	机械排烟	≥1800	370	安全
YH1-2			失效	796	370	安全
YH2-1		宴会前厅	机械排烟	≥1800	410	安全
DGN1	5号多功能展厅	多功能厅首层	机械排烟	≥1800	444	安全
		多功能厅二层	机械排烟	≥1800	486	安全
		多功能厅三层	机械排烟	≥1800	310	安全
DGN2		多功能厅首层	机械排烟	≥1800	444	安全
		多功能厅二层	机械排烟	≥1800	486	安全
		多功能厅三层	机械排烟	≥1800	310	安全
DGN3		前厅	机械排烟	982	438	安全

由此可知，现有消防设施设计有效时，包括排烟设计、疏散设计、灭火设计方案等，

可确保人员疏散安全性。

6. 小结

针对大型展厅防火分区扩大所造成的火灾蔓延范围扩大、人员数量大、人员疏散距离长等问题，结合防火隔离带、防火单元设置控制火灾蔓延及烟气蔓延，同时结合防排烟系统、自动灭火系统加强措施，将烟和热控制在一定范围，将人员疏散到隔离带之外作为临时安全的区域，从而保证展厅内人员疏散的安全性。

5.3　绿色低碳专项设计

2006年，自我国第一部绿色建筑标准颁布实施以来，在国家政策的推动下，我国的绿色建筑发展非常迅速。2021年，绿色建筑面积占到城镇新建建筑面积的84.22%，全国累计建成的绿色建筑面积超过85亿m^2。伴随着绿色建筑的发展，相关标准也在逐步完善。《绿色建筑评价标准》GB/T 50378—2019自2019年8月1日起实施，在这部标准中，将绿色建筑定义为：在全寿命期内，节约资源、保护环境、减少污染，为人们提供健康、适用、高效的使用空间，最大限度地实现人与自然和谐共生的高质量建筑。新版评价标准从以人为本出发，凸显安全、耐久、便捷、健康、宜居、适老、适幼、全龄友好等内容。

同时，随着全球变暖等问题的日益严峻，各国纷纷提出碳中和目标。在我国提出的"碳中和、碳达峰"的目标背景下，作为能源消耗和碳排放大户，建筑行业的碳减排任务尤为紧迫。我国建筑的运行碳排放占碳排放总量的比例约为21%，建筑材料生产、运输和施工建造等产生的碳排放占比约为18%。随着我国人民生活水平的提高，建筑能耗和碳排放占比仍要持续上升。我国"十四五"规划中明确指出，要深入推进工业、建筑、交通等领域低碳转型。因此建筑领域的节能减排、低碳转型对我国实现双碳目标有着重大的影响，是我国实现双碳目标的关键一环。

会展行业曾经是三大无烟产业之一，但实际上，由于目前国内展馆资源过剩以及展馆运营过程中产生的能源资源浪费等问题，使国内会展行业在绿色低碳发展方面面临着巨大的挑战。2021年，国务院发布了《关于加快建立健全绿色低碳循环发展经济体系的指导意见》（国发〔2021〕4号），要求"推进会展业绿色发展，指导制定行业相关绿色标准，推动办展设施循环使用。"绿色会展不仅是产业发展的必然趋势，而且符合国家政策的发展要求。推动会展行业的绿色低碳发展是一项庞大的工程，需要会展业各环节各参与部门共同努力，包括场馆的设计、建造和运营，还有展会活动的举办、展台的搭建等，贯穿于整个会展产业链。

在杭州大会展中心、国家会展中心（天津）、中国·红岛国际会议展览中心等项目的工程设计中，采用了多项绿色低碳技术措施。本章将基于大型会展建筑在建筑规模、平面局部、建筑形体、不同功能空间和运营期的特点，结合具体案例，针对交通轴空间的物理环境优化、高大空间的空调气流组织设计、健康环境营造、太阳能光伏一体化以及全寿命期的材料低碳化等绿色低碳关键技术进行深入分析研究，提出具有创新性的解决方案。

5.3.1 大型会展最优物理环境交通轴构建方法

1. 交通轴空间环境需求

交通轴空间可分为室内和室外两部分，是联系建筑各功能空间，实现建筑功能的过渡空间。本节研究的交通轴空间主要是指室内外的走廊和通道，这些空间除了使参观者能够在其内顺利通行外，也可作为展示界面和休闲购物空间使用，提高会展建筑的展示价值与商业价值。大型会展建筑过渡空间承担着为人提供舒适的生理过渡环境的重要作用，因此需要通过合理的建筑设计保证遮阳隔热、通风散热、避雨避湿、舒适宜人等需求，使参观者更愿意停留，充分地发挥其作用。

热舒适度的提升，有利于提高室外交通轴空间的利用率。杭州大会展中心项目一期工程南北两侧展厅之间的中央廊道被打造成"城市会客厅"，通过热环境的优化提升，提高该空间全年热舒适度满意时长（图 5.3-1）。改善室外热环境的措施包括优化建筑布局、改善室外风环境、室外遮阳、微雾降温、空调余冷利用等方式。

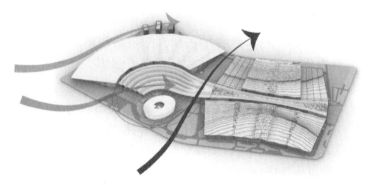

图 5.3-1　杭州大会展中心夏季风气候条件

柔和、均匀的过渡空间光环境使人感到舒适。中国·红岛国际会议展览中心项目通过采用高透射率的玻璃幕墙、设置带天窗的中庭等方式引入自然光，提高内区交通连廊的采光效果，降低照明能耗（图 5.3-2）。外立面的水平百叶遮阳，可以减少夏季太阳辐射得热，控制上下午的太阳眩光问题（图 5.3-3）。

图 5.3-2　中国·红岛国际会展中心交通廊
自然采光效果

图 5.3-3　中国·红岛国际会展中心外立面
水平百叶遮阳

我国南方地区多属于季风气候，每年雨季的集中降雨量较大，且常伴有台风等气候灾害。因此，室外的交通廊在设计时，还应考虑遮风、挡雨、防坠落等需求。杭州大会展中心项目在南北展厅之间的中央廊道上空设置遮阳挡雨屋盖，最大限度地降低了降雨对人员室外活动的影响（图5.3-4）。

图5.3-4　杭州大会展中心中央廊道效果图

2. 参数化室外热环境仿真模拟优化

1）分析方法

参数化仿真模拟优化将影响拟分析或优化对象的变量预定义为一个约束集，将模型几何特征进行参数化设定，对约束集和优化目标进行关联，关联表达式由计算机程序执行，通过设计人员手动调整或程序自动执行的人机交互方式进行设计寻优，并由程序执行表达。基于 Rhinoceros 和 Grasshopper 平台的参数化仿真模拟优化还具有突出的建模能力，通过调整模型几何控制参数即可获得修改后的可视化建筑模型，大幅提升工作效率。

杭州大会展中心项目设置室外遮阳屋盖，提高室外交通轴空间的环境热舒适度，从而提高室外空间的利用率，打造"城市会客厅"。为最大程度地发挥屋盖遮阳作用，同时满足采光、通风、冬季得热和建筑美学需求，开展基于参数化仿真模拟技术的中廊屋盖开洞率分析。

在 Grasshopper 中通过可视化操作节点（被称为"电池"，"电池"不含参数，在计算上它是来处理参数输出符合既定逻辑的结果）进行连接和调整，开展参数化设计，建立一个按比例在中廊屋盖上随机位置开洞的参数化表皮（图5.3-5），并与分析模型（图5.3-6）进行关联。

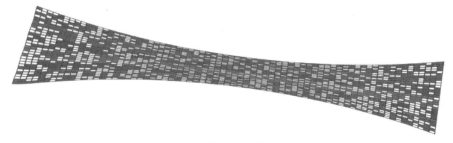

图5.3-5　一期屋盖的参数化表皮

利用集成在 Ladybug 的 UTCI 计算模块进行中廊屋盖开洞率对热环境影响的分析，编制的"电池组"如图5.3-7所示。以当地气象数据为环境参数，考虑影响 UTCI 的建筑

图 5.3-6　室外热舒适分析模拟

布局、建筑形体、太阳辐射以及环境的平均辐射等因素，建立自动计算流程完成设定步长下的 UTCI 求解，实现对室外热舒适的快速分析。

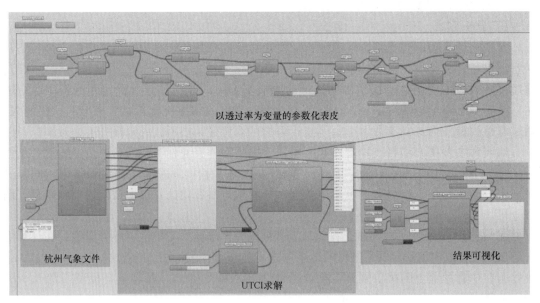

图 5.3-7　中廊屋盖开洞率与 UTCI 结果可视化电池组

　　Ladybug 将 UTCI 计算结果的舒适度类别进行了调整，增加了"轻微热"，并赋予相应的热感觉值。同用于室内热舒适评价的 PMV 指标一样，室外热感觉值采用 7 级分度，便于用户的理解（表 5.3-1）。

热舒适类别与热感觉值　　　　　　　　　　　　　　　　表 5.3-1

UTCI 的范围（℃）	舒适度类别	热感觉值	UTCI 的范围（℃）	舒适度类别	热感觉值
＜−13	强冷	−3	26＜UTCI＜28	轻微热	+1
−13＜UTCI＜0	中度冷	−2	28＜UTCI＜32	中度热	+2
0＜UTCI＜9	轻微冷	−1	＞32	强热	+3
9＜UTCI＜26	无热	0			

2）结果分析

如图 5.3-8（f）所示，7 月和 8 月两个最热月份中：没有屋盖时中廊的热舒适满意率（热感觉值为 0 或 +1 的小时数占总小时数的比例）为 68.57％，这一满意率高于根据当地气象数据直接算出的热舒适满意率 14.79％，主要原因是中廊位于南北两侧展厅之间建筑布局形成"冷巷效应"；当设置一个完全不透光的屋盖时，中廊热舒适满意率为 89.04％，如图 5.3-8（a）所示。随着开洞比例的提高，"中度热"和"强热"的时间比例不断上升，如图 5.3-8（b）～（e）所示。

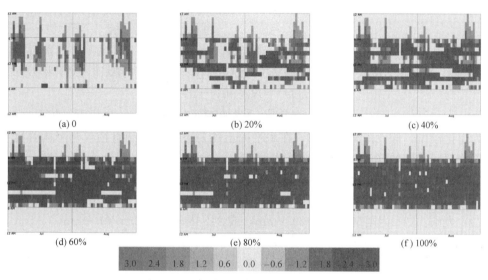

| 3.0 | 2.4 | 1.8 | 1.2 | 0.6 | 0.0 | −0.6 | −1.2 | −1.8 | −2.4 | −3.0 |

图 5.3-8　不同开洞率逐时热感觉值分布

如图 5.3-9 所示，夏季屋盖开洞率和室外热舒适满意率不是呈等比变化的。开洞率在 20％～50％之间，室外热舒适满意率提高最明显；0～20％ 和 50％～70％ 次之；在 70％～100％ 之间，室外热舒适满意率提高趋于平缓。冬季，开洞率在 0～30％ 之间时，室外热舒适满意率提高最明显，之后随开洞率提高，冬季室外热舒适满意率变化很小。

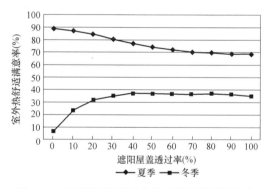

图 5.3-9　不同开洞率的室外热舒适满意率变化

遮阳屋盖开洞率的确定考虑了夏季和冬季室外热舒适的耦合、夏季热舒适的满意率、开洞率对热舒适改善效果的变化率等因素，选取 30％遮阳屋盖开洞率作为研究案例的推荐值。在这一开洞率下，夏季和冬季满意率求和最高，且夏季热舒适满意率达到了 80％以上。

3. 屋盖挡雨两相流仿真模拟优化

杭州市地处东南沿海，属亚热带季风气候，为夏热冬冷地区。受东亚季风影响，杭州地区夏季盛行西南风，平均风速 2.9m/s，冬季盛行北风，平均风速 3.3m/s。年平均降水量 1422mm，年均降水天数 150d，各月几乎均有降水，其中 6 月、7 月、8 月三个月降水

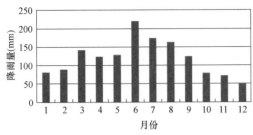

图 5.3-10　杭州市多年平均月降雨量

量为全年最多。杭州市多年平均月降雨量情况如图 5.3-10 所示。

南北向中央廊道（包括首层和二层连廊）是杭州大会展中心的重要人行通道和活动空间。为保证雨天人员活动的便利，对室外连廊的防雨情况开展了仿真模拟研究，验证其是否会受到雨水侵袭，分析中廊的屋盖是否能提供足够的防雨保护。

1）雨滴分布研究

雨滴谱用于描述不同直径雨滴的分布，其特性因地区、季节、降雨类型等因素而异。据观测研究表明，雨滴谱多服从负指数分布，被广泛采用的是马歇尔-帕尔默谱（M-P 谱），即：

$$N(D)=N_0 \exp(-\Delta D) \tag{5.3-1}$$

式中，$N_0=8\times10^3$（m^3/mm）；$\Delta=4.1I^{-0.21}$，I 为降雨强度（mm/h）；D 为雨滴直径（mm）。

为简化模型，假设雨滴为球体，在水平面上均匀分布，雨滴直径仅与降雨强度有关。我国气象部门采用的降雨强度标准为：

（1）小雨：12h 内雨量小于 5mm，或 24h 内雨量小于 10mm；

（2）中雨：12h 内雨量为 5～14.9mm，或 24h 内雨量为 10～24.9mm；

（3）大雨：12h 内雨量为 15～29.9mm，或 24h 内雨量为 25～49.9mm。

暴雨强度大致分为以下三级：

（1）暴雨：12h 雨量≥30mm，或 24h 雨量≥50mm；

（2）大暴雨：12h 雨量≥70mm，或 24h 雨量≥100mm；

（3）特大暴雨：12h 雨量≥140mm，或 24h 雨量≥250mm。

雨滴的下落过程受到重力、空气阻力及风向和风速的影响，产生垂直和水平两个方向的加速度。研究表明，稳态流场中雨滴运动时，水平方向的速度近似等于水平风速，垂直方向的速度可取无风状态下雨滴降落的末速度。末速度与雨滴尺寸的关系可用以下经验公式表示：

$$v(r)=9.1549r^{0.5}-2.6549+2.5342e^{-3.727}r^{0.5}-0.389r^{2.18} \tag{5.3-2}$$

式中，$v(r)$ 为雨滴垂直降落末速度（m/s）；r 为雨滴半径（mm）。

当雨滴直径一定时，同一位置降落的雨滴轨迹相同。

2）建筑防雨 CFD 仿真模拟分析

DPM（Discrete Phase Model）模型，即离散相模型，在计算中不考虑颗粒所占体积，也不考虑颗粒间的相互碰撞，常用于模拟粒子运动轨迹。由于雨滴体积在空气中所占比例很小，故采用 DPM 模型模拟降雨过程。为简化模型，假设雨滴直径仅与降雨强度有关，一定直径、同一位置降落的雨滴，其运动轨迹相同。

建立模型时，应保证流场计算域的高度满足所有雨滴均能达到末速度的要求，迎风方向的长度应能保证雨滴顺利下落至建筑屋面，而不致在风速影响下从建筑上方掠过，建筑后的流场长度应能使尾流充分发展（图 5.3-11）。整个计算域及网格划分如图 5.3-12 所示。建筑壁面及附近区域采用加密的非结构化网格，其余区域采用结构化网格。计算域左侧面为风速入口，顶面为降雨速度入口，右侧面为压力出口，其余边界皆为壁面。

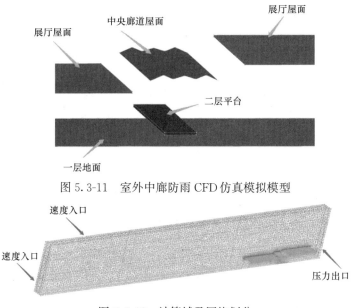

图 5.3-11 室外中廊防雨 CFD 仿真模拟模型

图 5.3-12 计算域及网格划分

降雨过程的模拟分为两个阶段，首先应进行风环境模拟。边界条件分别设置为速度入口、压力出口及壁面。若计算收敛，则进行第二阶段模拟。采用 DPM 模型将雨滴插入流场中，按气象条件设置风速、雨滴直径和下落速度。若结果收敛，则计算结束。若计算不收敛，则重设风环境模拟输入参数，重新计算。

3）结果分析

杭州地区夏季盛行西南风。当风向为西南风，风速为夏季的平均风速（2.9m/s），降雨强度为小雨时，雨滴轨迹沿风向略微倾斜，建筑迎风面雨水碰撞室外连廊屋面后发生折射，室外连廊二层平台不会被雨水淋湿，一层地面仅有少量积水。在此工况下，此时的雨滴直径小、末速度小且风速较小，雨滴不易受风力影响发生严重偏斜。因此，在屋盖覆盖的二层平台和大部分一层地面空间，具有较好的避雨条件（图 5.3-13）。

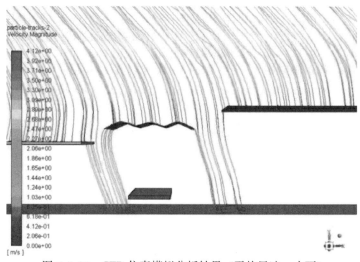

图 5.3-13 CFD 仿真模拟分析结果（平均风速、小雨）

当风向为西南风，风速为夏季的最大风速（8.1m/s），降雨强度为小雨时，雨滴轨迹沿风向严重倾斜，靠近建筑处偏折，建筑迎风面雨水先后碰撞室外连廊屋面和展厅屋面，发生折射。大量雨水受到大风和建筑反射的影响，落到室外连廊二层平台，增加了二层平台的排水压力（图 5.3-14）。

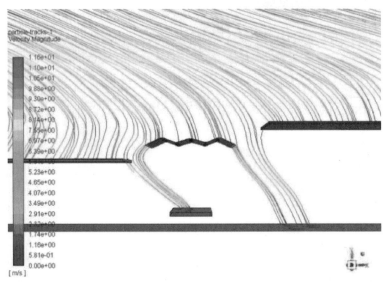

图 5.3-14　CFD 仿真模拟分析结果（最大风速、小雨）

当风向为西南风，风速为夏季的最大风速（8.1m/s），降雨强度为暴雨时，雨滴轨迹沿风向仅有略微倾斜，在屋面、地面上发生多次反弹，但并未进入二层平台。因为雨滴的末速度较大，在空中沿风速方向移动的时间短，所以运动轨迹偏斜不严重，未被吹落至二层平台。雨滴撞击屋面、地面的动量大，故产生多次反弹，在选择屋面和中廊屋盖的材料时应兼顾隔声降噪的需求。短时的降雨量过大，导致大量雨水快速汇聚到一层地面，需采取有效措施及时排水（图 5.3-15）。

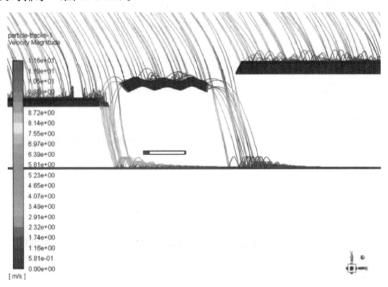

图 5.3-15　CFD 仿真模拟分析结果（最大风速、暴雨）

4. 场地风环境模拟优化

良好的场地风环境有助于改善环境舒适性、安全性和健康性。充分利用自然通风，可以有效缓解城市热岛现象，改善空气质量，提高行人室外活动舒适性。杭州大会展中心项目位于杭州市，炎热的夏季主要受西南风影响。因场地距离钱塘江较近，陆地和大面水域形成空气温差使空气向陆地流动，江风可为场地带来凉爽的气流。建筑平面布置充分考虑东西和南北两条主要通风廊道的布置，在场地风环境模拟分析过程中，对中廊内的建筑单体位置进行优化，使项目一期工程的展厅之间进一步形成三条南北向的小型通风廊道（图5.3-16、图5.3-17）。

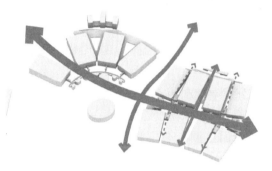
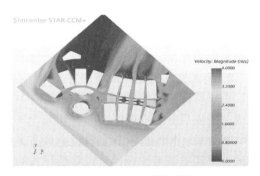

图 5.3-16 通风廊道示意　　　　　　　　　图 5.3-17 通风廊道模拟

通过增加屋盖的穿孔面积、调整屋盖高度，充分利用热压和风压，改善南侧展厅间通道出现的局部风速较小问题。优化后，展厅间的通道空间气流组织表现良好，基本消除无风区（图5.3-18、图5.3-19）。

图 5.3-18 优化前南侧展厅间的通道

图 5.3-19 优化后南侧展厅间的通道

5.3.2 以数据模型为底层驱动的空调气流组织设计方法

1. 高大空间空调气流组织特点和难点

会展建筑室内空间体积大、高度大，具有空调负荷大、室内温度分布不均匀和冷热量需求不均匀等特点。在空调设计方面，存在垂直气流分层、温度梯度大、常规设计无法保证热舒适和空调能耗高等设计难点。

会展建筑室内空间净高可达 20～30m，但人员活动区域主要集中于靠近地面 2～3m 处，若采用常规上送上回或上送下回空调气流组织形式，空调系统承担整个空间的冷热负荷。达到合理的人员活动区设计温度将产生很大的空调能耗。且室内垂直方向上温度梯度较大，易引起人的不舒适。此外，不合理的气流组织可能使得室内存在涡流区或无风区，导致污染物聚集、无法稀释和排出，造成室内空气品质下降，影响人员身心健康。

2. 高大空间气流组织解决方案

分层空调是高大空间广泛使用的空调技术，分层空调利用冷热空气密度差和喷口送风形成的射流层分隔空调区和非空调区，气流组织形式和送风温度、送风风速等条件直接影响空调效果。据统计，与全室性空调方式相比，分层空调夏季可节省冷量 30％ 左右。合理的大空间空调系统设计可以降低设备的初投资及运行费用，提高人员舒适性，降低建筑运行能耗。

分层空调仅对室内下部人员活动区进行调节，上部空间不采取空调措施或仅进行自然通风或复合通风，具有温度场和速度场分布均匀合理、污染物稀释快、人员活动区热舒适度高和空调能耗低等优点。

以计算流体力学（CFD）技术为基础，利用计算机的计算能力，针对不同分层空调设计方案，模拟分析分层空调不同送回风口位置、风口类型、送风温度、送风风速等参数对人员活动空间热环境的影响，为空调设计提供量化和可视化的设计结果显示，辅助设计师完成设计优化，实现以数据模型为底层驱动的展厅大空间气流组织设计优化，制定合理有效的气流组织方案，指导施工图设计。

分层空调 CFD 模拟分析时，首先按实际情况对展厅进行三维建模，建立数值模拟的计算区域，并根据计算出的负荷设置室内发热源。制定空调送回风气流组织方案后，依据方案在模型中布置风口，并输入边界条件，如送风温度和风速、回风风速和室内设计温度等。然后对整个计算域划分网格，风口处网格需进行加密，以确保计算精度。最后选取合理的湍流模型，即可进行模拟计算。CFD 模拟结果一般为计算域速度场、温度场和压力场等，也可根据需要求解室内热舒适指标（PMV、PPD）、污染物和空气龄等的分布情况。根据模拟结果，相应调整气流组织方案，或对不同方案进行比较，确定最佳空调气流组织形式。

3. 工程应用案例

目前，已有多个会展类建筑项目应用了以数据模型为底层驱动的大型展厅空间空调气流组织设计优化技术，取得了良好的运行效果。

国家会展中心（天津）内有多个高大空间，中央大厅净空高度超过 30m，展厅净空高度均超过 20m。中央大厅室内效果图如图 5.3-20 所示。

中央大厅采用分层空调，仅对底部 2～3m 范围采取空调措施，上部空间采用自然通

图 5.3-20　中央大厅室内效果图

风，大厅侧墙高位及顶部设置电控开启窗扇，过渡季或顶部温度过高时开启，进行自然通风；空调气流组织形式为双侧送风、下部回风，上部采用侧送风喷口，回风口布置在同侧下方，首层公共区设置上送风口。其剖面如图 5.3-21 所示。

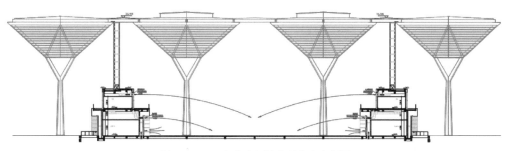

图 5.3-21　中央大厅空调剖面示意图

经 CFD 模拟分析，中央大厅垂直方向、一层和二层人员活动区的气流速度、风速温度分布情况如图 5.3-22～图 5.3-30 所示。

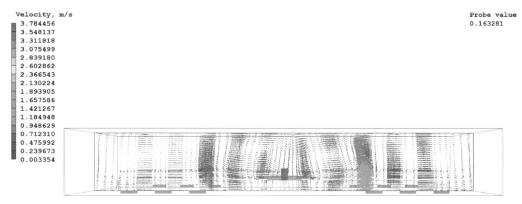

图 5.3-22　中央大厅垂直方向气流速度

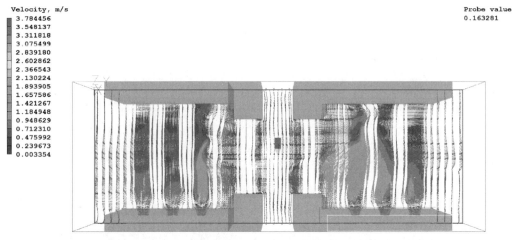

图 5.3-23　中央大厅一层人员活动区气流速度

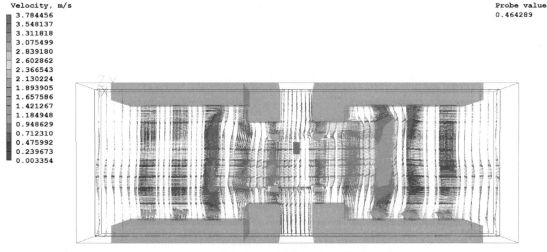

图 5.3-24　中央大厅二层人员活动区气流速度

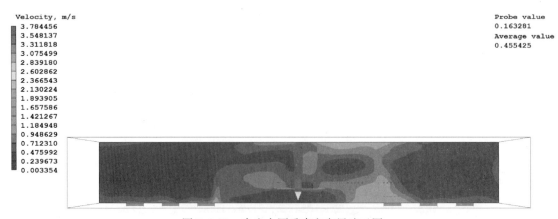

图 5.3-25　中央大厅垂直方向风速云图

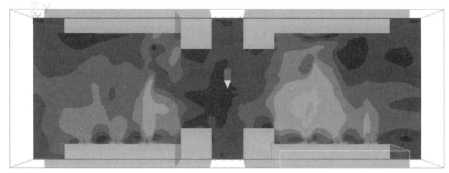

图 5.3-26 中央大厅一层人员活动区风速云图

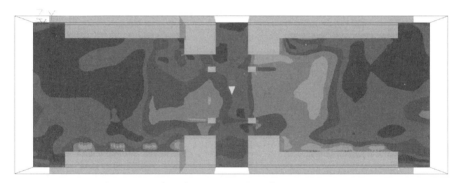

图 5.3-27 中央大厅二层人员活动区风速云图

图 5.3-28 中央大厅垂直方向温度分布

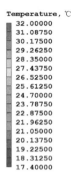

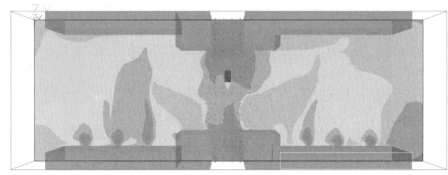

图 5.3-29　中央大厅一层人员活动区温度分布

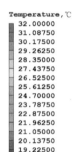

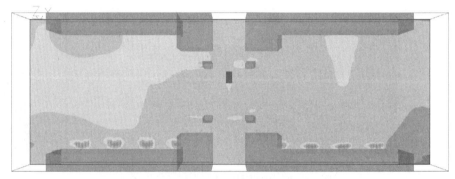

图 5.3-30　中央大厅二层人员活动区温度分布

由 CFD 模拟结果知，中央大厅内无明显涡流和无风区，空调送回风之间无气流短路，人员活动区位于回流区，回风口不在送风射流区内，回风口吸风速度小于 1.5m/s，一层人员活动区平均风速约为 0.55m/s，平均温度约为 26.9℃，二层人员活动区平均风速约为 0.45m/s，平均温度约为 27.7℃，低于室内设计温度 28℃，风速、温度分布均匀。由此可得结论，中央大厅空调气流组织合理。

展厅室内效果图如图 5.3-31 所示，气流组织形式为双侧送风、下部回风，上部采用侧送风喷口，回风口布置在同侧下方。剖面如图 5.3-32 所示。

经 CFD 模拟分析，展厅垂直方向和人员活动区的气流速度、风速及温度分布情况如图 5.3-33～图 5.3-38 所示。

由 CFD 模拟结果可知，展厅人员活动区平均风速约为 0.38m/s，平均温度约为 20.8℃，温度和风速分布均匀，空调气流组织合理。

图 5.3-31 展厅室内效果图

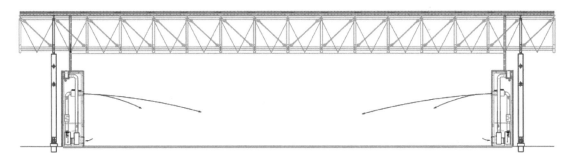

图 5.3-32 展厅空调剖面示意图

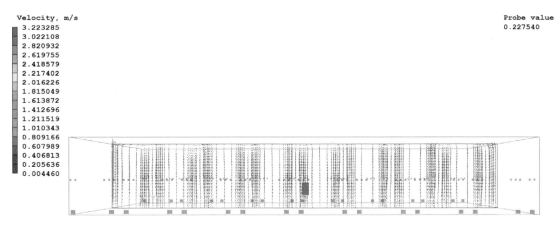

图 5.3-33 展厅垂直方向气流速度

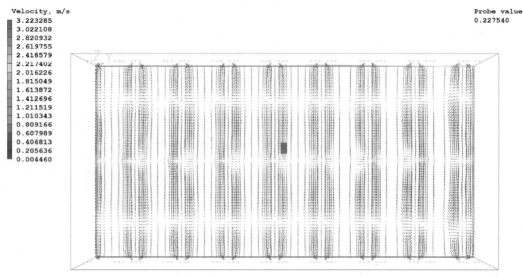

图 5.3-34　展厅人员活动区气流速度

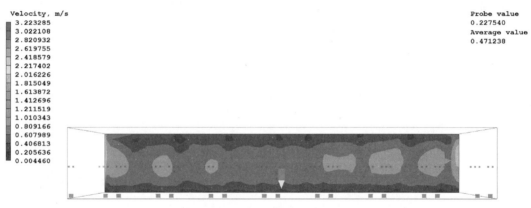

图 5.3-35　展厅垂直方向风速云图

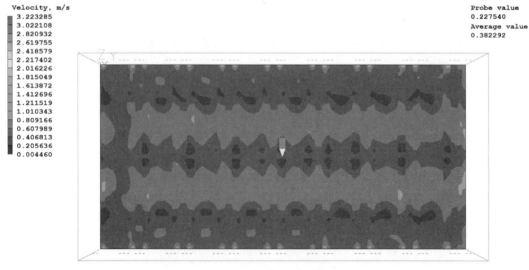

图 5.3 36　展厅人员活动区风速云图

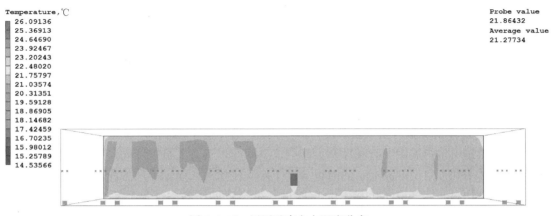

图 5.3-37 展厅垂直方向温度分布

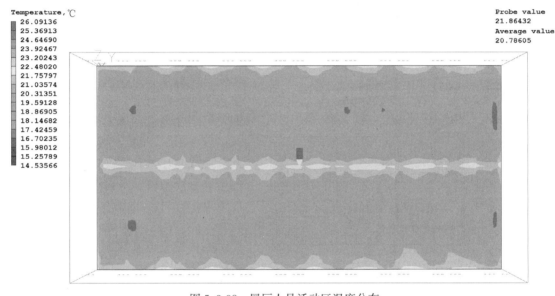

图 5.3-38 展厅人员活动区温度分布

此外，杭州大会展中心和中国·红岛国际会议展览中心等项目也采用了 CFD 模拟气流组织分析方法，辅助空调设计。

以上实际工程案例的应用，验证了运用 CFD 模拟技术指导空调施工图设计的准确性和可行性，以数据模型为底层驱动的大型展厅空间空调气流组织设计优化技术具有一定的前瞻性和优越性，适合在展览建筑项目中推广应用。

5.3.3 大型会展建筑健康环境营造关键技术

随着生活水平的逐步提高，人们对健康生活的需求日益强烈。大型会展建筑作为综合性的重要场馆，人员密度非常大，其建筑的健康性能直接影响使用者的身心健康，而健康理念在会展建筑中并没有得到足够重视。会展建筑作为人员大规模聚集场所，在未来面临着巨大的挑战，突发公共卫生问题将导致展会活动大范围取消或延期，而采用云展会或网络直播活动模拟线下展会的形式并不能带来相同的体验感。因此，新时代的会展建筑，应积极营造健康的环境来满足各类使用者的需求，同时也应为应对公共卫生安全危机做好充分的准备。

会展建筑的健康建筑设计应基于其使用功能、运营特点以及参观者、展商、长期工作人员等不同使用人群的需求，以提供健康的环境、设施和服务为目标，在规划设计、建设运营的全生命期中，构建一套具有针对性的技术体系，预防慢性疾病带来的健康问题以及适应公共卫生防控。

1. 整合设计实现室内空气品质提升

会展建筑中包括展厅、登录厅和大型会议空间等，具有人员密度高、空间进深大的特点。一方面不利于空气的流通，同时也增加了疾病传播的风险；另一方面，各类装修材料产生的污染物和展期低成本的展具、布展材料也导致展厅的空气品质不佳。基于以上特点，从源污染控制、建筑设计、运行策略及主动设备设施干预等方面采取措施能有效提高会展建筑的室内空气品质。

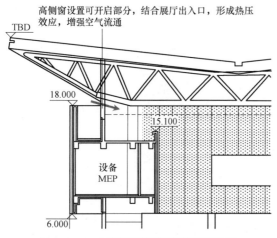

图 5.3-39 展厅利用高侧窗设置开启扇

通风不利会使空气中各种污染物和病毒的浓度加大，导致包括头痛、疲劳、咳嗽等在内的健康问题，不论疫情期间还是平常时期，空气流通是健康的重要保证。未来，建筑是否可实现自然通风引起更多关注。针对会展建筑中的展厅空间，可结合高位的侧窗和天窗设置可开启扇（图 5.3-39），与首层的各个出入口形成热压效应，在室外条件较好的情况下以及疫情等特殊时期进行自然通风；针对办公等附属用房，一般设置在展厅周边临外墙布置，此类房间可直接设置可开启扇，为长时间停留的工作人员提供健康保障。而机械通风作为弥补自然通风不足和无自然通风条件时期的替代手段，需要注意定期维护，避免由于维护不当引起的通风效率下降和室内空气质量不良问题。

装饰装修材料是建筑室内空气的主要污染源之一，在建筑设计中可以通过提高各类建材的环保标准来控制建筑空间内的污染物浓度。杭州大会展项目所选用的材料除了满足国家各类建材的环保标准，其使用的防水密封材料中有害物质限量还满足国家绿色产品评价标准中的要求。室内所有的油漆、涂料、胶粘剂、密封剂和地板，均采购低挥发性有机化合物产品。除建筑本身散发的污染物外，会展建筑的特殊性在于需要频繁举办展会，展具通常为一次性使用，搭建材料的品种多样，造成布展材料成本低、污染高的问题，这些也是导致展厅内空气品质差的主要原因，给展商、观众和工作人员带来巨大的健康隐患。因此，在会展建筑办展过程中，应推行绿色环保展台的搭建，通过降低一次性展具和材料的使用率从而降低成本，达到提高质量的目的。

近年来，我国的雾霾天气有所改善，但冬季持续性、区域性重污染天气仍时有发生，室外污染源通过建筑门窗、门窗缝隙和通风系统渗透进建筑室内。在杭州大会展中心项目中，为了提高室内空气品质，严格控制围护结构的气密性，采用 $PM_{2.5}$ 过滤效率不低于 F8 的空气过滤装置，并且在过滤器上配备板载压力传感器或过滤器更换指示灯，保障其正常有效运行。另外还设置了空气品质监测系统，对室内 $PM_{2.5}$、CO_2、TVOC 进行监测，并利用屏幕、APP 等方式对数据进行展示，不但保障使用者的健康，也使观展人群增加体验感和对所在建筑环境的安全感。

2. 高舒适度室内声环境营造

大型会展建筑中多数主要功能空间具有体量大的特点，作为办展、举行会议和演出活动的场所，对声学舒适度有很高的要求，根据空间功能类型不同又有其特殊性。展厅作为展会活动的主要场所，使用时聚集大量参展和观展人员，应避免混响时间过长、环境噪声高等问题，保证较好的语言清晰度和公共广播系统清晰度。新闻发布厅、会议室要求语言清晰度好，并能充分发挥扩声系统的性能，需要控制室内背景噪声，并避免相邻房间产生干扰。宴会厅的声学需求更为多样，不但要满足会议发言的需要，还要满足大量人员就餐及小型演出等功能要求。会议时（发言）要求厅内环境能为电声系统的使用提供良好的自然声场条件，避免话筒使用时产生啸叫；大量人员就餐时，就餐人员交谈过程中应保证良好的语言清晰度，近距离交流时轻松，避免出现大空间厅堂的嘈杂感；举行歌舞等小型文艺演出时，通过电声系统使声音获得一定丰满度，无刺耳反射声，无回声、声聚焦等音质缺陷。

影响室内背景噪声的因素包括室外噪声源和室内噪声源，可通过提高围护结构的隔声性能和降低噪声源的影响来控制。大型会展的选址通常周边临城市主干道、快速路等，交通噪声影响较大，可以通过建筑布局上后退城市道路、在场地种植高大乔木、提高外墙外门窗的隔声性能等措施降低室外交通噪声的干扰。另外，会展建筑一般屋面为金属屋面，是隔声的薄弱部位，需要考虑航空噪声、雨噪声对室内空间声环境的影响。展厅一般不设装饰吊顶，因此，展厅的屋面要考虑隔声和吸声问题。杭州大会展中心的展厅屋面，采用了隔声吸声与屋面一体化的构造，达到了较好的声学效果，具体构造做法如下：①3.0mm 厚铝单板；②0.8mm 厚镀铝锌钢直立锁边屋面板；③1.2mm 厚 TPO 防水卷材；④140mm 厚岩棉保温层；⑤0.3mm 聚乙烯隔汽膜；⑥3mm 厚 SBS 卷材阻尼层；⑦1.0mm 厚镀铝锌压型钢板；⑧50mm 厚玻璃棉吸声层；⑨0.8mm 厚穿孔压型钢板（内衬玻璃丝布）；⑩屋面钢结构构件。

会展建筑内部噪声源包括机电设备噪声、舞台设备运行时的设备噪声、人员在公共空间活动的噪声，相邻房间（墙体相邻、楼板相邻）同时使用时又相互成为噪声源。对于室内噪声源，除了选用低噪声设备，做好设备的隔声减振等措施降低设备噪声外，主要通过提高内隔墙、内门、楼板等围护结构的隔声性能来控制室内噪声的传播。目前普通隔声墙体的设计和施工做法比较成熟，需要注意的是，大型会展建筑中的大型会议室、宴会厅经常使用灵活隔断使其可以分割成若干个中小型空间使用，活动隔断通常是隔声的薄弱环节，若隔断本身隔声量不满足要求且存在缝隙，在多个房间同时使用时将产生严重的噪声干扰，必须予以重视。首先，活动隔断产品本身应具有较好隔声性能；其次，为防止活动隔断上下及两侧的缺陷影响隔断的隔声性能，活动隔断供应商必须提供位于隔断上下及两侧的接口密封系统；另外，隔断轨道上部（吊顶与楼板或梁之间）应设置隔墙，隔墙应延伸至结构楼板或结构梁底部，并对接缝处做密封处理，以防止隔断两边的房间串声。活动隔断上部隔墙应避免任何管道穿越。如有风管穿越，风管应在隔墙两侧安装消声器（图 5.3-40）。当活动隔断上部隔墙有检修马道穿越时，建议在隔墙上设置检修门（图 5.3-41）活动隔断隔声封堵大样如图 5.3-42、图 5.3-43 所示。

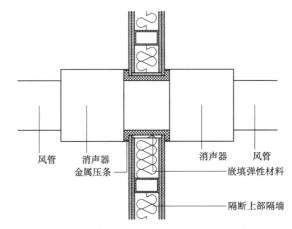

图 5.3-40　活动隔断上部有风管穿越时做法

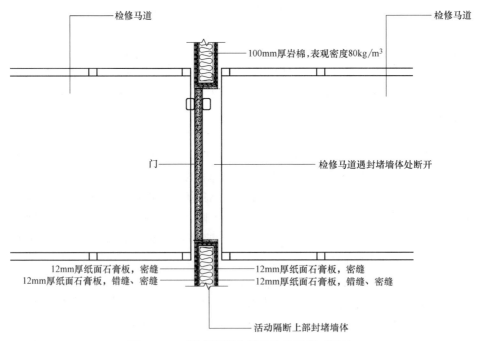

图 5.3-41　活动隔断上部有检修马道时做法

门的隔声也是易忽略的部分。展厅的外门一般采用不设门斗的单层门，室外噪声可通过门扇传播到展厅内部，影响观展效果。为了避免门的隔声直接影响所在墙体的整体隔声性能，除门扇本身应选用厚重、隔声性能高的产品外，门扇的周边做法也需要重视。门扇下部应采用自动密闭隔声装置或门刷装置，且应尽量贴地面，以解决门扇下部密缝处理，如采用双扇门，两扇门中间也应设门刷（图 5.3-44、图 5.3-45）；门侧和门顶采用弹性和密封性能较好的隔声密封条，建议采用三元乙丙橡胶制品，保证关门后门扇和门框保持一

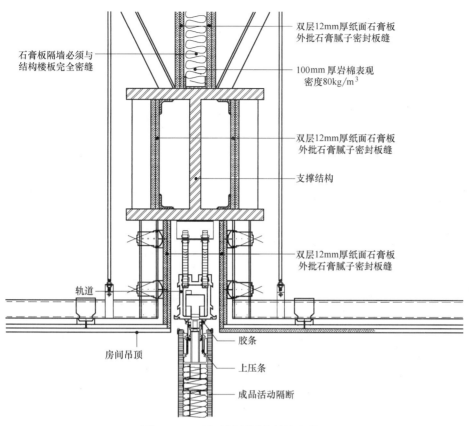

石膏板隔墙必须与
结构楼板完全密缝

双层12mm厚纸面石膏板
外批石膏腻子密封板缝

100mm厚岩棉表观
密度80kg/m³

双层12mm厚纸面石膏板
外批石膏腻子密封板缝

支撑结构

双层12mm厚纸面石膏板
外批石膏腻子密封板缝

轨道

房间吊顶

胶条

上压条

成品活动隔断

图 5.3-42　活动隔断隔声封堵大样 1

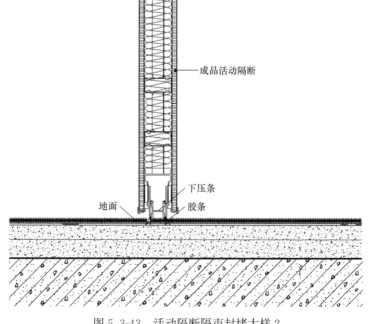

成品活动隔断

下压条

地面

胶条

图 5.3-43　活动隔断隔声封堵大样 2

定压力。门框与墙体之间的缝隙应采用隔声材料密缝、封堵，避免缝隙漏声。若门框为金属中空型材，中空部位应使用岩棉填实。在宴会厅和会议室出入口设有两道门，两道门之间形成的空间类似于"声闸"，可以弥补门扇隔声的不足，避免外部噪声传入室内，注意声闸顶面和墙面均需采用强吸声处理。

图 5.3-44　设门刷的双扇门

图 5.3-45　未设门刷的双扇门

　　展厅、宴会厅、登录厅等大型空间因体积较大，人员活动频繁而造成声环境嘈杂，影响室内语言声交流清晰度及公共广播系统语言清晰度，其室内混响时间是最重要的指标，此类空间主要以扩声系统使用为主，室内混响时间宜偏短，声音清晰，以利于扩声系统各种音响效果的营造。各房间的最适宜混响时间应结合项目使用功能要求、室内容积和相关规范确定。室内设计吸声材料可减少室内声反射，降低混响时间，进而降低嘈杂的环境声。该类空间中重要的吸声表面是顶棚，不但面积大，且是声音长距离反射的必经之地，顶棚吸声材料的平均降噪系数（NRC）建议不小于 0.75。在墙面的设计上，也建议尽可能采用吸声材料，如国家会展中心（天津），其展厅等主要功能空间的墙面均设计为穿孔吸声材料，有效避免了混响时间过长导致的声舒适问题。在装饰性吸声材料的选择上，吊顶可采用穿孔铝合金、微孔砂环保吸声板、穿孔石膏板（穿孔 FC 板、穿孔硅酸钙板）、玻纤板、超微孔吸声方通等，墙面可选择成品软包、聚酯纤维板、穿孔 FC 板、穿孔硅酸钙板等。

3. 打造全龄友好的人文环境

　　健康的会展建筑应设置各类人性化的设备设施，使各类人群在使用和交流沟通上安全便捷和高效，创造全龄友好的人文环境，给人们带来身心上的愉悦感。

　　会展建筑作为大型的公共场所，尤其在平展结合的发展理念下，展期及平时均会有大量人流，其设计首先应满足基本需求。传统会展建筑中的宴会厅是提供餐饮的场所，但在实际使用上，由于会展建筑体量大，各展厅为分散式布局，需要经过较长的步行距离才能到达宴会厅，为参观人员带来极大不便。因此，除了大型宴会厅外，还应设置各种小型的便捷餐饮店、便利店和自动售卖机，分布设计在展厅附近或通过楼梯、电梯可方便到达的位置。另外，室内外公共空间均应提供充足的座椅满足人们等待、休息和交流的需要，室外休息区域还要注意有遮阳避雨的设计。

杭州大会展中心室外设计了带有天棚的廊道，在其下部设置了小型餐饮店。设计上考虑了人员到达的便利性，在铺装上强化了引导性，采用可移动的3D打印座凳和轻质花箱对其进行美化装饰，形成宜人的交流休息空间，提高了室外空间的利用率（图5.3-46、图5.3-47）。

图5.3-46　杭州大会展中心室外廊道首层　　　　　图5.3-47　杭州大会展中心室外廊道二层

会展建筑中工作人员和短期参观到访人员包括各种不同类型的人群。因此，会展建筑的设计除了满足基本的无障碍设计外，还应满足其他特殊人群的需求，使之有更良好的体验，比如：在卫生间中设置可供儿童使用的低位洗手盆、小便器；为女性设置母婴室，提供换尿布和哺乳的设施，包括洗手盆、婴儿打理台、舒适的座椅等（图5.3-48）；设置专门为行为障碍者或协助行动不能自理的亲人、带小孩的家庭使用的第三卫生间。

大型会展建筑作为城市的重要地标，拥有大规模场地，在设置健身步道构建慢行系统上有着得天独厚的条件。杭州大会展项目的室外场地设计中，串联城市慢行系统以及周边社区设置了各种类型的健身慢行道，包括会展共享漫步道、城市健身漫步道以及绿色登山漫步道。东入口沿街展示面的漫步道，设置于市政绿化带之中，周边设计绿化种植等；部分慢行道采用与人行道相结合的设计，一侧用绿篱分隔会展内场地与外围人行区域。在健身步道上设置了运动加油站，为运动健身者提供休息场地、适当的运动补给及充电等便利设施（图5.3-49、图5.3-50）。

图5.3-48　母婴室设计　　　　　　　　图5.3-49　杭州大会展中心室外健身步道

大型会展建筑的人员复杂，包括来自世界各地的观展人员，还有展商、搭建商、工作和演出人员，除了在运营管理上采取措施，建筑空间设计应考虑各类人员的使用流线，如

图 5.3-50　运动加油站

有可能尽量不交叉；建筑出入口设置考虑人员出入分流的需求；采用免接触设计，如自动门、无接触电梯等。卫生间作为小面积人员密集的空间，在使用上有很多接触表面的机会，病毒更容易传播。因此，宜采用无门形式的平面布局，设置独立的机械通风设施，隔间内预留放置手消毒和洁具消毒用品的位置，采用感应式水龙头和皂液分配器、高效微粒过滤器的干手机、感应式马桶、带盖垃圾桶等来避免病毒传播。

健康会展关注所有使用者的身心健康和福祉，坚持以人为本的原则，采取科学和人性化的手段与措施，提升建筑的健康性能，为场馆的运营注入信心，并促进会展行业在健康建筑领域的发展，使大型会展建筑成为真正的城市会客厅。

5.3.4　大型会展建筑太阳能光伏一体化技术

会展建筑的建筑形式通常有利于太阳能光伏技术的应用，且从节能、可再生能源的充分利用、科技建筑等多个角度均会考虑太阳能光伏的建设和实施。

国家会展中心（天津）在一期 16 个标准展厅的屋面上，都设置了单晶硅叠瓦太阳能电池组件，总安装容量约 6998kWp，采用自发自用、余电上网的并网方式运行，年发电量约为 707 万 kWh，为项目提供 6％的电力能源。

中国·红岛国际会议展览中心在 A1～B5 的 9 个会展屋面上，设置了多晶硅太阳能光伏组件，总安装容量 6180.2kWp，采用自发自用、余电上网的并网方式运行，年发电量约为 602 万 kWh。

杭州大会展中心项目一期选择了单晶硅双玻太阳能光伏组件，在两个展厅之间的交通廊屋顶进行敷设。光伏安装容量约为 765kWp，采用自发自用、余电上网的并网方式运行，年发电量约为 75 万 kWh。

会展建筑对建筑的艺术要求更高，所以光伏项目的同步设计、同步施工，与建筑方案统一考虑，与建筑一体化建设尤为重要。下面以实际项目为例，介绍光伏一体化技术在大型会展建筑项目的整个设计实施周期中，需要注意的关键点。

1. 光伏技术与会展建筑在美学领域的充分融合

第一个关键点就是光伏的设计应在建筑方案设计时就介入，与建筑方案同步设计。一件建筑作品的诞生，凝结了建筑师的智慧、思想、经验、感悟。将每一份使用需求落实、将每一份功能细化，在解决各种功能需求的基础上，将建筑的风格统一、色调协调、作品做得完美一直是建筑师致力追求的。一件优秀的建筑设计作品，设计师对建筑整体的风格、色调、外立面形式等方方面面都有严格的要求。尤其是会展建筑，建筑师通常有更高的美学追求。

而太阳能光伏由于敷设面积大，裸露于屋顶或外立面，如果选型不当，或没有在建筑方案阶段就统一考虑，往往会对建筑的整体效果带来致命的打击。所以会展建筑的光伏系统通常在建筑方案时期就与建筑师充分沟通协调，以求在满足功能需求的基础上，与建筑风格、色调统一，不仅不破坏建筑的美感，还能相得益彰，增加建筑的亮点，在增强建筑美感的同时，增加建筑的科技感和实用功能。下面就以杭州大会展中心为例，阐述项目团队在这方面的努力和工作方法。

1）根据建筑整体风格及色调确定光伏产品的选型

杭州大会展中心项目毗邻萧山国际机场，恢宏大气的第五立面成为"杭州第一印象"，建筑曲线优美流畅，刚柔并济，正合杭州城市的精致细腻和大气磅礴；整体外观简洁而宏大，建筑造型设计以钱塘江畔的"折扇"造型为概念，寓意"杭前一览、宏绸雅扇"。展厅屋面的设计着重考虑材料、纹理、色彩、灯光等要素，以展现出丰富的变化。屋面功能构造直立锁边加装饰铝板构造完美结合，将杭州传统地域文化与第五立面生动结合。展厅建筑之间的中央廊道采用流动的丝绸造型屋面，增加了整体建筑造型的灵动性，使展厅与中廊的屋面造型浑然一体。营造出："开敞灵动的沿江形态、尺度宜人的沿河形态、依山就势的沿山形态、现代有序的沿展形态"。

杭州大会展中心整体建筑色调以浅色系为主，故在考虑光伏方案时，由于只有薄膜产品才能做出浅色的外表面，首先考虑的是采用碲化镉薄膜产品，但根据国内目前市场，薄膜产品仍然存在投资高昂、转化效率低等问题。而晶硅产品其制造原理决定了产品本身只能呈现深色（蓝色或黑色）的外表面，大面积铺装，对整体建筑的浅色系色调会形成毁灭性的打击。故甲方、建筑方案方、施工图设计院在投资和建筑效果的取舍中，通过对市场光伏产品的充分调研，多方论证和比较，最终选择了"双玻太阳能光伏组件"产品对本项目进行设计（表 5.3-2）。

常用光伏材料介绍 表 5.3-2

名称	成熟度	名称	转化效率	生产地
第一代晶体硅	1954 年到现在,成熟技术,发展已近顶峰	单晶硅	工业产品转化效率≥22%	中国:主要生产国
		多晶硅	工业产品转化效率≥21%	
第二代薄膜技术	早期产品	非晶硅	工业产品转化效率≥7%	中国:极少量生产
	晶硅之后的成熟产品	铜钢镓硒	工业产品转化效率≥16%	中国:少量生产
		碲化镉	工业产品转化效率≥19%	中国:一般性生产

由于单晶硅与多晶硅转化效率相差不大，但多晶硅价格优势明显，故第一代技术中多晶硅的市场应用较大。非晶硅、铜钢镓硒产品在中国生产较少，主要依赖进口，目前市场应用很少。碲化镉薄膜能较好地与建筑形式结合，不影响建筑美观，但目前在国内仍处于价格较高、市场应用较少的境况。

在确定了光伏产品的选择后，"单晶硅双玻太阳能光伏组件"产品的排布效果，建筑师也结合本项目的特点给出了多种选择。

方案一：采用光伏组件与透明钢化玻璃相结合的形式组成，组合图案效果提取了中国传统纹样样式，凸显生动和协调。光伏组件可以定制不同颜色与大会展中心屋面颜色相呼应。屋面约40％面积采用透明玻璃穿插铺设，能够在保证内部采光的同时，兼顾光伏发电。穿插布置的不透明组件还具备良好的遮阳效果。可以一定程度上降低室内空调能耗（图5.3-51、图5.3-52）。

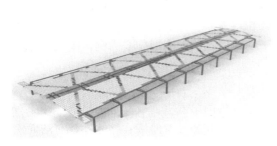

图5.3-51 方案一排布效果图

图5.3-52 方案一排布效果细节图

方案二：方案二与方案一采用相同的设计理念，在表面色块组合上更加轻松、灵动（图5.3-53、图5.3-54）。

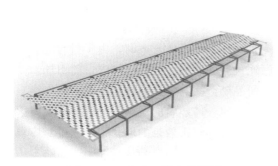

图5.3-53 方案二排布效果图

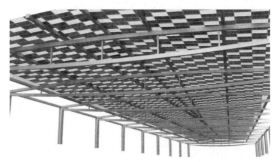

图5.3-54 方案二排布效果细节图

方案三：方案三的光伏组合形式更加简洁轻快，均匀分布的带状采光玻璃对于内部的采光可更显柔和的效果（图5.3-55、图5.3-56）。

图5.3-55 方案三排布效果图

图5.3-56 方案三排布效果细节图

方案四：方案四的光伏组合形式更具地方特色，在效果所示文字以外，还可以根据项目要求，定制其他样式的LOGO或者宣传标语（图5.3-57、图5.3-58）。

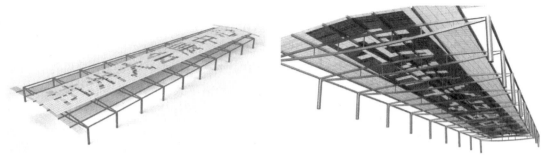

图5.3-57　方案四排布效果图　　　　　图5.3-58　方案四排布效果细节图

2）根据建筑功能分布确定光伏组件的安装位置

由于杭州大会展中心建筑八个展厅功能、风格、屋面色调及材料都比较统一，选择任意一个展厅进行光伏板敷设，无论如何控制，都将因为产品实际色调的差异、施工工艺、安装协调等不可控因素造成最终效果的不统一，故建筑师建议在十字轴商业街的屋顶，也就是两个展厅的交通连廊部分设置光伏产品，这样既能发电，也兼顾了采光、遮阳，降低了对屋面效果的影响（图5.3-59）。

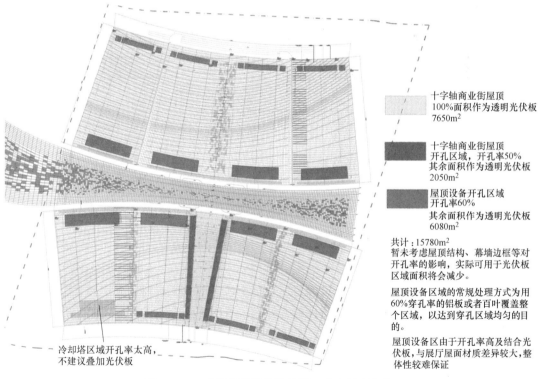

十字轴商业街屋顶
100%面积作为透明光伏板
7650m²

十字轴商业街屋顶
开孔区域，开孔率50%
其余面积作为透明光伏板
2050m²

屋顶设备开孔区域
开孔率60%
其余面积作为透明光伏板
6080m²

共计：15780m²
暂未考虑屋顶结构、幕墙边框等对开孔率的影响，实际可用于光伏板区域面积将会减少。

屋顶设备区域的常规处理方式为用60%穿孔率的铝板或者百叶覆盖整个区域，以达到穿孔区域均匀的目的。

屋顶设备区由于开孔率高及结合光伏板，与展厅屋面材质差异较大，整体性较难保证

冷却塔区域开孔率太高，不建议叠加光伏板

图5.3-59　光伏组件的敷设位置（十字轴商业街）

3）建筑效果对光伏电气设备及桥架路由的规划

由以上阐述可知，杭州大会展中心项目选择了双玻太阳能光伏组件，并选择了在两个

展厅之间的交通廊屋顶进行敷设。由于整个屋面是透明的玻璃材质，所有组件及结构构件都能展现在游客视野内，故建筑师要求本项目的所有光伏的配套设备，如逆变器等放置在建筑师允许的位置。线管、线槽等路由需结合结构组件的路由，不允许在玻璃屋面下方看到任何一根单独走线的线管和线槽。故项目团队在方案阶段就绘制了光伏产品的安装节点图（图5.3-60），并与建筑、结构各专业讨论通过，才进行后续设计。

所有光伏直流线隐藏在铝合金主龙骨内两边的凹槽里面，从下面往上看只看到主龙骨，而看不到直流线。过水槽的位置采用在3mm厚的铝单板和水槽之间的空隙处，从外面同样看不到线缆。通过柱子的外侧走桥架到设备平台，这样实现了隐藏光伏系统线缆的要求。

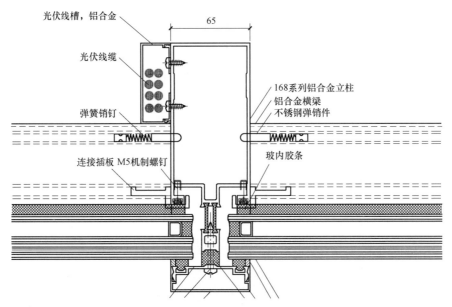

图5.3-60　光伏产品安装节点图

2. 光伏相关技术指标计算及方案比选

第二个关键点就是光伏方案的选择，包括光伏材料的选择、装机容量的计算，敷设位置的确定。光伏计算通常要计算以下参数：光伏铺装屋面面积、光伏板净面积、单位组件发电功率、透光率、光伏装机容量、年有效利用小时数、年发电量、投资估算、回收期等；以下以杭州大会展中心为例介绍这些指标的相关计算方法。

1）光伏装机容量的计算

光伏安装容量的要求，补贴政策的力度，每个地区均有所不同。以杭州大会展中心为例，杭州当地对可再生能源的利用量在地方标准中有明确要求，详见《民用建筑可再生能源应用核算标准》DB33/1105—2014，根据本项目综合可再生能源的利用情况，计算光伏发电需提供可再生能源利用量约为225×10^4，根据当地标准按3倍计入，实际年光伏发电量达到75×10^4 kWh即可。

通常光伏板净面积和光伏板屋面铺装面积之间还存在一个利用系数。但由于本项目采用双玻太阳能光伏组件采光顶一体化设计，本项目的光伏板净面积与屋面铺装面积相同。根据建筑师的要求，本项目要求光伏组件具有40%的透光率，详细计算如表5.3-3所示。

光伏装机容量计算　　　　　　　　　　　表 5.3-3

光伏板铺装面积（m²）	光伏组件单位面积发电功率（Wp/m²）	装机容量（kWp）	年有效利用小时数（h）	年平均发电量（kWh）
8500	90	765	986.16	754412.4

2）光伏组件单位面积发电功率

这个参数每个厂家的产品都略有不同，这里主要参考《建筑新能源应用设计规范》DB11/T 1774—2020 进行计算，如表 5.3-4 所示。

建筑光伏阵列组件计算参考值　　　　　　　表 5.3-4

材料种类	光电转换效率		光伏组件单位面积发电功率（Wp/m²）		
	电池	组件	标准测试条件下（1000W/m²，25℃）	标准工作温度下（800W/m²，20℃）	参考值（Wp/m²）
单晶硅	≥21%	≥19%	≥196	≥149	150
多晶硅	≥19%	≥17%	≥170	≥121	125

3）光伏方案的对比分析

根据国内目前市场，薄膜产品仍然存在投资高昂、转化效率低等问题。而晶硅产品其制造原理决定了产品本身只能呈现深色（蓝色或黑色）的外表面，大面积铺装，对整体效果的影响较大。现以杭州大会展中心为例，对"多晶硅""碲化镉薄膜""BIPV 双玻太阳能光伏采光顶"各项指标进行对比，见表 5.3-5。

各项指标进行对比　　　　　　　　　　　表 5.3-5

项目	方案一	方案二	方案三（本项目采纳）
光伏方案	单晶硅（多晶硅）	碲化镉薄膜	BIPV 光伏采光顶（双玻太阳能光伏组件）
透光率	按不透光晶硅板	按 15% 透光率	40% 透光率
年光伏发电量（kWh）	225×10^4 根据当地标准按 3 倍计入，实际年光伏发电量达到 $75 \times 10^4 \mathrm{kWh}$ 即可	225×10^4 根据当地标准按 3 倍计入，实际年光伏发电量达到 $75 \times 10^4 \mathrm{kWh}$ 即可	225×10^4 按当地标准按 3 倍计入，实际年光伏发电量达到 $75 \times 10^4 \mathrm{kWh}$ 即可
需要光伏板铺装面积	5100（6120）m² 组件安装容量 765kWp	11250m²	8500m²
初投资	单位造价约 6 元/Wp 共计：459 万元	单位造价约 1000 元/m² 共计 1125 万元	单位造价约 1250～1300 元/m² 共计 1062.5 万元
年节约电费（1 元/度）	约 55 万元	约 55 万元	约 55 万元
年设备折旧费（晶硅按 25 年，薄膜按 15 年）	18.36 万元	75 万元	42.5 万元
静态投资回收年限	8.3 年	20.45 年	19.32 年

本项目最终根据建筑效果、屋面材料强度、投资等各方面综合因素考虑选用了"BIPV 双玻太阳能光伏采光顶"方案。

3. 会展建筑的光伏电气设计

第三个关键点就是光伏的电气设计应与建筑的一次施工图设计同步进行,并网柜、逆变器等设备的放置位置应明确。屋面光伏组件的防雷设计应与屋顶防雷平面图一起出图,这些均属于隐蔽工程,同步设计施工可避免二次拆改,或破坏屋面防水层,或明装影响美观。

1)光伏组件的选型

由上一节的计算可知,杭州大会展中心项目要求的光伏装机容量为765kWp。根据建筑效果,要求达到不小于40%的透光率。根据以下公式计算,建议两种组件产品供选择。

透光率=不遮挡面积÷玻璃面积×100%。【≥40%】

组件发电功率=成品组件实测功率=组件使用的电池片单片功率×单块组件电池片数×(1−封装损耗比例)。【238kW】

单片电池功率=对应的效率×电池片面积×1/100000

方案一:		
(1)组件玻璃面积为1992×1192=2.374464m²;使用210mm电池片27片,电池片面积为0.021×0.021×27=1.1907m²,电池片占比为50.1%,透光率为49.9%。符合透光率不小于40%的要求。	规格	直角/系数
	210	1
(2)使用210电池片,电池片效率22.7%,单片电池片功率是10.01W,27片组件功率为270.27W,透光率50%的组件封装损耗按行业最高12%损耗计算,组件实际功率为270.27×0.88=238W。	效率(%)	单片功率(W)
	23	10.14
	22.9	10.1
(3)210电池片是正方形210mm×210mm,如果出厂的电池片效率是22.7%,单片电池片功率为22.7×210×210×1/100000=10.01W	22.8	10.05
	22.7	10.01
	22.6	9.97
	22.5	9.92
	22.4	9.88
	22.3	9.83
	22.2	9.79

方案二:		
(1)组件玻璃面积为1992×1192=2.374464m²;使用182mm电池片36片,电池片面积为0.0182×0.0182×36=1.192464m²,电池片占比为50.2%,透光率为49.8%。符合透光率不小于40%的要求。	规格	直角/系数
	182	1
(2)使用182电池片,电池片效率22.7%,单片电池片功率是7.52W,36片组件功率为270.72W,透光率50%的组件封装损耗按行业最高12%损耗计算,组件实际功率为270.72×0.88=238W。	效率(%)	单片功率(W)
	23	7.62
	22.9	7.59
(3)182电池片是正方形182mm×182mm,如果出厂的电池片效率是22.7%,单片电池片功率为22.7×182×182×1/100000=7.52W	22.8	7.55
	22.7	7.52
	22.6	7.49
	22.5	7.45
	22.4	7.42

2)光伏并网系统

杭州大会展中心采光顶光伏系统主要由双玻太阳能光伏组件、光伏逆变器、并网开关柜等组成（图 5.3-61）。太阳能电池组件经直流线串并联后接入并网逆变器，经光伏逆变器逆变，输出 380V/50Hz 正弦波交流电，通过并网柜接入会展中心开关站配电柜 380V 母线。采用定制生产太阳能光伏组件，规格 1192mm×1992mm（8.0 玻璃＋0.76PVB＋0.2 电池片＋0.76PVB＋8.0 玻璃）。按透光率≥40％设计，根据组件生产技术标准计算得出每片组件功率 238Wp。

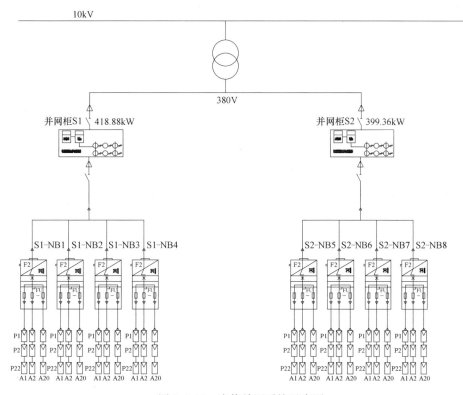

图 5.3-61 光伏并网系统示意图

4. 会展建筑的光伏电气设计

通过对杭州大会展中心光伏发电系统从方案设计、初步设计、施工图设计，专项深化设计的全程参与，总结了以上对太阳能光伏利用与会展建筑一体化设计中需要考虑的因素，与建筑师配合的关键点以及一些电气计算方法，希望能够抛砖引玉，将太阳能光伏与建筑的一体化设计做得至善至美，带来更多优秀的作品（图 5.3-62）。

5.3.5 大型会展建筑全寿命期材料低碳化方法

为了贯彻落实国家关于"推进会展业绿色发展"和"碳达峰、碳中和"的政策目标，会展业的绿色可持续发展刻不容缓。推动绿色会展发展是一项庞大的工程，需要会展业各环节各参与部门共同努力，而基于大型会展建筑的规模和办展的特点，无论是在建筑设计、施工运营还是展台搭建上，如何运用低碳材料对于实现绿色会展都是至关重要的。

1. 设计过程中的低碳材料运用

基于大型会展建筑的特点，除特殊功能空间外，各展厅和构造节点应尽量采用标准化、模块化的设计，统筹利用材料，可缩减设计、制造和施工的周期，便于重复利用和后

电气材料清单						
序号	名称	型号规格	品牌	产地	单位	数量	备注
一、	双玻光伏组件						
1	透光组件	8.0＋8.0/238W 1192mm×1992mm	定制		块	3438	装机容量 818kWp
二、	设备						
1	逆变器	100kW	华为		台	8	1035mm×700mm× 365mm
2	通信模块	智能通信棒			只	8	
3	并网装置	400V网柜	含防逆流装置		套	2	800mm×600mm× 2200mm
三、	设备配件及辅材						
1	汇流套件	BN-HE-4T	浙江博能	浙江宁波	套	300	
2	桥架	电缆桥架 50mm× 50mm			m	500	含桥架、托臂、弯通、 直通、支架等估列
		电缆桥架 100mm× 100mm				200	
		电缆桥架 200mm× 100mm				800	

电气材料清单						
序号	名称	型号规格	品牌	产地	单位	数量	备注
四、	集电电缆及附件						
1	直流线缆	PV1-F 1×2.5mm² (红)			m	800	估列以现场实际 用量为准
		PV1-F 1×2.5mm² (黑)				800	
		PV1-F 1×4mm² (红)				350	
		PV1-F 1×4mm² (黑)				350	
2	交流电缆	ZR-YJV-0.6/1kV 3×35＋2×16mm²			m	800	
3	快速接头	BN101B,MC4 连接器			对	1800	
五、	防雷接地						
1	接地电缆	BVR-16mm²			m	200	
2	水平接地装置	40×4 镀锌扁钢				400	
六、	其他						
1	波纹管	复合型 DN40			m	200	
2	电缆防火隔板				m²	20	
3	电缆防火堵料				kg	15	
4	电缆防火涂料					20	

图 5.3-62　初步电气设计清单

期维护，减少材料损耗，从而达到减碳目的。国家会展中心（天津）、中国·红岛国际会议展览中心和杭州大会展中心均采用单元模块的展厅组合，平面形式为矩形或近似矩形，采用模式化设计和标准化的建筑构件，以便适应各类型展台和展览模式（图 5.3-63）。

图 5.3-63 国家会展中心（天津）

在建筑外部造型和内部装饰装修设计上应避免采用纯装饰性构件，将建筑功能与装饰结合，如展厅等室内空间采用免吊顶设计，利用遮阳设施丰富建筑立面，根据遮阳效果设计屋面挑檐的造型确定出挑长度，避免单纯追求建筑造型产生的材料浪费。国家会展中心（天津）的立柱设计将屋面虹吸雨水系统隐藏在其内部，并对从玻璃屋面进入室内的光线起到了调节和遮挡作用（图 5.3-64）。

图 5.3-64 国家会展中心（天津）立柱设计

宴会厅、会议等有可能根据使用情况改变划分的空间，采用成品的灵活隔断或轻钢龙骨隔墙等，避免使用拆改不易的砌块墙；合理提高结构构件的耐久性，如提高混凝土保护层厚度、使用耐久性混凝土、耐候钢材或耐候型防腐涂料等，可延长建筑使用年限，降低隐含碳。

在材料种类选择上，优先选择当地材料、乡土材料，会展建筑的主体结构一般采用钢结构。钢结构作为整个工程中用量比重最大的材料，采购时应特别注意选择近距离生产或加工的钢构件，以减少运输过程产生的碳排放；选择碳排放量低的建筑材料，如钢材、玻璃、铝材、建筑陶瓷等；采用钢材、铝合金型材、石膏、玻璃、木材等可通过改变物质形态实现循环利用的材料，以及经过修复组合即可直接再利用的型材和部品；优先选择以废弃物为原料生产的建筑材料，如粉煤灰砌块、粉煤灰加气混凝土板材和砌块，垫层可采用再生混凝土，隔墙建议采用脱硫石膏板，地面采用再生骨料地面砖、陶瓷透水砖等；外墙装饰材料选择耐久性较好的材料，以延长外立面维护、维修的时间间隔，室外露出的钢制部件使用不锈钢、热镀锌等进行表面处理或采用铝合金等防腐性能较好的产品；金属幕墙可采用阳极氧化处理，有极高的硬度和耐腐蚀性，耐久性达到 50 年以上；另外，还应优先选择获得绿色建材标识认证的产品。目前绿色建材产品种类多样，包括预拌混凝土、预拌砂浆、保温、防水材料等常用建材。绿色建材一般在原材料上使用废弃物，在生产过程中耗能少、将有毒有害物质进行净化处理，其性能上不亚于传统建材，在使用后，绿色建材还可以进行循环、回收和利用，在材料的全寿命期内达到减碳的效果。

2. 运营期的材料低碳化措施

会展业是被誉为世界三大"无烟产业"之一的新兴服务业，但事实上，在频繁举办展会的过程中往往会造成大量的材料浪费。在展具方面，为了突出企业形象、吸引更多的展商，展台设计追求个性化、多样化，降低了重复利用的可能，而且目前国内的展台搭建商多数采用回收利用率低的材料；除此之外，还有展览期间印刷发放的各种宣传资料、手提袋，在展期结束后，多数都变成固体废弃物。因此，会展在运营期首先应倡导绿色低碳展台搭建，如使用铝型材等可重复使用的搭建材料，形成模块化、标准化的构件，通过简便快捷的搭建方式，可根据实际需要替换部分内容，在运输、搭建拆卸，储存方面都带来了便利，有利于重复利用；然后可以推广绿色低碳展具的租赁业务，这样对于一些特殊的成品展柜，做好保存和仓储，可以进行二次利用；最后主办方在办展中可以控制展商采用纸质宣传资料，尽量采用数字化媒体等方式进行推广宣传，提供可降解的餐具和可循环利用的环保袋，通过以上措施减少固体废弃物的产生，降低碳排放。

作为举办世界级展会的大型会展建筑，其低碳材料的实施运用，不但使会展建筑在全寿命期内实现节约材料、减少碳排放的目标，而且推进了会展业的绿色发展，并使会展建筑成为绿色低碳的大型公共示范基地。

5.4 智能化专项设计

伴随着国民经济的迅猛发展，我国的综合实力迅速提高，处于全球化浪潮中，与其他各国在经济、文化、科技、教育等方面都有着日益密切的联系。而会展活动对国际交流与交易发挥了巨大的推动作用，现代会展中心应运而生，以会展建筑为载体，开展各种贸易活动，对于交通运输、餐饮服务、旅游、商业贸易等行业有着直接的带动作用，越来越多地得到各地政府的高度重视。

会展建筑相比较于其他公共建筑，有着面积巨大、空间高大、空间组成繁多、应用功能复杂等特点，因此在日常运行管理方面、会展活动组织方面都存在巨大的挑战。如何从智能化与智慧化应用的角度，结合不同的应用场景，从主办方、参展商、专业观众、服务商、会展中心业主方、政府、公安、应急等政府相关部门的需求出发，结合大数据分析、AI、物联网、5G 等技术应用，提升会展在场馆管理、会展运营、服务组织方面的应用体验，建立智能、绿色、便捷、高效的会展应用体系，以实现智能化与智慧化对会展长期运营的有效支撑。

结合对于会展类项目中的实践经验总结，以实现项目的全生命周期管理为目标，建设由一个平台＋八个智慧应用方向＋八个智能化版块组成的科技智能、生态多元化的会展运营管理体系，以实现会展中心的智能化与智慧化架构。

5.4.1　会展中心智能化与智慧化架构

一个平台：一个 BIM＋GIS＋综合管理平台，由数据综合采集、数据分析、数据应用于展示功能组成，结合项目的 BIM 与 GIS 模型成果的延伸应用，将平台服务于会展的整体运营管理。

八个智慧应用方向：从会展应用的八个不同方向作为主要关注点，将智能化各系统与智慧应用相融合，形成智慧参展、智慧布展与撤展、智慧观展、智慧运维、智慧会议、智慧通信、智慧安全、智慧能源八个智慧应用方向，结合会展管理方的不同业务方向，有效提升会展的综合服务、管理能力。

八个智能化版块：从会展应用需求反推智能化设计，划分为信息通信版块、数据中心版块、安全管理版块、设备设施管理版块、绿色节能版块、会议版块、会展管理版块、绿色节能版块，各版块各有侧重但也注重发挥系统间融合的作用，共同服务于项目的整体应用。

会展中心智能化与智慧化架构

5.4.2　一个平台

会展中心的智慧化应用，通过 BIM＋GIS 的综合管理平台体现，从智慧化会展基础设施运行管理和智慧化会展运营管理等角度着手，将云计算、物联网、大数据、AI、5G 等先进技术融合于项目，打造符合会展持续性发展需求的智能化与智慧化应用体系，服务于会展的整体运营管理。以 BIM＋GIS 为平台展示基础，通过综合管理平台汇集智能化各系统的数据，实现对于会展中心的全面管理、综合管控、数据分析、辅助决策、运营支撑的平台功能要求，为会展中心的运营、管理提供助力。

智慧化会展基础设施运行管理部分，主要从如何提升对于建筑空间的管理和使用能力，以及如何降低运行维护人员数量出发，将建筑内的设备设施进行有效管理，详细到位置信息、设备运行实时数据与管线、资产信息、设备安装信息；结合各类异常事件的危害程度、风险级别、影响范围等多维度评价指标，制定各类处置预案，将预案与运行维护人员的职责相结合，加强日常演练，在遇到问题时就可以各司其职，临危不乱，有效处理各类突发事件，发挥运行维护人员的最大效能。

智慧化会展运营管理部分，主要从如何为展馆方、主办方、参展商、观众等不同角色提供便捷高效的会展服务角度，通过收集展会的各类数据，一方面，更好地服务于会展相关的各类角色，另一方面，也可以收集各类展会信息，将会展运营数据展示，体现会展的运营能力，为业务人员的分析需求、决策者的辅助决策提供基础。展会的各类数据可以同时服务于产业发展战略设计，为产业结构优化、发展方式的转变提供强大的动力，成为推动各地经济社会发展的巨大引擎。

同时，依托会展已有的 BIM＋GIS 数据，举办线上展览，发挥线上展览不受时空限制、展示方式灵活的优势，实现未来线下实体展览与线上虚拟展览间的融合，实现展会的永不落幕。

5.4.3　八个智慧应用方向

1. 智慧参展

基于综合管理平台，通过展会网站，可以 VR 方式远程查看场馆布局、配套设施情况、相对位置、空间情况，以及展会的布展时间要求、应提交的展前报馆资料等，使参展商更清晰地了解场馆，选定参展展位，了解展会的情况，确定布展方案，制定参展计划。

2. 智慧布展与撤展

通过综合管理平台，在布撤展前可通过平台进行布撤展人员、车辆的申报。结合园区边界处的人员、车辆抓拍，AI 自动分析，以及随车人员身份与公安联网的核验等机制，确保进入会展区域人员的合理性。

采用视频云＋AI 自动分析的方式，可有效管理在施工过程中是否佩戴安全帽进行自动检测与提醒，降低施工安全隐患。

对于布展施工期间的设备租赁、加班申请、门禁管理、水电管理、网络开通等申请，均可通过平台的移动端实现，便于服务商更高效地提供所需服务，提高布撤展的效率。

3. 智慧观展

基于综合管理平台中 BIM 和 GIS 应用，通过展会提供的移动端软件进行导航，可查看到本次展会的车行、人行出入口位置、停车场车辆余位信息、观展人数、各类服务设施（如会议、餐饮、商务中心等）的位置、参展商展位图等信息。便于规划参观路线，提高观展效率。

4. 智慧运维

良好的运维效果是项目可以长期健康运行的关键。以项目的资产信息为着手点，结合建筑的BIM应用，通过工单将空间、系统、构件、设备与运维管理相关联，结合各类异常事件的危害程度、风险级别、影响范围等多维度评价指标，制定各类处置预案，结合工单的管理模式，实现对于建筑群的高效运维管理，达到发挥运行维护人员的最大效能、降低运维成本、项目健康运行的效果。

5. 智慧会议

通过将各会议室联网管理的方式进行管理，可时刻关注会议设备的运行状态、会议室的预约和使用情况，结合使用需求提前安排相关服务人员。同时考虑会议室应用的灵活性，结合会议室的形式，做各种条件的预留，以适应多种应用场景。

6. 智慧通信

建立基于IP化网络，将视频会议、窄带集群、电话等方式融合的通信模式，实现不同通信设备间的音视频数据的互通。确保在多展会同时开展、多部门共同使用时的高可用性。

7. 智慧安全

结合AI与数据分析技术应用，实现对于与视频、报警信息的快速高效处置与联动功能。将视频监控系统、一卡通与门禁管理系统、电子巡查系统、停车场管理系统、报警系统等协同应用，实现由周界防护体系、建筑边界防护体系、重点部位防护体系组成的层级递进式的安防体系，发挥综合应用的优势。

8. 智慧能源

通过能耗采集、变电站智能监控、楼宇自控的系统融合，充分采集建筑内外的环境参数、设备运行参数、能源应用情况，优化系统的运行策略，实现建筑的运行节能。

5.4.4　八个智能化版块

1. 信息通信版块

信息通信版块是会展中心对内对外通信的载体，也是在会展中心日常的运行中、当突发异常事件时，内部应急指挥与外部公安、消防等应急指挥对接的基础。

这个版块的重点在于：

（1）与外部公安、消防的应急指挥对接，在这样的大型公建项目中是必须做到全覆盖的，采用数字分配网络搭建整个分配网络，避免由于底噪声影响正常通信信号传输的情况，是系统能够开通运行的重点。

（2）对于会展项目，需要重点考虑更便捷地为参展商预留通信链路，提升网络维护管理人员的效率。结合展馆的电缆沟预留光纤链路，从电缆沟直接敷设至项目中心机房内，可减少中间节点，在中心机房统一进行点位的跳接。同时，中心机房与运营商机房之间也有光纤的连接，如果有需要通过运营商VPN连接的情况下，也可以快速实现链路的连通。

（3）网络架构要求基于 SDN 框架，结合网络虚拟化技术实现资源动态调配，实现面向应用的网络自动化业务发放，并可最终实现面向展商的"自服务"功能，展商自行申请网络资源，网络管理员批准后，网络安全资源自动调整下发，无需手工配置，最终实现参展商对网络服务的自申请，网络管理人员只需审批即可，策略将自动下发，服务自动开通。当有多展会同期开展的时候，可降低对于人员现场服务的要求，不会造成由于网络管理人员服务不及时的不良影响。

（4）网络安全方面，包含组网架构（各网络隔离）、上网数据过滤、访问日志留存、安全可靠运维等架构、数据安全，同时保证机房防火、防水、防盗等物理安全，以保证网络建设合规合法，满足三级等保要求，避免后期因网络安全问题造成的行政处罚风险。

（5）结合网络系统实现会展内的室内外导航，合理路径规划。

2. 数据中心版块

数据中心版块是会展中心的数据交换、存储的核心。

这个版块的重点在于：

（1）机房空间的选择，应比较利于机柜的整体排布。

（2）机房内各分区的合理排布，因为会展各缆沟内的光纤和预留的光纤会比较多，通过机柜的合理区域划分，会比较利于运行维护人员快速找到线缆完成跳接，提高工作效率。

（3）在有限的条件下尽量提高机房的运行可靠等级，尤其是在配电环节，要特别注意 UPS 的手动维修旁路设置，以确保在 UPS 设备维修时避免电源中断。

（4）精密空调室外机的合理位置选择。精密空调室外机的空气流动不畅会导致空调宕机，导致制冷失败。

3. 安全管理版块

安全管理版块是整个会展中心安全防范的各子系统的集合。在安全管理版块中，将视频监控系统兼作综合安防管理平台，通过视频监控平台实现对于视频、报警信息的快速高效处置与联动功能。

这个版块的重点在于：

（1）结合整个项目的防范区域的需求，进行纵深防护体系的设置。对于会展园区的周界、建筑物的边界、展厅会议室等功能区域的边界、重要设备机房、消控室、应急指挥中心、其余公共部位等区域需要防范的风险进行分析。结合建筑高大空间的特点，选择适合的防护设备，综合考虑摄像机的性能和安装位置。尤其是对于人脸识别摄像机、车牌识别摄像机至关注区域的距离、安装高度、角度等因素要结合摄像机的性能进行合理分析后综合确定。

（2）注意安全防范系统各子系统中的协同应用。如重要设备用房、消控室、应急指挥中心等重点部位，设置门禁系统的同时也设置视频监控摄像机。对出入口的进出人员进行读卡信息记录，同时也记录视频信息，并进行信息复核。对于异常信息进行报警提示。

（3）在会展园区的边界、登录大厅，参观观众入口处设置防爆安全检查设备的预留接入能力。

（4）结合出入口的安全级别要求，选择适合的出入口控制方式。将变配电室、安防消防控制室、弱电中心机房定义为三级安全级别。会展园区出入口、可以通过地下室进入展览区域的部分为二级，其余部分为辅助管理使用。当有特殊展览时可提升其安全级别，以满足展会的安防要求。

（5）结合会展中心的业务和角色人群情况，进行管理流程设计。

4. 设备设施管理版块

设备设施是会展中心机电设备自动运行管理的版块。

这个版块的重点在于：

（1）与机电专业的协同。深入理解机电专业的运行需求，更好地发挥机电设备的自动运行效果。

（2）结合会展展期安排，对设备设施进行同步自动管理，减少对于人工的依赖。

5. 绿色节能版块

绿色节能是结合会展中心的运营特点，为会展的持续节能以及绿色展示服务的版块。

在设计上应注意关注如下三点：

（1）结合机电专业对于水、暖、电的计量设置，做好能耗系统的在线采集，对于不便于在线采集的数据，如燃气、总水表的数值进行阶段性的人工采集，在能耗系统中进行手动记录，并对项目的运营提供数据分析，持续的节能降耗。降低对于运行维护人员的能力要求。

（2）通过对展馆内机电设备进行监视、联动控制、管理，为展馆内部各个功能单元提供安全、健康和舒适的内部环境。通过合理调度、节能措施，降低展馆运行管理费并延长设备使用寿命、提高设备的安全性。

（3）对会展内部空间的温度、湿度、CO_2、CO、$PM_{2.5}$、甲醛的数值进行采集，同时对氨、苯、氡等不便于在线采集的数据在系统中进行手动记录，及时掌握项目内部的环境情况。

6. 会议版块

会议版块是会展运营很重要的部分，服务于各类型展会，因此在设计时应关注如下几点：

（1）考虑会议室应用的灵活性，结合会议室的形式，做各种条件的预留，以适应多种应用场景。

（2）对于会议室设备的运行监控，提升设备运行维护人员的工作效率。

7. 会展管理版块

会展管理版块是会展运营的核心版块，专门为会展服务，全面涉及和管理会展服务企业的日常业务，有效管理不同的展会、分类管理展商和观众等方面的数据，直观地进行展会过程管理，应用精确的统计数据辅助公司决策。由于会展管理软件相对成熟，这个版块的重点在于与智能化、智慧化系统间的数据交互：

（1）会展软件与车辆调度管理系统的结合。

（2）会展管理软件与会议室管理系统的结合。

（3）会展管理软件与信息发布系统的结合。

8. 应急指挥版块

应急指挥是在应急状态下，保障会展中心安全运行的重要版块，通过视频会议、内部和外部视频资源、内部400M无线通信系统、公安无线通信系统、IP电话、模拟电话等多种通信手段，实现对异常事件、突发事件、应急事件等做出快速高效的反应。

这个版块的重点在于：

（1）多种信息的数据分析，结合数据的安全级别、重要程度、异常情况下的影响范围等进行分析，并制定对应的响应流程。

（2）对于无线通信系统运行状态的全面掌握，确保极端情况下的通信畅通。

（3）将园区的 BIM＋GIS 结合，展示会展内部的各类数据。高效应急指挥，可准确、快速定位事故发生位置，达到及时救援、及时解决问题的目的。

5.5 机电专项设计

5.5.1 大面积硬化场地的雨水低影响开发设计方法

1. 雨水低影响开发设计目标

超大型会展建筑项目的雨水系统在低影响开发的设计原则下，不仅是要保证自身没有内涝风险，还需要考虑开发后对外不形成洪涝威胁，合理评估和预测场地可能存在的内涝风险，充分利用场地空间设置雨水控制设施，对场地雨水实施减量控制，尽可能对场地雨水进行滞蓄或利用，最大限度减少径流外排，降低市政雨水管网排水压力。另外，从区域角度出发，过度抑制雨水的外排也会影响水系统的良性循环，并引发建设成本投入与控制效果的边际效应递减。因此，项目的雨水控制与排放设计应有合理的量化指标作为目标。

依据上述原则，超大型会展建筑项目的雨水控制及排放设计，需要结合项目所在地的海绵城市建设政策要求，通常选取年径流总量控制率和雨水外排流量径流系数作为刚性控制指标。

径流总量控制包括雨水的自身消纳和减小外排负担。超大型会展建筑项目通常因室外场地有重型车辆通行或重型设备布展的需求，具有硬化面积占比高、径流量大、雨水基础设施设置条件缺乏、自身雨水消纳能力差的特点。因此，项目的雨水控制重点放在了缓解周边市政雨水管网排水负担上，即通过雨水调蓄和回用，对雨水外排实行削峰和延时错峰排放。

2. 雨水调蓄

超大型会展建筑项目由于硬化面积巨大，场地内极度缺乏绿色雨水基础设施布置空间，从充分利用地下空间的角度出发，雨水调蓄设施采用分散设置埋地式雨水调蓄池。从最初的场地规划即进行系统考虑，将项目的雨水控制及有组织排放按照市政接口对应划分为多个汇水分区，结合场地竖向设计在项目雨水管网下游的所有雨水市政接口前均就地设置埋地式雨水调蓄池，保证各汇水分区的雨水都能在排往市政管网前得到有效控制。

以国家会展中心（天津）为例，将项目的雨水控制及有组织排放按照市政接口对应划分为 30 个汇水分区，一、二期各 15 个（图 5.5-1）。

根据项目所在地的暴雨强度和雨型分布，经计算，不设置雨水调蓄，项目一、二期雨水外排流量峰值发生在第 35～40min 时段，一期为 8582.91L/s，二期为 8838.44L/s；设置雨水调蓄后，项目一、二期雨水外排流量峰值发生在第 45～50min 时段，一期为 8030.50L/s，二期为 8310.77L/s。即设置雨水调蓄池后，项目整体外排雨水峰值时间比不设置雨水调蓄池延后 10min，且峰值流量也有下降（图 5.5-2、图 5.5-3）。

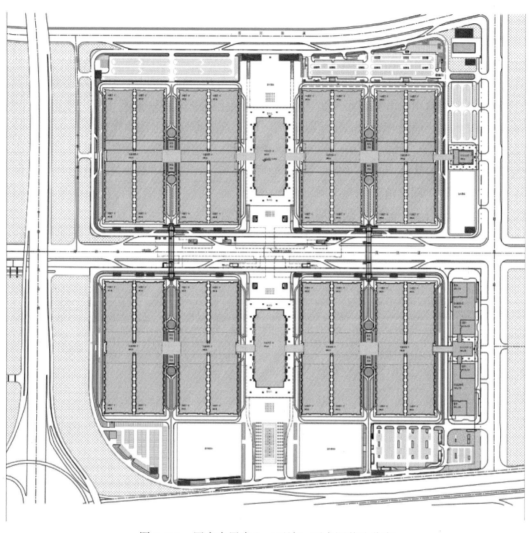

图 5.5-1　国家会展中心（天津）雨水调蓄池分布

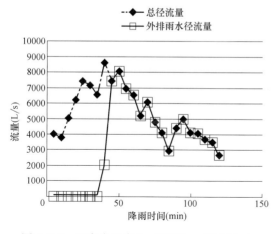

图 5.5-2　国家会展中心（天津）一期 120min
降雨时段外排水径流流量统计

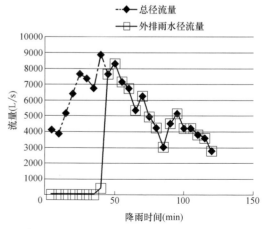

图 5.5-3　国家会展中心（天津）二期 120min
降雨时段外排水径流流量统计

3. 雨水利用

超大型会展建筑项目展期与非展期用水量差距巨大，而项目全年展期受会展活动安排及布展转换等因素影响，常体现为非连续性分布，导致会展项目全年生活及布展用水量波动很大，往往难以与项目所在地的雨水资源全年分布相一致。因此，从水平衡角度出发，项目的雨水主要回用于全年用水不受展期影响的绿化灌溉等室外景观用水。实际设计中，结合雨水调蓄池就地设置埋地式雨水处理站，取雨水调蓄池内上层水质较好的雨水，经过滤消毒后，回用于室外绿化灌溉。由于回用和调蓄共用储水容积，优先保证雨水调蓄池在降雨量大且场次频繁的雨季能够保证调蓄能力的发挥，在各处调蓄池内设置排空泵，保证雨后12h内可排空调蓄池；而在降雨量较少的旱季，则由物业管理人员根据灌溉管理制度，决定在每场雨后全部排空或保留3日回用量的蓄水。

以国家会展中心（天津）为例，项目结合8处雨水调蓄池就地设置埋地式雨水处理站，一、二期各4处（图5.5-4）。

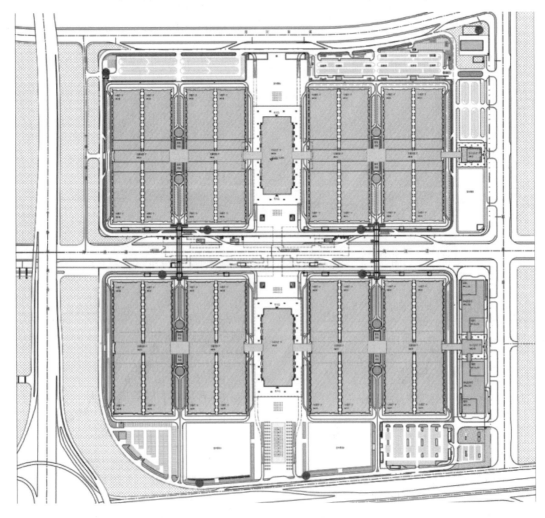

图 5.5-4 国家会展中心（天津）雨水处理站分布

5.5.2 暖通空调专业关键技术

空调系统能耗占建筑能耗 $40\%\sim50\%$，因此如何合理设计空调系统，减少空调系统运行能耗，是降低建筑能耗的主要途径。合理的空调系统不只是采用高效的设备、先进的控制系统等手段，更重要的是结合项目物理特性、使用特性等因素进行针对性的设计，从而确保系统在全工况下高效运行。

超大型会展建筑特点鲜明，不仅具有占地面积大，室内空间大，人流密度大等特点，而且运行期间具有间歇运行、使用率低以及根据不同展览需求启用展馆的面积和人员密度变化等特性。围绕上述特点，下面将从空调系统负荷计算、冷热源系统选择、空调水系统选择、展厅空调系统气流组织形式、非展览期间空调系统运行等方面进行阐述。

1. 空调系统负荷计算

对于展览建筑，人员密度大，人员本身的发热量及人员所需的新风量带来的冷负荷占空调冷负荷的 $60\%\sim80\%$；北方地区新风热负荷占总热负荷的比例也在 65% 左右。以长春东北亚国际博览中心项目展厅为例，对人员密度分别为 $2m^2/P$ 和 $1.5m^2/P$，新风量为 $16m^3/(h\cdot P)$ 的情况下的冷热负荷进行计算，计算结果见图 5.5-5、图 5.5-6。两种人员密度情况下，人员、新风带来的冷负荷分别为 67% 和 73%；新风热负荷占总热负荷比例分别为 63% 和 69%。可见，人员密度的取值对展览建筑空调系统负荷影响很大。因此需结合展览特性，合理确定人员密度的取值。

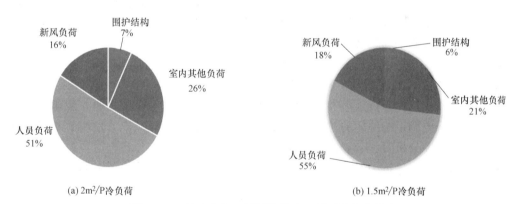

图 5.5-5　长春东北亚国际博览中心展厅冷负荷构成

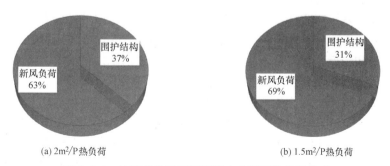

图 5.5-6　长春东北亚国际博览中心展厅热负荷构成

《展览建筑设计规范》JGJ 218—2010 中，不同楼层单位展览面积最大使用人数见表 5.5-1。

不同楼层单位展览面积最大使用人数　　　　　　　　　　表 5.5-1

楼层位置	地下一层	地上一层	地上二层	地上三层及以上
指标（人/m²）	0.65	0.70	0.65	0.5

规范中要求的是最大使用人数，空调负荷计算时需要结合展馆的定位确定人员密度取值。

人员密度的取值影响了空调的冷热负荷，不仅会影响末端空调设备的选型，还会影响冷热源设备的配置。部分展览建筑在设计之初就有日接待人数和同时在馆人数等参数的定位，空调系统负荷计算完成后可以统计总的计算人数和项目定位值的差别，对于超出定位值的人员的冷负荷，在冷源设备选型时可以不予考虑，减少冷源系统设备容量。

同时，由于展览建筑的展会大部分在春、秋季节举行，此时的室外温度一般达不到空调系统的室外设计温度，围护结构及新风的负荷需求就会减少。对于单个展厅，存在最冷或最热时运行的可能，但整个会展建筑在最冷和最热时同时使用的可能性非常低。因此进行冷热源系统设计时，可以结合展厅的使用需求，选取全年负荷计算中某一时间点的冷热负荷值作为冷热源设计的依据，而不是采用规范设计温度下的计算负荷。

2. 冷热源系统选择

在冷热源系统设计时，均会提到应根据建筑物规模、用途、建设地点的能源条件、结构、价格以及国家节能减排和环保政策的相关规定等，通过综合论证确定。会展建筑与普通公共建筑有很大的不同之处，即其常年间歇运行而且使用频率偏低。研究表明，我国会展场馆的利用率除北京、上海、广州等少数城市能达到 40% 左右，其他大多数城市的会展场馆利用率都在 20% 左右，全国会展场馆的平均利用率不足 25%。因此在对超大型会展建筑冷热源系统选择进行经济性分析时，空调系统使用的时间会和普通办公建筑有很大差别，会展建筑空调系统使用的时间会短很多。对于增加造价提高设备性能、系统效率的做法，进行经济性分析时，会展建筑的投资回收期会长很多。部分在普通公共建筑中非常合适的技术用在会展建筑中经济性会非常差，所以需重视会展建筑使用率低的特点对冷热源系统经济性的决定性影响。

3. 空调水系统选择

据统计，水泵输配能耗约占空调能耗的 15%～20%，因此合理设计空调水力输配系统对空调系统节能有重要意义。超大型会展项目由于系统作用半径较大、管路水流阻力较高，输配系统能耗占比较普通项目高。为减少系统输配能耗，节省运行费用，可以考虑采用大温差供冷，减少冷冻水流量，从而减少冷冻水泵耗功率；或采用多级泵系统，按不同的流量、不同的阻力需求分别设置循环水泵。

采用大温差供冷需考虑冷冻水供回水温度变化对制冷机组制冷性能及末端设备的散热性能的影响。相关资料显示，冷水机组蒸发器在进水温度不变的情况下，出水温度每降低 1℃，冷水机组的 COP 值降低 3%，在出水温度一定的情况下，进水温度上升，COP 值不变。由于冷冻水供回水温度、温差、流量等的变化，末端设备的供冷能力会产生变化，需对末端设备的供冷能力进行校核。

确定冷冻水供回水温度及温差时，需综合权衡冷水机组能耗增加和循环水泵能耗减少的综合影响。大量文献均对大温差系统的能耗情况进行了计算分析，在确定采用大温差系统时，可以参考相关资料对能耗情况进行验算。

4. 展厅空调系统气流组织形式

高大空间送、回风方式的确定除了需要考虑供冷、供热对气流组织方式的要求不同外，还需考虑室内空间使用方式（如展厅展位的布置）、空调机房及送、回风竖井布置对土建、建筑装饰效果的影响等多方面因素。

目前大型会展建筑中展厅大部分采用侧送风的气流组织形式，也有部分采用上送风的方式，如国家会展中心（上海）。采用侧送风需考虑侧送风口的喷射距离，喷口侧送风的最大距离在 40m 左右，国家会展中心（天津）双层侧送风展厅净宽做到了 73m，长春东北亚国际博览中心双层侧送风展厅净宽做到了 81m，深圳会展最大的双层侧送风展厅净宽做到了将近 100m。对于净宽超过 100m 的空间，可以考虑采用侧送风加顶送风的复合送风或在展厅中间加送风岛侧送等方式。

对于有供热需求的展厅，需考虑侧送、顶送热风的喷射距离，同时可以考虑增加辅助供热措施确保供热效果。

5. 非展览期间空调系统运行

展览建筑由于使用率低，在非展览期间及布展、撤展期间，大部分区域空调系统无需开启。仅有部分后勤人员工作区空调系统需要运行，而后勤人员工作区面积在整个会展建筑中占比很小。为提高空调系统运行效率，可以考虑为后勤人员工作区设置独立的空调系统，避免非展览期间需要开启集中冷站满足局部区域供冷的需求。

对于北方地区，存在冬季供热、防冻问题。有调研表明，寒冷地区会展建筑冬季平均使用频率为 10%，过渡季与夏季分别为 22% 与 20%，全年平均使用频率为 18%。展览类建筑冬季长时间为非运营时间，其无法像办公或商业建筑那样可利用房间蓄热量来满足室内防冻要求，运营期有冻裂风险区域及非运营期所有空间的防冻措施均应充分考虑，以防止冻害发生。主要的防冻措施如下：

（1）结合暖通空调系统形式设置值班供暖，保证设备管道所在空间环境温度不低于 5℃；

（2）有结冻风险的管道缠绕电伴热线缆以保证管道内介质温度不低于 5℃；

（3）泄空充水管道等措施防止和避免冬季管道结冻；

（4）设置合理的自控措施避免暖通设备结冻；

（5）所有维持环境温度不低于 5℃的区域的末端，运营时需确保值班供暖设备通电，并处于自动运行状态。

对于展厅等高大空间，采用全空气系统，空调水管主要集中于空调机房内。对于使用率较低的高大空间，可以考虑泄空空调管道及设备内的水进行防冻；对于使用率高的高大空间，可通过自控系统控制空调水系统定期循环防冻，或在空调机房内设值班供暖，非值班供暖区充水管道设置电伴热的防冻措施。

高大空间消防水系统大部分情况下采用水炮加消火栓的方式，充水管道不长，可采用电伴热的方式防止管道冻裂；对于采用喷淋系统的区域，可以采用预作用系统，避免喷淋管道冻裂。给水管道可以泄空、设置电伴热保温等防冻。

5.5.3 基于展览场景化的供配电系统设计方法

现代超大型会展中心建筑体量大、承载大型会议及展览业务，业务场景复杂多样，供配电系统设计在基于常见功能建筑（如办公建筑、博物馆建筑、医院、商业等）的系统形式上应充分考虑多种运行场景模式。常见功能建筑运行场景单一，会展建筑运行场景复杂，如开展的规模不固定（展馆全开、部分开等）、展览的内容多样化（如轻工业展用电负荷小、橡塑展用电负荷大）、存在无展期（特别对于北方展馆，冬季不开展）等。对于大型会展建筑的供配电系统设计除应满足安全、可靠之外，还应合理设置变电所、合理配置装机容量、供配电系统的运行可以匹配多种运营场景要求。

1）供配电系统设计方式一：展览用电未专设变压器

以国家会展中心（天津）一期项目为例，展览区展览用电、交通廊公共用电、消防负荷用电共用变压器，展览区设置8处变电所（如图5.5-7所示，S1～S8变电所）；展览各变电所内均设置4台变压器，系统主结线如图5.5-8所示。

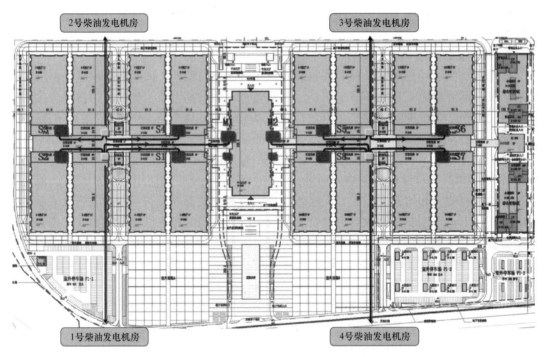

图5.5-7 国家会展中心（天津）一期变电所设置

系统设计实现的运营场景如下：

场景1：承办重型展，1～4号变压器均带载，两处母联开关均分闸；

场景2：承办中型展、轻型展，1号、4号变压器（或2号、3号变压器）带载，2号、3号变压器（或1号、4号变压器）停电，两处母联开关合闸；

场景3：空展期，1号、4号变压器带载，服务交通连廊正常负荷、一级消防负荷、冬季电伴热负荷（北方寒冷地区存在）；两处母联开关分闸，2号、3号变压器停电；

场景4：与项目设置的应急柴油发电机组供电系统配合，在空展期实现仅1号变压器（或4号变压器）运行，其他3台变压器均停电。

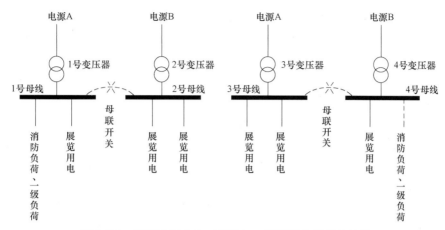

图 5.5-8　国家会展中心（天津）一期供配电系统主结线

本方案系统运行方式比较灵活，主要适合高频次的使用展馆。

2）供配电系统设计方式二：展览用电专设变压器

以长春东北亚国际博览中心项目为例，展览区展览用电、展厅照明等设置专用变压器，展厅消防负荷、公共连廊用电等设置公用变压器。4 处变电所（如图 5.5-9 所示，S1～S4 变电所）内均设置 4 台展览专用变压器，系统主结线如图 5.5-10 所示。

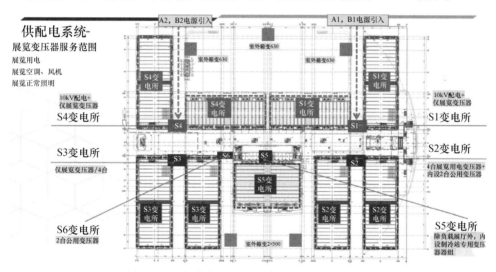

图 5.5-9　长春东北亚国际博览中心变电所设置

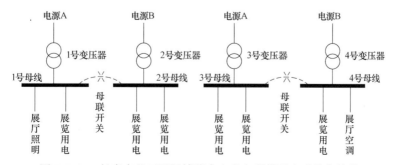

图 5.5-10　长春东北亚国际博览中心变电所供配电系统主结线

系统设计实现的运营场景如下（以 S1 变电所为例）：

场景 1：两展厅均承办中型展，1～4 号变压器均带载，两处母联开关均分闸；

场景 2：两展厅均承办轻型展，1 号（或 2 号）变压器、3 号（或 4 号）带载，两处母联开关合闸；

场景 3：两展厅仅开一处，中型展，A1 展厅对应 1 号、2 号变压器带载，B2 展厅对应 3 号、4 号变压器带载，两处母联开关分闸；

场景 4：两展厅仅开一处，轻型展，A1 展厅对应 1 号（或 2 号）变压器带载，B2 展厅对应 3 号（或 4 号）变压器带载，两处母联开关合闸；

场景 5：空展期，1～4 号变压器均停电；

大型会展建筑展览用电安装负荷很大，变压器装机容量是常规公共建筑 1.5～2.5 倍，大部分展览场景下，展览用电变压器负载率低，变压器运行损耗高，采用基于展览场景的供配电系统设计形式对会展建筑的节能有着至关重要的作用。

本方案系统运行方式适应性最强，最灵活，特别适合北方冬季停展的场馆。

参 考 文 献

[1] 宋中华. 大型会展中心馆内声清晰度的研究 [D]. 青岛：青岛理工大学，2022.

[2] 任媛. 当代大型会展综合体复合化设计研究 [D]. 西安：西安建筑科技大学，2022.

[3] 汪昭涵. 提升当代会展建筑空间活力的建筑设计策略研究 [D]. 南京：东南大学，2021.

[4] 覃思源. 面向弹性需求的南方中型会展建筑设计与评价体系研究 [D]. 广州：华南理工大学，2021.

[5] 刘帅. 会展建筑外部形态的地域性表达研究 [D]. 西安：西安建筑科技大学，2020.

[6] 李韧. 会展建筑展览空间多功能设计研究 [D]. 西安：西安建筑科技大学，2020.

[7] 唐含一. 会展建筑公共服务空间城市复合化设计策略研究 [D]. 西安：西安建筑科技大学，2020.

[8] 刘兆丰. 基于可达性分析的我国特大型会展建筑选址与布局设计策略研究 [D]. 广州：华南理工大学，2019.

[9] 欧洋. 我国当代会展建筑交通空间设计策略研究 [D]. 西安：西安建筑科技大学，2019.

[10] 中国国际贸易促进委员会.《中国展览经济发展报告 2018》发布 [J]. 中国会展，2019（3）：14.

[11] 林颖. 综合体式会展建筑设计策略研究 [D]. 广州：华南理工大学，2018.

[12] 倪阳. 面向中国城市发展的会展建筑类型演变研究 [D]. 广州：华南理工大学，2018.

[13] 乔达. 会展建筑中的科普场馆绿色设计研究 [D]. 武汉：华中科技大学，2017.

[14] 李云鹏. 近 20 年五大会展经济带会展建筑设计平面量化研究 [D]. 厦门：华侨大学，2017.

[15] 永树理，赵光洲. 我国大型会展场馆利用问题与对策研究 [J]. 昆明：昆明理工大学学报（社会科），2016，16（3）：67-72.

[16] 杨毅. 特大型会展建筑分析研究 [D]. 广州：华南理工大学，2012.

[17] 杭州市投资促进局. 杭州市加快推进会展业发展三年行动计划（2018-2020 年）[R]，2018.

[18] 姚艳青，刘海凤，闫子杰. 从智能化向智慧化迈进的会展建筑 [J]. 建筑科学，2020，9（12）：80-85.

[19] 王磊. 智慧配电系统在会展建筑中应用 [J]. 智能建筑电气技术，2021，15（4）：9-12.

[20] 姚强，王双，曹韵，等. 杭州大会展中心建筑设计要点分析 [J]. 建筑科学，2022，38（5）：115-125.

[21] 姚强，王一博，孙树伟，等. 杭州大会展中心交通设计 [J]. 建筑科学，2022，38（5）：126-135.

[22] 蒋璋，贾珊，裴智超. 基于通用热气候指数的室外热环境优化方法及应用研究 [J]. 建筑科学，2022，38（5）：232-237.

[23] 中华人民共和国住房和城乡建设部. 展览建筑设计规范：JGJ 218—2010 [S]. 北京：中国建筑工业出版社，2010.

[24] 浙江省住房和城乡建设厅. 城市建筑工程停车场（库）设置规则和配建标准：DB33/1021—2013 [S]，2013.

[25] 中华人民共和国住房和城乡建设部. 建筑设计防火规范：GB 50016—2014（2018 版）[S]. 北京：中国计划出版社，2014.

[26] 北京建筑大学，车库建筑设计规范：JGJ 100—2015 [S]. 北京：中国建筑工业出版社，2015.

[27] 中华人民共和国住房和城乡建设部. 汽车库、修车库、停车场设计防火规范：GB 50067—2014 [S]. 北京：中国计划出版社，2014.

[28] 中华人民共和国住房和城乡建设部. 无障碍设计规范：GB 50763—2012 [S]. 北京：中国建筑工业出版社，2012.

[29] 杭州大会展中心一期项目交通影响评价 [R]. 鲲鹏建设集团交通规划设计研究所，2021.

[30] 杭州大会展中心一期交通专题汇报 [R]. 派盟交通咨询（上海）有限公司，2021.

[31] 杭州市城乡建设委员会. 杭州市城市建筑工程机动车停车位配建标准实施细则（2015 年 6 月修订）[M]，2015.

[32] 洪菲，王犀，赵建国，等. 国家会展中心（天津）项目综述 [J]. 建筑科学，2020，36（9）：2-7.

[33] 洪菲，王犀，郝思怡，等. 大型会展中心项目建筑设计要点浅析——以国家会展中心（天津）项目为例 [J]. 建筑科学，2020，36（9）：8-16.

[34] 王犀，洪菲，张春普，等. 国家会展中心（天津）建筑符号学解码 [J]. 建筑科学，2020，36（9）：17-26.

[35] 洪菲，马文彦，孙建超，等. 从国家会展中心（天津）项目设计总包管理展望全过程工程咨询 [J]. 建筑科学，2020，36（9）：134-141.

[36] 姚强，王双，曹韵，等. 杭州大会展中心建筑设计要点分析 [J]. 建筑科学，2022，38（5）：115-125.

[37] 姚强，王一波，孙树伟，等. 杭州大会展中心交通设计 [J]. 建筑科学，2022，38（5）：126-135.

[38] 周欣，胡俏，刘源，等. 会展类建筑设计管理经验总结 [J]. 建筑科学，2022，38（5）：238-244.

[39] 超霞. 建筑工业 4.0 视角下基于 BIM 的建筑集成设计方法研究 [D]. 北京：北京交通大学，2015.

[40] 郑聪. 基于 BIM 的建筑集成化设计研究 [D]. 长沙：中南大学，2012.

[41] 许瑞，文德胜，张强，等. 国家会展中心（天津）中央大厅钢结构设计 [J]. 建筑科学，2020，36（9）：36-41.

[42] 王杨，马明，赵鹏飞，等. 国家会展中心（天津）中央入口大厅结构设计 [J]. 建筑结构，2015，45（13）：52-56.

[43] 季小莲，张海军，蔡然. 新加坡国际会展中心主大厅设计 [J]. 钢结构，1999（4）：1-4.

[44] 文德胜，许瑞，张强，等. 国家会展中心（天津）展厅钢结构设计 [J]. 建筑科学，2020，36（9）：42-50.

[45] 张强，安日新，马明，等. 国家会展中心（天津）展厅屋盖结构设计分析 [C]. 第十五届空间结构学术会议论文集，2014.

[46] 张强，马明，冯白璐，等. 国家会展中心（天津）复杂连接节点分析研究 [C]. 第十五届空间结构学术会议论文集，2014.

[47] 许瑞，文德胜，林海鹏，等. 杭州大会展中心中央廊道设计 [J]. 建筑科学，2022，38（5）：165-172.

[48] 王忠全，陈俊，张其林. 仿生树状钢结构柱设计研究 [J]. 结构工程师，2010，26（4）：21-25.

[49] 中华人民共和国住房和城乡建设部. 建筑结构荷载规范：GB 50009—2012 [S]. 北京：中国建筑工业出版社，2012.

[50] 中国工程建设标准化协会. 铸钢节点应用技术规程：CECS 235—2008 [S]. 北京：中国计划出版社，2008.

[51] 朱伯钦，等. 结构力学 [M]. 上海：同济大学出版社，1993.

[52] 赵建国，许瑞，张伟威，等. 国家会展中心（天津）结构设计综述 [J]. 建筑科学，2020，36（9）：27-35.

[53] 张伟威，赵建国，安日新，等. 国家会展中心（天津）交通连廊钢结构设计 [J]. 建筑科学，2020，36（9）：51-56.

[54] 陈志华，黄金超，马书飞，等. 国家会展中心（天津）展览大厅凹形四弦桁架结构分析及方案比

选 [J]. 空间结构. 2017, 23 (1)：30-37.

[55] 方伟，陈骁，齐国红，等. 杭州大会展中心结构设计综述 [J]. 建筑科学，2022，38 (5)：142-150.

[56] 马洪步，沈莉，张燕平，等. 杭州国际博览中心结构初步设计 [J]. 建筑结构，2011，41 (9)：22-27.

[57] 樊小卿. 温度作用与结构设计 [J]. 建筑结构学报，1999 (2)：43-50.

[58] 中华人民共和国住房和城乡建设部. 建筑抗震设计规范：GB 50011—2010 [S]. 北京：中国建筑工业出版社，2016.

[59] 中华人民共和国住房和城乡建设部. 建筑工程抗震设防分类标准：GB 50223—2008 [S]. 北京：中国建筑工业出版社，2008.

[60] 徐培福，复杂高层建筑结构设计 [M]. 北京：中国建筑工业出版社，2005.

[61] 工铁梦，工程结构裂缝控制 [M]. 北京：中国建筑工业出版社，1997.

[62] 张强，马明，冯白璐，等. 国家会展中心（天津）复杂连接节点分析研究 [C]. 第十五届空间结构学术会议论文集，2014.

[63] 中华人民共和国住房和城乡建设部. 空间网格结构技术规程：JGJ 7—2010 [S]. 北京：中国建筑工业出版社，2010.

[64] 中华人民共和国住房和城乡建设部. 钢结构设计规范：GB 50017—2003 [S]. 北京：中国建筑工业出版社，2003.

[65] 张扬，王大鹏. 大型展览建筑群消防设计难点及解决方案探讨 [J]. 建筑科学，2016，32 (7)：133-137.

[66] 中华人民共和国住房和城乡建设部. 建筑防烟排烟系统技术标准：GB 51251—2017 [S]. 北京：中国计划出版社，2018.

[67] 李引擎. 建筑防火性能化设计 [M]. 北京：化学工业出版社，2005.

[68] BS 8110-1-1997，Structural use of concrete [S]，1997.

[69] BS 5839-1：2017，Fire detection and fire alarm systems for buildings [S]，2017.

[70] AS/NZS2339.1：2018，Emergency lighting and exit signs for buildings [S]，2018.

[71] 苏烨. 超大型会展中心建筑群防火设计分析 [J]. 建筑科学，2019，38 (11)：1543-1545.

[72] 王宗存，姜明理，谢天光. 某会展中心防火设计难点分析 [C]. 中国消防协会科学技术年会论文集，2014.

[73] 王杨，詹永勤，马骥. 国家会展中心（天津）室外地基处理设计 [J]. 建筑结构，2015，45 (13)：57-61.

[74] 詹永勤，孙建超，王杨. 软土地区大型会展中心基础及地基处理设计 [J]. 建筑科学，2020，36 (9)：57-62.

[75] 马少俊，李鑫家，王乔坎，等. 某深基坑开挖对邻近既有盾构隧道影响实测分析 [J]. 隧道与地下工程灾害防治，2022，4 (1)：86-94.

[76] 李健津，陈俊生，刘叔灼，等. 紧邻地铁正上方基坑开挖对地铁保护措施研究 [J]. 地下空间与工程学报，2016，12 (S1)：348-353.

[77] 徐日庆，程康，应宏伟，等. 考虑埋深与剪切效应的基坑卸荷下卧隧道的形变响应 [J]. 岩土力学，2020，41 (S1)：195-207.

[78] 杨俊涛，楼文娟. 风驱雨CFD模拟及平均雨荷载计算方法研究 [J]. 空气动力学学报，2011，29 (5)：600-606.

[79] 吕宏兴，武春龙，熊运章，等. 雨滴降落速度的数值模拟 [J]. 土壤侵蚀与水土保持学报，1997，3 (2)：14-21.

［80］ Marshall J S, Palmer W M. The distribution of raindrops with size［J］. Journal of Meteorology, 1948（5）：165-166.

［81］ 吴志丰, 陈利顶. 热舒适度评价与城市热环境研究：现状、特点与展望［J］. 生态学杂志, 2016, 35（5）：1364-1371.

［82］ Park S, Tuller S E, Jo M. Application of Universal Thermal Climate Index（UTCI）for microclimatic analysis in urban thermal environments［J］. Landscape and Urban Planning, 2014,（125）：146-155.

［83］ 林卉娇, 马红云, 张弥. 基于 UTCI 指数的 1980—2019 年中国夏天人体舒适度变化特征分析［J］. 气候变化研究进展, 2022, 18（1）：58-69.

［84］ 罗小华. 基于 Ladybug 工具集的绿色建筑性能分析方法及应用研究［J］. 苏州科技大学学报, 2020, 33（1）：40-44.

［85］ 中华人民共和国住房和城乡建设部. 建筑与小区雨水控制及利用工程技术规范：GB 50400—2016［S］. 北京：中国建筑工业出版社, 2016.

［86］ 卫海东, 车辉, 吕石磊. 国家会展中心（天津）雨水控制设计［J］. 建筑科学, 2020, 36（9）：99-104.

［87］ 吴洪章, 万利民, 卢育坤, 等. 97m 高空大跨度钢桁架安装技术［J］. 施工技术, 2013, 42（14）：22-24.

［88］ 李张鹏, 李庆达, 赵冰杰. BIM 技术在超高层装配式建筑体系中的应用［J］. 施工技术, 2019, 48（2）：134-137, 147.

［89］ 张晋勋, 李建华, 段先军, 等. 北京大兴国际机场航站楼核心区超大平面复杂空间曲面钢网格结构屋盖综合施工技术［J］. 施工技术, 2019, 48（8）：66-68, 81.

［90］ 陈海峰, 刘晓伟, 吴先杰, 等. 大跨度空间管桁架分区连续累计卸载施工技术［J］. 施工技术, 2017, 46（15）：34-37, 53.

［91］ 郭正兴, 罗斌. 大跨空间钢结构预应力施工技术研究与应用——大跨空间钢结构预应力技术发展与应用综述［J］. 施工技术, 2011, 40（9）：101-108.

［92］ 高勇刚, 赵楠, 孟祥冲, 等. 大跨梭形桁架预应力拉杆施工过程分析及监测［J］. 施工技术, 2017, 46（6）：110-114.

［93］ 严锐, 刘声平, 李杰, 等. 大型人字箱形钢柱和大跨度悬挑圆钢管桁架的施工［C］. 装配式钢结构建筑技术研究及应用, 2017.

［94］ 牛犇, 陈志华, 孔翠妍. 天津大剧院钢屋盖卸载施工模拟与监测［J］. 空间结构, 2014, 20（2）：55-63.

［95］ 李淑娴, 陈国栋, 王煦, 等. 预应力钢拉杆施工全过程分析及检测［J］. 施工技术, 2014, 43（8）：52-54, 92.

［96］ 阚浩钟, 闫振海, 李湛, 等. 基于 BIM 和三维激光扫描的钢管拱肋拼装检测技术［J］. 施工技术, 2019, 48（6）：20-24.

［97］ 黄继强, 李浓云, 薛龙, 等. 建筑钢结构球形节点与圆管杆件的机器人焊接［J］. 焊接, 2018（9）：37-39, 66-67.

［98］ 赵登东. 有限元分析模拟焊接过程中的变形和残余应力［J］. 焊接技术, 2018, 47（6）：80-83.

［99］ 李淑娴, 陈国栋, 王煦, 等. 预应力钢拉杆施工全过程分析及检测［J］. 施工技术, 2014, 43（8）：52-54, 92.

［100］ Congzhen Xiao, Aiping Zhu, Jianhui Li, et al. Experimental study on seismic performance of embedded steel plate-HSC composite shear walls［J］. Journal of Building Engineering, 2020, 34：101909.

［101］ Congzhen Xiao，Fei Deng，Tao Chen，et al. Experimental study on concrete-encased composite columns with separate steel sections ［J］. Steel & Composite Structures，2017，23（4）：483-491.

［102］ Congzhen Xiao，Shaohuai Cai，Tao Chen * and Chunli Xu. Experimental study on shear capacity of circular concrete filled steel tubes，Steel and Composite Structures，2012，13（5）：437-449（SCIE）.

［103］ 肖从真，乔保娟，李建辉，等. 基于构件延性需求的钢筋混凝土构件箍筋设计方法［J］. 建筑科学，2022，38（3）：9-17.

［104］ 高杰，薛彦涛，肖从真，等. 串联型变刚度叠层橡胶隔震支座试验研究［J］. 建筑结构，2020，50（6）：109-113.

［105］ 任重翠，肖从真，徐培福. 钢筋混凝土剪力墙轴拉试验和轴拉刚度理论分析［J］. 土木工程学报，2020，53（1）：24-30，63.

［106］ 肖从真，李建辉，陈才华，等. 基于预设屈服模式的复杂结构抗震设计方法［J］. 建筑结构学报，2019，40（3）：92-99.

［107］ 邓飞，肖从真，陈涛，等. 分散型钢混凝土组合柱抗震性能试验研究［J］. 建筑结构学报，2017，38（4）：62-69.

［108］ 杨志勇，肖从真，李志山，等. 建筑结构非线性分析设计与优化［M］. 北京：中国建筑工业出版社，2021.

［109］ 潘时. 太阳能与建筑集成设计及其仿真评价研究［D］. 武汉：武汉理工大学，2012.

［110］ 刘薇薇. 中英中小学绿色建筑设计与应用状况的对比分析［D］. 济南：山东建筑大学，2013.

［111］ 刘隽，孟凡贵，尉梦凡，等. 国家会展中心（天津）项目BIM实施管理研究［J］. 土木建筑工程信息技术，2014，6（6）：58-63.